2016 年国家社会科学基金重大项目（16ZDA050）第三子课题、
2016 年 NSFC-浙江两化融合联合基金（U1609203）、浙江省重点
专业智库/浙江省新型高校智库"宁波大学东海研究院"联合资助
阶段性成果

围填海工程的社会经济与生态影响评价

The Social，Economic and Environmental Costs of Coastal Reclamation Projects

马仁锋　李加林　王益澄　著

海洋出版社
2019 年·北京

内 容 提 要

全球滨海城镇密集地区一直在努力适应城镇发展带来的土地短缺压力。然而，由于疏浚与围垦技术创新，过去几十年围填海成长陆地的成本回收已经非常便利。中国沿海地区不得不适应快速城市化与工业化趋势，港口城镇亟待通过围填海生成更具竞争性的地方发展要素——工业与城镇等建设用地。这使得滨海城镇可以缓解拥堵、降低商业楼面售价，创造更具有吸引力的地点服务于人才和企业群集。尽管如此，公共、私人部门仍然非常担忧围填海工程带来的不确定性，尤其是生态环境、经济、社会的长期潜在影响；而且人类缺乏关于这种潜在影响如何在实践中被科学认知、评估的成熟理论与方法。为此，本书以围填海工程的社会、经济与生态价值影响为研究对象，以识别围填海工程的综合不确定性与潜在影响为目标，以开发围填海工程综合影响计量模型为手段，以杭州湾南岸围填海成陆工程为重点，统筹研究了中国河口淤涨海岸带围填海工程综合影响。全书厘清了围填海工程影响评价范畴与各视角体系缺憾，开发了一套围填海工程的社会、经济与生态价值影响衡量模型；以杭州湾南岸为案例定量识别人类主动性海洋活动的生态损害广义成本，阐明了围填海工程的海洋生态损害补偿标准核算理论基础。

本书既可作为修读海洋生态经济学、人文地理学、城乡规划学、资源环境经济学、围填海工程管理等学科高年级本科生、研究生的教学案例，又可供海洋生态环境保护、自然资源利用规划与估价、城乡规划管理实务部门从业者参考使用。

图书在版编目（CIP）数据

围填海工程的社会经济与生态影响评价/马仁锋，李加林，王益澄著. —北京：海洋出版社，2019.1
ISBN 978-7-5210-0321-5

Ⅰ.①围… Ⅱ.①马…②李…③王… Ⅲ.①填海造地-社会影响-评价-中国②填海造地-经济影响-评价-中国③填海造地-环境影响-评价-中国
Ⅳ.①TU982.2②X820.3

中国版本图书馆 CIP 数据核字（2019）第 030817 号

责任编辑：赵　武　黄新峰
责任印制：赵麟苏

海洋出版社　出版发行

http://www.oceanpress.com.cn
北京市海淀区大慧寺路 8 号　邮编：100081
北京朝阳印刷厂有限责任公司印刷　新华书店发行所经销
2019 年 1 月第 1 版　2019 年 1 月北京第 1 次印刷
开本：787 mm×1092 mm　1/16　印张：17
字数：320 千字　定价：68.00 元
发行部：62132549　邮购部：68038093　总编室：62114335
海洋版图书印、装错误可随时退换

前　言

　　围填海是人类开发利用海洋的重要方式，也是缓解土地供求矛盾和拓展社会发展空间的有效途径。围填海在许多国家沿海地区的城市化过程中起到了很大的作用，包括荷兰、英国、美国、日本、中国等。在一些人多地少的滨海国家和地区，围填海受到高度重视。围填海带来了巨大社会经济效益，如增加食物供给（用围填海新增的土地发展农业），吸引更多的投资（用围填海新增的土地发展工业），为城市提供新的发展空间等。但同时，围填海带来的海洋与海岸带环境影响也是不容忽视的。如改变海域水动力条件，造成了附近海域泥沙淤积；加速沿海滩涂湿地生态系统功能退化；导致生物栖息地丧失，生物多样性降低；造成海水水质恶化等。

　　围填海通过海堤建设，改变局地海岸地形，影响围垦区附近海域的潮汐、波浪等水动力条件，导致附近泥沙运移状况发生变化，并形成新的冲淤变化趋势。从而可能对工程附近的海岸淤蚀、海底地形、港口航道淤积、海湾纳潮量、河道排洪、台风风暴潮增水等带来影响。

　　围填海多依赖于海岸发展，对近岸环境具有重要的影响。围填海作为人类活动，将湿地不可逆转的转变成陆地，改变了本底状况，影响了海岸植物、底栖生物、鸟类及兽类的分布。同时由于围填海后利用方式不同，可能造成地下水矿化度降低、海水淡化、滩涂脱盐、水土流失等。

　　围填海改变了滩涂高程、水动力和沉积物特性等多种环境因子，这些生物环境敏感因子的综合作用，将导致高生态功能服务价值的自然生态系统向低生态功能服务价值的人工系统转变，从而使生物多样性改变，总体的生态功能衰退。围填海的影响还表现对全球海洋生态服务功能的影响。由于海洋具有连通性和流动性，因此对海洋生态系统服务功能评估难度较大。而且只要谈到生态系统服务功能，均与价值评估结合在一起，单独就围填海对生态系统服务功能影响分析案例鲜见。

沿海地区对土地的需求量不断增加，围填海是缓解人地矛盾、增强食物安全保障、拓展发展空间、促进经济发展的重要手段。随着社会经济的发展和土地需求量的激增，围填海的面积、规模和强度有着逐渐增大的趋势，围垦类型从高滩围涂发展到中、低滩围涂和促淤围涂等多种类型，开发利用方式也从传统的种植、养殖等农业用地发展到港口、临港工业、城镇建设等工业用地和城市建设用地。港口及临港工业围填海具有较强的产业关联性，能够有效带动仓储、运输、物流、金融、保险等相关服务业的发展，通过产业聚集、扩散和辐射效应，较好地促进区域经济发展。

宁波杭州湾南岸，地处沪、杭、甬三大城市金三角之中心区域，杭州湾跨海大桥建成后，新区至上海浦东国际机场仅148千米；至宁波港约70千米；距慈溪市中心区仅15千米，交通非常便利。杭州湾新区是宁波乃至浙江发展海洋经济的新平台，根据《杭州湾新区总体规划》，新区功能定位为国家统筹协调发展的先行区、长三角亚太国际门户的重要节点区、浙江省现代产业基地和宁波大都市北部综合性新城区。随着杭州湾新区经济的发展，土地成了制约经济发展的重要因素，围填海可以解决这一瓶颈。因此，2000—2016年，杭州湾新区围填海项目比较多，围填海项目的实施，吸引了更多的投资，提供了发展空间，但同时也给该区域海洋生态环境带来了一定影响。

本书在梳理围填海工程的社会、经济、生态环境影响典型研究案例基础上，分别构建了围填海工程的社会影响、经济影响与生态服务价值影响评价指标体系与集成测度方法，并以杭州湾南岸为实证分析了 2005 年、2010 年、2015 年对应的围填海社会损益、经济损益和生态服务价值损益状态值，诊断了杭州湾南岸围填海工程社会经济与生态影响的发展趋势，辨析了趋势波动的成因，继而针对性提出围填海工程实施后效益最大化的途径。本书认为 (1) 围填海工程社会效益随围填海工程的实施对于区域社会发展起到了相当大的促进作用和带动作用，呈现出正效应。由于围填海工程自身具备的长期性，随着杭州湾区域的进一步挖潜，效益提升效果将会进一步得到显现。(2) 围填海工程经济效益在 2005—2010 年间增幅较大，内部横向维度以及纵向维度都处于增长态势，土地资源有效地驱动了杭州湾区域经济效益的增长，呈现出正效应；2010—2015 年相对宁波市域发展增幅减少，乡镇经济效益发展增幅相对稳定态势表明土地资源开发的驱动力开始减弱，部分土地已融入城市产业、城镇建设中去，推动乡镇持续性经济效益增长。(3) 围填海工程的生态系统服务价值变化在 2005—2015 年研究区呈下降趋势，且其后期价值衰减程度有所增加。

本书由浙江省重点专业智库/浙江省新型高校智库"宁波大学东海研究院"校内兼职研究员马仁锋、李加林、王益澄负责提纲研讨、拟定、撰写与统稿等工作，其中第 1、2 篇由马仁锋、王益澄、杨阳、周宇执笔撰写；第 3 篇由李加林、姜忆湄、叶梦姚执笔撰写。宁波大学地理与空间信息技术系人文地理学专业硕士研究生杨阳、周宇、姜忆湄、叶梦姚、王腾飞参与了相关章节数据整理、初稿撰写工作。在最终统稿阶段，正值第一作者开始为期一年的英国 University of Leeds（School of Geography，Faculty of Environment）访学生活，感谢合作导师 Dr. Paul Waley、房东 Mr. Lin 的关照和帮助。

本书以人类海岸海洋活动中主动型海洋生态损害识别与集成测量为科学问题，是一个跨地理学的资源环境利用、应用经济学的海洋生态补偿、管理学的工程管理等领域的交叉论题，本书的相关探索有助于科学认识和厘清海洋生态损害补偿标准及其核算体系。限于著者的水平、时间有限，书中难免有不足之处，敬请从事这一领域的专家、学者和广大读者及时给予指正。

著者

2018 年 2 月 22 日

目　　录

1 绪 论

围填海工程是人类海岸带利用活动中的重要方式之一，是人类向海洋寻求生存空间和生产空间的一种有效手段。国际上许多国家通过围填海活动解决空间资源、土地资源与人口增长之间的矛盾，在不同历史时期欧洲和亚洲国家都进行着大量的围填海工程。因此，国际学界对围填海研究开展较早，也取得了不俗的研究成果。中国对围填海工程研究起步相对较晚，虽然国内许多学者对围海造地也相继进行了不同程度的研究分析，提出了很多具有针对性的建议，但研究主要针对具体的施工方法与技术问题，对围填海工程的综合效益评估研究较少，研究多集中在对沿海地区的社会效益、经济效益和环境效益这三方面的影响[1]。其中，社会影响评估是主要从社会发展的角度，分析评估围填海工程对社会经济、环境和资源等方面产生的有形和无形的效益和结果，以及项目本身对周边环境的作用。社会经济效益分析不但有利于提高项目决策的科学化水平，还有利于社会经济发展目标的顺利实现，有利于今后建设项目的顺利进行[2]。

1.1 研究案例及其围填海与社会经济特征

1.1.1 研究案例及其围填海特征

杭州湾南岸主要围填海区域位于姚慈平原曹娥江口至镇海甬江口之间，该区域岸线平直，滩涂资源广阔。姚慈平原平均海拔 1.5~7.0 m 之间，为钱塘江河口和杭州湾南岸的海积平原，系历代人工筑塘围涂而成。

---

① 初超．围海造地工程的综合效益评估研究 [D]．东北财经大学，2012.
② 潘桂娥．滩涂围垦社会影响评估探索 [J]．海洋开发与管理，2011, 28 (11)：107-111.

　　杭州湾南岸围垦海涂的历史可追溯到宋代，明朝时筑成新塘、潮塘。清朝时筑成三塘、四塘、五塘、六塘、七塘，民国时期筑成部分八塘，围垦土地约 560 km² （84 万亩）。中华人民共和国成立后海塘向外推进速度有所加快。1952 年开始至 1965 年底，完成八塘东至乌龟山以东 650 米与镇海区海塘相连，西至慈溪市三乡泥墩潭村与余姚县海塘相连的 70 km 海塘。20 世纪 60 年代末至 1987 年完成九塘东至龙山区大乔闸东 30 米，西至西三乡 76.65 km 海塘[1] （图 1-1）。

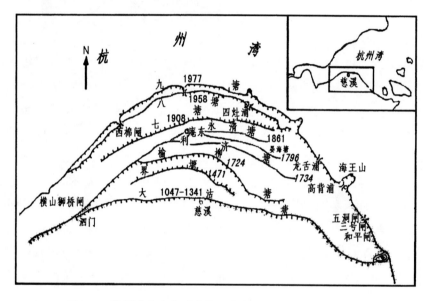

图 1-1　杭州湾南岸慈溪岸线近代变迁过程 （1977 年前）[2]

　　随着机械化程度的提高和宁波市用地需求的增加，20 世纪 80 年代末期开始，杭州湾区域的围填海范围逐步扩大，速度逐渐加快。1987 年起，开始十塘的建设，至 2002 年 7 月完成中河洋浦至西部围垦西直塘，总长度为30.6 km 海堤的建设，共 11.26 万亩[3]的滩涂围垦 （图 1-2、表 1-1）。

————————————

①　慈溪市水利志编纂委员会．慈溪水利志．杭州：浙江省人民出版社，1991.63
②　慈溪市水利志编纂委员会．慈溪水利志．杭州：浙江省人民出版社，1991.63
③　1 亩 = 666.67 m²，后同。

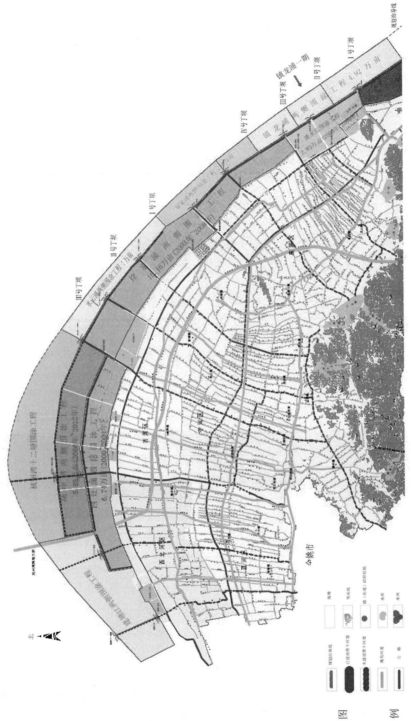

图1-2 杭州湾南岸围填海状况

表 1-1　杭州湾南岸十塘建设主要工程

工程名称	工程时间	围涂面积（万亩）
四灶浦海涂水库	1994—1996.5	0.981
半掘浦围涂工程	1995.4—1997.10	0.589
淞浦围涂工程	1994.10—1996.10	0.45
龙山围涂工程	1997.10—2001.10	2.03
伏龙山围涂工程	1990.10—1993.10	0.51
四灶浦西侧围涂工程	2000.12—2004.12	6.7

2002 年起开始十一塘的建设，至 2012 年 1 月完成杭州湾大桥东侧至龙山围涂工程西侧 19.4 万亩滩涂围垦（图 1-2、表 1-2）。

表 1-2　杭州湾南岸十一塘围垦主要工程

工程名称	工程时间	围涂面积（万亩）
淡水泓围垦工程	2003.3—2008.12	2.93
徐家浦两侧围涂工程	2004.10—2008.9	10.62
慈溪市陆中湾两侧围涂工程	2008.10—2012.1	5.85

根据《浙江省滩涂围垦总体规划（2005—2020 年）》和慈溪市及杭州湾新区的相关规划，十一塘至钱塘江治理指导线，还有 23.49 万亩滩涂资源可用于围垦（图 1-2、表 1-3）。

表 1-3　杭州湾南岸十一塘至钱塘江治理指导线主要工程（规划）

工程名称	面积（万亩）
建塘江两侧围涂	2.93
慈溪陆中湾十一塘闸北侧围涂	9.74
水云浦两侧围涂工程	3
郑家浦两侧围涂工程	2.9
镇龙浦两侧围涂工程	4.92

随着杭州湾南岸（慈溪市、杭州湾新区、余姚市部分）经济的发展，土地成了制约经济发展的重要因素。通过围填海方式可以解决这一矛盾。因此，2000 年后杭州湾新区围填海项目比较多，围填海项目的实施，吸引了更多的投资，提供了发展空间的同时也给该区域海洋生态环境带来了一定影响。为分析和评估杭州湾区域围填海对区域社会、经济发展和生态环境的影响，分析和定量评估杭州湾区域围填海对社会发展、经济发展和生态系统服务功能影响情况，以期为杭州湾区域海洋管理提供科学决策依据。

1.1.2　围填海工程社会、经济与生态影响分析区域范围

本书总体评估范围为杭州湾南岸较为典型的围填海区域，该区域围填海活动最为活跃、经济发展较快、工业相对集中。鉴于本区域在 2004 年 10 月至 2012 年的十一塘围海面积就达 16 万亩，根据《海洋工程环境影响评价技术导则》属于特大型海洋工程。因此，根据具体影响分析，社会、经济、生态影响评价研究范围以杭州湾新区管辖区域为研究区，即新浦镇的马潭路村、下一灶村、浦东村，崇寿镇的富北村、海南村、三洋村，周巷镇的路湾村、西三村，庵东镇的新东村、新舟村、马中村、兴陆村、富民村、新建村、江南村、海星村、华兴村、虹桥村、桥南村、珠江村。慈溪市庵东镇宏兴村、元祥村、振东村是由慈溪市委托杭州湾新区实施管理。

选取辖区行政村的原属乡镇边界为研究区边界，考虑以下因素：①根据评价要求，需对杭州湾地区围填海工程后社会、经济、生态影响做出定量分析。研究区选择主要以杭州湾下辖行政村为主。②基于数据获取层面的考虑，行政村层面数据获取难度相对较大，部分社会经济量化数据存在收集难度。③研究区时间测度为 2005 年至 2015 年，研究早期时间段，杭州湾辖行政村仍属于原乡镇所有，为前后测算对象统一，故将研究边界设定为新浦镇、周巷镇、庵东镇、崇寿镇行政区边界。

评价时段选择为 2005—2015 年，考虑以下因素：①2005 年是杭州湾新区前身——慈溪经济开发区设立时间节点，2005 年作为项目研究的时间起点较为合适。②基于数据获取难易程度的考虑，行政村部分关键经济社会指标在2005 年之前，数据调查与记录尚未进行；关键指标选取少又凸显评价客观性不强。

1.1.3   围填海工程社会、经济与生态影响分析区的社会经济特征

宁波杭州湾新区位于杭州湾大桥两侧，东至水云浦，南至七塘公路，西至湿地保护区西侧边界，北至杭州湾新区规划建设填海区域和四灶浦水库，全区陆域面积 235 km²，海域 350 km²，托管 1 个镇、23 个行政村。

截至 2015 年有常住人口 17.7 万余人。杭州湾新区辖庵东镇区域面积 171.26 km²（其中围垦区域 73.72 km²），户籍总人口 7.06 万，外来人口近 8 万。辖 23 个行政村、3 个居委会（均为村居合一）。

杭州湾新区自成立以来注重基础设施建设，积极招商引资。2010—2015 年，杭州湾新区共引进各类产业项目 203 个，总投资 1 482.0 亿元，其中超亿元项目 129 个，集聚了 13 家世界 500 强企业的投资项目 19 个。在汽车制造业、新材料制造业、高端装备制造业大项目的带动下，杭州湾新区经济实力大幅度跃升。2017 年杭州湾新区已基本形成了汽车整车及关键零部件制造、新材料、医疗器械及生物医药、重大装备制造、新能源新光源、智能家电和电子信息等优势产业。主要经济指标连年保持两位数的高速增长，地区生产总值从 2009 年的 64.0 亿元提高到 2017 年的 450.0 亿元，工业总产值从 2009 年的 332.0 亿元提高到 2017 年的 1 570.3 亿元。

1.2   科学问题与研究目标

1.2.1   科学问题

1.2.1.1   社会影响评估

（1）研究方法。围填海社会影响评价大多以定性研究为主，已有研究成果多为描述性的陈述，缺少定量化的分析方法。因此，本书尝试突破传统范式研究，采用熵权法对 2005 年、2010 年和 2015 年三时间段内的围填海社会效益进行定量化的展现。熵权法是一种在综合考虑各因素提供信息量的基础上计算一个综合指标的数学方法。作为客观综合定权法，它主要根据各指标传递给决策者的信息量大小来确定权重。熵权法能准确反映评估体系中各指标所含的信息量，可解决部分评估指标体系信息量大、准确进行量化难的问题。本书将熵思想引入围填海社会效益评估研究，根据各评估指标提供的信

息，客观确定其权重，集成计算得出最后的得分，即围填海工程的社会效益
及其变化。

（2）指标创新。围海造地工程社会评价指标的选取，涵盖工程评价的基
本内容，并尽可能排除相关较密切的指标，采用较独立的指标来获得相对公
正的评价。除此之外，围海造地工程的实施是一个过程性的活动，过程中存
在着非常多的未知易变情况。因此在对某一项目进行社会评价时，需综合考
量多种因素的影响和干扰。因此，在综合前人研究的基础上，将围填海工程
社会评价侧重点关注于居民生活质量、企业发展环境及社会适应程度三方面，
在此基础之上甄选下属的具体指标，并最终融合成一套完整的围填海工程社
会评价体系。首先，实施围填海工程的直接目的就是为了以增加土地的方式
促进地方发展，所以工程实施的效果如何可直接体现在围填海工程实施后的
效益研究中；其次，围填海工程社会评价的指标具有“隐形贡献”的特点，
社会环境指标表现得格外明显，在一定程度上也影响了区域内企业发展；另
外，围填海工程布置于某一区域，应考虑该区域的社会环境是否适合工程的
实施，如果不能够承载，围填海工程将缺乏有利的社会条件。

已有研究并未对社会方面的效益评价进行划分，仅将其总体归类为社会
效益这一指标大类，很少有在此基础上划分二级、三级指标，本书指标体系
的建立也突破了以往的研究方式，对社会效益的评价指标体系进行了较为全
面的诠释，以获得更为客观的评价成果。

1.2.1.2　经济影响评估

经济影响评估重点聚焦在评估方法选取、指标遴选、结果分析。①评
估方法选取。通过对现阶段主流测算方法的梳理，结合杭州湾围填海区实
际发展状况，选取适宜性较强的定量评估方法。②指标遴选与评估方法选
取工作结合展开，是本书研究重点。指标遴选主要以项目研究区的发展状
况为前提，兼顾考虑评价对象针对性及数据的可获取性，完成评价指标体
系的构建。在指标遴选过程中包括评价数据搜集及归类，是项目评价中的
难点。具体数据来源于慈溪市历年统计年鉴、经济普查数据，部分指标通
过慈溪市规划局、杭州湾新区管委会官网查询获得。③结果分析。以熵值
法所测算出的杭州湾围填海经济效益监测评估指数为数据源，重点分析指
数增幅与宁波市域发展增幅的比较结果，评价研究区围填海后的经济效益
变化。结果分析关键在于测算指数增幅分析以及与市域增幅对比研究，另

外还需要兼顾与社会效益、生态服务价值评价研究的关联性、合理性。

1.2.1.3　生态影响评估

梳理与整合已有生态系统服务价值评价的相关理论研究与案例实践，对比主流技术方案的优势与劣势后，结合研究区的实际情况，以联合国千年生态系统评估提出的生态系统服务分类方案为参照，筛选出用于评价的 4 项总指标以及 10 项子指标，构建了宁波杭州湾新区生态系统服务价值评估指标体系，并为每项指标选取了合理的评价方法。综合比较参数法、经济学评价法、能值分析法和模型法等四种主要的生态系统服务功能价值评价方法后，认为经济学评价法最适用于杭州湾新区围填海工程生态系统服务价值损失评价，考虑到部分数据的获取难度与时间的有限性，实证分析中结合参数法用于一小部分指标的价值评估。主要数据源来自美国地质勘探局（United States Geological Survey，USGS）提供的 2005、2010 和 2015 年三个时期的 Landsat TM/OLI 遥感影像数据解译成果。其他社会经济数据主要来源于政府部门和已经公开发表的相关专著和研究报告，以及《慈溪统计年鉴》《宁波水资源公报》（2005—2015 年）《慈溪土壤志》《宁波杭州湾新区总体规划（2010—2030）》等文本资料。

1.2.2　研究目标

本书旨在通过开展杭州湾南岸围填海所创造的社会经济效益等数据收集和调查，分析杭州湾区域围填海前后社会经济效益、生态系统服务功能的变化情况并进行影响评价，进而建立相应评估指标体系和评估标准，并形成围填海的综合影响评估结果，最终评判杭州湾南岸区域围填海得失，为杭州湾区域海洋管理提供辅助决策依据。

1.2.2.1　社会经济影响评估及指标体系建立

通过收集围填海区域社会经济的相关资料，评估围填海对杭州湾地区经济、社会发展的效益。同时遴选社会经济监测指标，建立评估指标体系。其中经济效益评价指标选取主要反映研究区产业经济、企业发展、城镇建设层面发展状况。数据主要来源于慈溪统计局提供的慈溪统计年鉴（2006 年、2011 年、2016 年）、慈溪市经济普查年鉴。此外研究分析了杭州湾地区企业分布状况，主要企业数据来源于阿里巴巴企业黄页，通过 Google Earth 确定企业空间位置，并在 ArcGIS10.2 中实现数据的可视化。社会评价指标选取主要反映居民生活质量、企业发展环境、社会适应程度。本书采用文献资料收集与实地调查相结合的形式，完成围填海工程后社会效益评估。宏观社会效益指标主要来源于慈溪统计年鉴及慈溪工业普查数据，其中部分指标为合成指标，通过公式计算形成；部分针对性较强的乡镇数据采用发放问卷形式获取。

1.2.2.2 生态服务功能变化评估指标遴选与测量方法

本书在 2005、2010 和 2015 年遥感影像解译的基础上，获得不同时期的土地利用/覆被变化信息，对围垦所引起的土地利用/覆被类型的各项生态系统服务功能经济价值进行评估。指标遴选主要依据研究区实际发展状况结合国内外相关类型评级指标参考，形成具有特色化、专业化杭州湾围填海工程生态服务功能评价体系。测量方法主要依托遥感软件解译与年鉴查阅方式相结合，形成具体测算结果。具体是在用地类型及属性测算基础上，采用货币量化方式测算出研究区生态服务损失量。其中土地面积通过遥感解译方式获取，区域产品单价及生态公式换算价格参数主要参考慈溪统计年鉴（2006 年、2011 年、2016 年）数据及学界相关案例测算的公认参数。

1.2.2.3 围填海综合评价方法建立

结合社会经济效益评估和生态服务功能变化评估结果，建立围填海综合评价方法，计算综合评价指数，对区域围填海产生的综合影响进行科学评估。

1.3 研究技术路线与研究过程

1.3.1 研究技术路线

本书采用如图 1-3 的围填海社会、经济与生态影响评估的技术路线，由"资料收集""指标遴选层""方法选择层""对比分析层"四部分组成。资料收集是评估实施的前提，也是评估工作量最大的环节。评估内容分为经济效益、社会效益、生态服务功能三方面，各方面数据收集方式存在差异性：经济层面数据主要来源于相关统计资料；社会效益层面主要采用统计资料与问卷调查方式；生态功能效益采用了遥感解译与统计资料方式。

在对数据进行处理和分析的基础上，基于评价内容不同，具体采用不同测算方式：经济影响为减少主观评价影响，采用常用的客观量化方

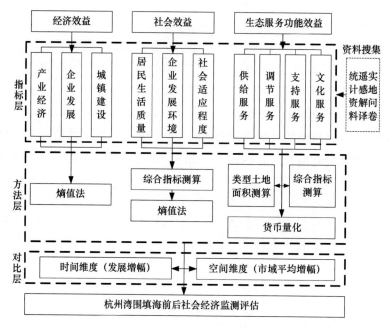

图 1-3　技术路线

式——熵值法；社会影响在部分指标计算上采用综合指标测算公式，采用熵值法综合评价研究区社会效益；生态服务功能影响评估工作量相对较大，采用遥感解译方式分类归纳研究区土地类型、面积变化，采用货币量化的测算方式，具体指标的货币价格及关键参数通过查询统计年鉴及公认代表案例资料可得。

对比分析层面主要采用时间维度、空间维度两个方面，评价研究区社会、经济、生态服务发展。以"增幅"为关注重点，对比研究目标区在围填海前后各方面增幅相较市域平均增幅、发展增幅状态，从客观层面综合评价工程对目标区的影响程度。

1.3.2　研究工作的实施过程

2015 年 7 月至 12 月，国家海洋局宁波海洋环境监测中心站在筹备宁波市海洋与渔业局项目"杭州湾区域围填海候监测评估（甬海【2015】16 号）"投标文件过程中，邀请宁波大学地理与空间信息技术系有关教师围绕"杭州湾围填海前后社会经济评估"的技术方案进行多次研讨，随后宁波大学地理与空间信息技术系组建项目组协助宁波海洋环境监测中心站完善项目标书，直至投标手续完成。

2016 年年初宁波海洋环境监测中心站中标后，便与宁波大学项目组洽谈"杭州湾区域围填海前后社会经济效益监测评估"的课题研究委托任务，至 2016 年 7 月达成委托研究任务的实施技术方案的一致认同，并于 2016 年 8 月 5 日签订课题研究合同。至 2017 年 4 月 23 日，总项目对该课题验收，形成了项目研究报告《杭州湾区域围填海前后社会经济效益监测评估》。本书的部分内容是该课题研究报告的前期研究，同时经本书著者于 2017 年秋季学期的数次讨论、增补和完善，得以形成体系化书稿。

社会影响评估中，部分指标需要问卷调查得以获取，为此研究者在初步拟定评价指标体系的基础上，设计调查问卷，并前往围填海相关村镇实地调研，进一步完善指标体系，做好数据的调查工作。①居民生活质量维度涵盖了人口与就业状况、生活水平改善、农业发展影响、土地调整情况和基础设施配套等五个方面指标，各指标下涵盖多项子指标。在数据的来源上，部分数据主要来源于 2005 年、2010 年和 2015 年的慈溪市统计年鉴，土地价格数据来源于对应年份慈溪市国土资源局网站（http：//guotu. cixi. gov. cn/col/col25145/）和安居客网站（http：//www. anjuke. com/nb/cm/cixi）。②企业发展环境维度涵盖了区域投资环境、企业生产环境和科技研发环境等三个方面的指标，这部分的数据主要来源于慈溪市统计年鉴和慈溪市经济普查报告。③社会适应程度维度数据来源主要依靠实地调研，短期适应程度的部分指标数据采取问卷调查（表 1-4）的方式获得，而远期适应程度指标数据则从慈溪市志中获得。

经济影响评估工作过程，在初步拟定评价指标体系的基础上完成数据搜集工作。①宏观经济数据沟通慈溪市统计局申请统计年鉴（http：//tjj. cixi. gov. cn/）获取的方式，共获取 2002—2014 年慈溪市统计年鉴、慈溪市第三次经济普查主要数据（纸质版）、慈溪市第二次经济普查主要数据（PDF 版），满足了产业经济、企业发展、城镇建设层面指标数据来源。作为对比的宁波市域评价体系与研究区评价体系相同，数据来源于宁波市统计局（http：//www. nbstats. gov. cn/）网络公布数据。②微观层面企业经济数据获取采用网络数据库检索形式完成。主要检索了阿里巴巴（https：//www. 1688. com/）企业黄页并利用 Google 地球获取慈溪市工业企业空间坐标数据，在 ArcGIS10. 2 中实现可视化。

表 1-4　围填海社会效益问卷调查表

杭州湾围填海社会效益评价问卷调查表

调查日期：　　　月　　　日

　　您好！我们是宁波大学围填海社会效益研究项目组的研究成员，为了客观评价围填海工程对区域内的居民生活、企业发展、社会稳定等方面的综合影响程度，对围填海工程的社会效益进行更为科学的价值估量，需要对研究区域内的实际情况进行调查。调查不存在任何商业用途，更不会泄露您的任何隐私，问卷题目均没有对错之分，请根据您的实际情况填写，无需署名，谢谢您的合作！

　　以下问题请您结合实际，对所选项目打"√"。

1 您的性别是？

A 男　　　　　　B 女

2 您的年龄是？

A 18 岁以下　　　B 19 岁至 30 岁　　　C 31 岁至 50 岁　　　　　D 50 岁以上

3 您了解杭州湾新区的围填海工程吗？

A 非常了解　　　B 了解　　　C 只听说过　　　D 从未听过，不了解

4 您认为围填海工程实施这些年间哪些时间段内对区域的发展起到了积极的作用？（可多选）

A 2005 年以前　　B 2005—2010　　　C 2010—2015　　　D 没作用

5 您认为这些年间哪些时间段内围填海工程的实施与最初的规划符合程度较高？（可多选）

A 2005 年以前　　B 2005—2010　　　C 2010—2015　　　D 不清楚

6 请您对围填海工程的未来实施提出一至两点的合理建议：

问卷到此结束，占用您的时间我们深表歉意，再次感谢您的合作！祝您工作顺利，家庭和睦！

　　生态服务功能变化评估工作分为两部分，遥感解译部分主要是解译从网络数据库所申请的遥感数据，获取研究区属性数据（用地类型、面积等）；另外部分根据所采用经济学评价方法，选取测算公式参数计算生态服务值。①选取了美国地质勘探局（United States Geological Survey，USGS）提供的2005、2010 和 2015 年三个时期的 Landsat TM/OLI 遥感影像数据作为主要数据

源，并以浙江省 1：10 万地形图为基准，利用 ENVI5.2 软件对 3 期遥感影像
数据进行预处理，主要包括波段合成、几何纠正和图像增强等。在 eCognition
8.7 软件的支持下，建立分类信息知识库以提取研究区土地利用信息，提取方
法与技术要求参考《海岛海岸带卫星遥感调查技术规程》①。根据研究区 GPS
野外调查数据以及其他背景资料建立各土地利用类型的解译标志，并在 Arc-
GIS10.2 软件中利用人工目视解译对分类结果进行校正，最终获得研究区
2005 年、2010 年和 2015 年的土地利用类型矢量数据，解译精度均达 90% 以
上，达到研究所需。本书土地利用分类为草地、旱地、建设用地、林地、草
滩湿地、水体、水田和滩涂（光滩）等 8 种。该工作于 2016 年 8 月开始至 9
月中旬完成。②生态服务价值计算所涉及的其他数据主要来源于《慈溪统计
年鉴》《宁波水资源公报》（2005—2015 年）《慈溪土壤志》《宁波杭州湾新
区总体规划（2010—2030）》等。数据主要来源于研究区及其附近行政区的
统计年鉴和杭州湾新区管委会社会与经济发展部门（统计局）。参考研究区附
近行政区的统计年鉴是因为研究区海域中可以提供的海水产品可能不仅提供
给研究区的海水市场，也会运输到周边行政区的水产品市场，为了更准确的
估计食品供给服务的价值，应将周边市场来自研究区海域的海水产品的捕捞
量也计入在内。对于那些目前尚未直接参与市场交易、没有市场价格，但在
市场中可以找到替代品的生态系统服务的价值，可以根据替代品的市场交易
数据来估算。研究区生态系统提供的大部分服务都是没有直接交易市场的，
但基本上可以在市场中找到替代品，可以用替代市场法计算其价值。如研究
区生态系统提供的调节服务下属的干扰调节、环境净化等，支持服务下属的
营养调节等，虽无法直接进行市场交易，但往往可找到提供类似功能的影子
工程，抑或是恢复该功能或者避免该功能丧失的替代措施，可采用替代市场
法的影子工程法或恢复费用法或防护费用法等进行评估；研究区生态系统的
文化服务如科研文化、旅游娱乐等，其价值在市场交易中可能未直接或完全
体现，但可获得间接的市场信息，此时可运用替代市场法的享乐价格法、旅
行费用法等进行评估。其中，旅行费用法是用于旅游娱乐服务价值评估最常
用的方法。但有少量研究区生态系统提供的服务（如支持服务中的维持生物
多样性）不仅没有交易市场，甚至难以获取间接的市场信息，此时只能借助

① 国家海洋局 908 专项办公室编. 海岛海岸带卫星遥感调查技术规程 [M]. 北京：海洋出版
社，2005.

于模拟市场法（条件价值法是最常用的）通过对利益相关者进行调查，进行数据处理后获得评估结果。此外，生态系统的各项服务价值均可以用参数法进行货币量化，考虑到其评估结果的精度较低，仅在数据严重缺乏时考虑使用。

第1篇　围填海工程经济影响评价

【本篇内容提要】沿海地区围填海（reclaim land from sea）作为增加一种可行的城市发展用地解决方案，相关经济、社会的影响或效益与结论尚不清楚。一些简单的评估相关影响的方法，在影响范围较广的项目中大都不容易实现，难以衡量长期效益或负面影响。开展围填海工程对地方经济社会的影响研究不仅可为人类海岸带活动模式提供动态土地利用类型，以模拟土地利用变化的产业成长影响，还可通过产业结构为围填海成陆土地利用结构和社会经济系统的相关研究提供依据与参数。本篇针对围填海工程成陆土地利用与企业/产业群集特点，旨在创建围填海工程对地方经济影响的多时空尺度研究方法、发展经济影响模拟的新理论与方法，揭示围填海工程对地方经济的多尺度调控机制，为地方可持续发展提供依据。

本篇梳理国内外经济影响文献，解析研究视角与范式，甄别出围填海工程经济影响的要素及其作用路径，构建了围填海工程经济影响评价的要素、指标与数据集成测度方法，提出围填海工程经济影响计量模型，并以宁波杭州湾近30年围垦累积土地及其利用产生经济效益为研究对象衡量澄清替代空间的经济发展影响，既提出了围填海工程经济影响两类范式及其指标集成与衡量技术路径，发展了"投入—产出"、"专家综合评价"模型，识别出两类范式存在的测算关键点与难点；又阐明了围填海工程海洋生态影响的经济衡量标准体系，有助于更好地考虑填海作为一个城市扩张用地的解决方案。研究发现：（1）宏观层面，围填海工程对乡镇经济快速发展具有显著的推动性作用，早期阶段主导推动效应的因素是围填海新生土地用于产业发展的增量，推动效应随增量土地供应完成逐渐减弱；中后期阶段主导推动效应的因素取决于供应土地利用结构，如是否用于发展新兴产业或城镇建设及其集约程度。（2）微观层面，围填海工程经济影响在地方企业群集、产业升级、城镇建设维度均有较好的正向促进作用。围填海工程经济影响通过企业群集—产业升级的联动增效形式出现，进而带动城镇建设维的围填海经济影响正向增长效应稳步出现。（3）围填海工程经济影响在研究区各乡镇的作用强度存在差异性，各乡镇受益程度差异源于围填海工程生成土地的利用方式以及群集企业的发展程度等因素不同。

围填海工程经济影响的生成路径及其机理，是识别其不确定性与长期潜在性的关键；基于围填海工程成陆土地利用结构变化对应的企业发展、城镇发展、产业经济三维度刻画与量化，系统计量了围填海工程经济影响的总量与结构，阐明了人类主动性围填海工程的生态损失经济补偿基线标准体系，有助于推进海洋生态补偿的市场化与补偿标准确定的科学化。

【本篇撰稿人】马仁锋、杨阳、王益澄

2　围填海工程经济影响研究动态

随着滨海地区城市化进程加快，城市人口与城市建设空间外向扩张性趋势明显，有限陆域土地难以满足城市产业、生活、生态用地扩张的需求。围填海项目成为滨海城市增加土地供给的有效路径之一。国外大规模的围填海活动起步很早，在围填海工程管理、围填海工程生态环境与社区福利影响等研究领域业已累积一定理论成果[①]。中国围填海工程历史悠久，但大规模围填海工程始于 20 世纪 90 年代，围填海工程及其用海管理研究滞后，尤其是围填海工程的综合评价研究。现阶段综合影响评价还处于初期，其中最为关键的组成部分——经济影响是学界研究的重点领域。相关学者已开始该领域相关研究，并取得了一些实证成果。梳理围填海工程的经济影响评价研究文献，剖析研究现状与研究不足，诠释围填海工程经济影响评价的内涵及客观规律。

根据工程影响评价开展时刻与围填海工程施工时序的相对性，中国将围填海工程综合评价研究分为预测性评价研究（适宜性评价、可行性评价）、阶段性评价、后评价三类。预测性评价及阶段性评价的研究内容基本位于项目后评价研究框架之内，后评价在方法选取、指标体系构建方面备受学界关注。本章重点以项目后评价阶段相关涉海工程研究文献为梳理对象，基于学界现阶段经济影响评价研究成果的总体分析，重点梳理围填海工程经济影响评价的内容、机理，总结现阶段学界有关评价体系构建、评价方法选取的研究现状，以经济影响评价案例的工程属性及研究视角为分类依据，将不同案例归

---

① Lee Chang-Hee, Lee Bum-Yeon, Chang Won Keun. Environmental and ecological effects of Lake Shihwa reclamation project in South Korea: A review [J]. Ocean & Coastal Management, 2014, 102 (B): 545-558; Nadzhirah Mohd Nadzir1, Mansor Ibrahim, Mazlina Mansor. The Impacts of Seri Tanjung Pinang Coastal Reclamation on the Quality of Life of the Tanjung Tokong Community Penang, Malaysia [J]. Global Science and Technology Journal, 2015, 3 (1): 107-117; CPB. Welvaartseffecten van Maasvlakte 2-Kosten-Batenanalyse van Uitbreiding van de Rotterdamse Haven door Landaanwinning (Welfare effects of the Maasvlakte 2 Project - Cost-Benefit Analysis. for Expansion of the Port of Rotterdam by Land Reclamation). Centraal Planbureau, the Hague, Netherlands. 2001 (in Dutch).

纳，预判围填海工程经济影响评价研究的未来趋势。

2.1　围填海工程经济影响评价的内容及其关联

在综合评价体系中，围填海工程一般以项目经济收益为目的，经济影响评价是衡量项目效益的关键。从工程综合评价各方面权重值看，经济影响评价同样占据主体地位。学界研究经济影响评价时，按照经济影响评估内容划分为直接经济损益、间接经济损益。直接经济损益在"填"部分一般指土地开发所形成的经济损益，"围"部分一般指项目经济产品收益以经济作物（养殖、晒盐、淡水等）销售额为主；间接经济损益是指围填工程形成土地及其景观变化所引发的相关产业变化带来的经济损益，涵盖内容相对较广，具有关联性、综合性、外部性的特征。

2.1.1　围填海工程经济影响评价内容

2.1.1.1　单一土地经济损益评价

围填海工程是为了解决人类发展过程中城镇建设、工业以及农业在土地需求上的矛盾，土地要素相关影响评价是损益评价的关键。在评估围填海工程的经济损益时，往往将土地收益作为主要衡量指标。国内部分学者在构建围填海综合效益评价时将土地经济收益作为围填海经济收益的主体，重点分析围填所形成土地的绝对收益或相对收益。如刘晴[①]在测算江苏省围填海项目时采用了土地损益度进行测算，将工程邻近陆域同类型土地基准地价和围填成本的差值与围填土地面积乘积作为项目的实际经济收益，这在工程项目评估领域内基本能体现出围填海项目的经济量化值；丁涛[②]采用成本效益测算方式与之相似，重点在于土地开发收益作为项目主体的实际收入。总的来说，采用单一土地经济收益来衡量围填海工程经济影响测算方法具有一定的局限性，一般只限于项目工程开发领域。学界采用测算单一土地直接收益方法种类相对较少，特别在环境管理、地理学等相关学科，往往倾向于复合对象测算。

---

① 刘晴，徐敏. 江苏省围填海综合效益评估 [J]. 南京师大学报（自然科学版），2013，36（3）：125-130.

② 丁涛，郑君，韩曾萃. 钱塘江河口滩涂开发经济损益评估 [J]. 水利经济，2009，27（3）：25-29.

2.1.1.2 多联系度复合对象效益评价

围填海工程开发新增土地有效缓解了港口城市人地矛盾，为滨海地区人类活动提供了大量土地资源（图 2-1）。围填海工程经济影响评价研究从最初工程领域规划论证向多领域、多学科综合评价研究拓展。学界在测算经济影响时，通常会考虑到复合对象的选取以及间接经济效益对实际经济损益的重要性。衡量间接经济收益时一般采用两种模式：第一类是联系实际将围填以后产生的产业进行价值量化计入到经济收益中去。如胡聪[①]评价海洋资源影响时在经济影响层面考虑了旅游资源、港航资源、渔业资源等间接经济领域对整体综合效益的影响，选取一些有别于直接经济损益评价相关指标，探究了间接经济损益对整体的影响；李静[②]在综合效益评价子系统——社会经济损益评价中将养殖产品、海盐产品、交通运输、旅游娱乐、工矿、渔业设施列入经济损益中进行量化分析；罗希茜[③]评估琅岐岛围填海项目时同样定量计算了食品产出、文化功能价值、支持功能价值，作为相关经济损益输出纳入经济损益中；于定勇[④]采用不同方法定量测算了浅海滩涂资源、港航资源、旅游资源、渔业资源、珍稀物种资源的损益值。部分学者开始尝试间接经济损益值的测算或整体影响分析，但是普遍遇到间接经济损益衡量的局限性。采用现阶段间接经济收益测算方法存在一定程度偏差：间接经济类型界定比较模糊，对实际经济损益的估算存影响。第二类方法将经济损益与社会效益相关联，对间接经济损益做出定性评价。于定勇[⑤]采用灰色关联法选取了旅游总收入、海洋生产总值、地区生产总值、港口货物吞吐量等核心指标衡量经济影响因子在综合评价中的作用程度。国内少数学者基于所选取方法计算特点，将间接经济影响归为单一指标。如朱凌[⑥]采用围海造地前后经济收益差作为间接经济收入，采用专家咨询和德尔菲法赋值计算各评价对象的权重；张建新[⑦]通过

① 胡聪. 围填海开发活动对海洋资源影响评价方法研究［D］. 青岛：中国海洋大学，2014.

② 李静. 河北省围填海演进过程分析与综合效益评价［D］. 石家庄：河北师范大学，2007.

③ 罗希茜. 琅岐岛围填海活动综合效益评价分析［J］. 海峡科学，2012，（6）：68-70.

④ 于定勇，王昌海，刘洪超. 基于 PSR 模型的围填海对海洋资源影响评价方法研究［J］. 中国海洋大学学报，2011，41（7）：170-175.

⑤ 于定勇，李云路，田艳. 基于灰色关联理论的围填海工程影响评价［J］中国水运，2015，15（12）：95-98.

⑥ 朱凌，刘百桥. 围海造地的综合效益评价方法研究［J］. 海洋经济，2009，2：18-20.

⑦ 张建新，初超. 围海造地工程综合效益评价模型的构建与应用分析［J］. 工程管理学报，2011，25（5）：526-529.

经济收益增值、经济发展潜力两大指标涵盖间接经济影响，采用德尔菲法进行综合影响评价测算。两类方法比较看（表2-1），直接量化经济损益相对具有直观性，但考虑不全面、部分间接经济影响无法量化；第二类方法考虑相对全面，但是采用模糊关联、德尔菲法，存在评价过程主观化的局限性，需要学界创新赋权方法。

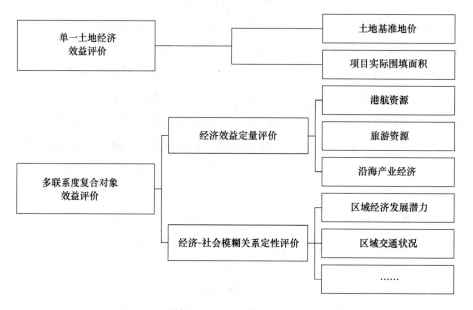

图2-1　围填海工程的经济影响评价模式分类

表2-1　复合对象选取分析模式比较

复合对象选取模式	优点	缺点
经济损益定量计算与分析	以货币形式定量计算具有直观性	间接经济内容选取不全面部分内容无法量化
经济-社会模糊关系定性分析	考虑相对全面	研究方法具有主观性

2.1.2　围填海工程经济影响与其他影响的关系

梳理学界围填海工程影响的综合评价研究，经济损益评价占据首要位置，是经济影响评价的主体，经济损益评价主流方法以货币量化及模糊评价为主。总体态势，社会影响、生态环境影响在企业生产项目、城建项目的重要性正逐步变大。采用方法不再局限常用计量方法，多学科借鉴、评价方法创新是未来的重点。此外，经济影响、社会影响、环境影响三者间关系研究相对较少，亟待学界在理论层面做出辨析，这对围填海工程影响的综合评价指标选取及方法集成具有一定的理论指导。

2.1.2.1 经济损益与社会效益

在综合评价体系中，经济损益评价、社会效益评价往往属于不同评价维度。早期围填海项目评估中，经济损益与社会效益相关联形成互为发展的混合概念，经济损益评价基本涵盖了社会效益评价内容。如张家玉[①]评价湖泊围填项目时通过农业产品产值对比研究湖北省湖泊围填工程的经济社会效益的利弊得失。但在事实上经济效益提升与社会效益不存在明显的正相关性，采用经济增加值上升衡量社会效益提升幅度具有一定的片面性。随着非经济损益权重在现阶段综合评价中的提升，学界研究项目评估方法将会更多考虑社会效益相关指标。在综合评价中，特别是有关城建项目评价将社会、经济损益评价区别成互为独立的评价子系统，两者间采用不同研究方法、不同的核心指标。徐文建[②]评估海门港新区围垦项目时将综合评价细分为经济损益、社会效益、资源环境子系统，选取了新增就业率、居民生活水平改善率、人均收入年均增加率、渔民利益协调完成度、养殖面积保证率、产业结构优化度、人口文化素质贡献率、产业契合度、群众支持率等社会效益相关指标，采用统计年鉴、调查问卷形式综合获取相关信息，提高了项目综合评价的合理性、全面性。企业层面，综合效益评价虽然以经济损益评价为主体，但是在经济损益评估同时，也将社会效益列入评价指标体系。如初超[③]评估社会效益时采用模糊评价法选取拉动就业成效、对工农业有促进作用、缓解人地矛盾、区域社会发展潜力四个指标综合衡量，研究显示在小型围填海项目中生态效益影响力低于社会效益，尤其是拉动区域人口就业成为重要的社会收益。随着社会发展以及城市居民对围填海工程关注度提升，社会影响在综合评价中权重将逐步提升，推动社会和谐发展、缓解人地关系的矛盾是围填海项目设立的既定前提。

---

① 张家玉. 湖泊围垦的生态经济损益分析 [J]. 自然资源学报, 1988, 3 (1): 28-36.
② 徐文建. 潮滩围垦后评估研究——以江苏海门港新区围垦工程为例 [D]. 南京: 南京师范大学, 2014.
③ 初超. 围海造地工程的综合效益评价研究 [D]. 大连: 东北财经大学, 2012.

2.1.2.2 经济损益与生态环境影响

外部性视角下围填海工程影响评估中，经济、社会可以归于正外部性相关，而生态环境影响一般为显著负外部性相关。围填海工程目标是提升经济及社会效益，尽量将工程对生态环境损害值控制在一定范围之内。学界关于生态环境影响研究相对较多，生态环境影响估量一般分为两类：第一类是不单独罗列生态环境成本，在计量实际经济收益时将生态服务价值纳入项目成本。如蔡悦荫[①]构建生态成本预算模型，罗列计算了近岸生物资源价值、海湾废物处理功能价值、港口淤积费、泄洪纳潮功能价值、水质净化服务价值、防潮削波服务价值等损失具体价值，采用市场价值、代替价值等方法估量了上述生态环境成本列入项目成本中。该模式使得生态服务价值直观化、可视化，但是具体损失量是否准确要依赖所用方法科学性。随着相关研究进一步发展，该模式还需要提升评价方法的可行性、创新性。第二类认为生态环境损失量在围填海项目中具有重要地位，同经济损益一样，将生态环境损失量与经济损益相并列。如刘弢[②]选取海域底栖生物量、纳潮量、无机氮含量、活性磷酸盐含量以及冲淤速率的变化量等生态环境指标，与经济、社会效益相关指标一同构建了项目综合评价体系。此外，部分学者单独测算了生态环境损失量，愈加注重生态环境损失对综合评价的影响。如孟海涛[③]采用生态足迹法测算了厦门海域历年围填海项目对生态环境赤字的影响程度。单独对企业项目的生态环境损失量评估相对较少，单一进行生态环境损失量评价多在大尺度区域基于遥感地类基础数据进行。

总体而言，生态环境影响与经济损益关系呈现出由内部分支的从属关系到发展为并列态势（图2-2），生态环境损失量的重要性正逐步得到重视。企业项目层面研究更多的采用了数值量化分析，方法需要进一步的创新及适用性研究。大尺度区域分析层面，生态环境损失量、经济损益大多进行单独测算，鉴于两者之间必然存在一定的关联性，需要未来研究中剖析两者的内部关系及对综合效应的影响。

---

① 蔡悦荫. 填海造地经济损益分析研究 [J]. 海洋环境科学, 2011, 30 (2): 272-274.
② 刘弢, 张亦飞, 祁琪, 等. 基于相互作用矩阵的象山港围填海适宜性评价 [J]. 海洋开发与管理, 2015, 3: 58-62.
③ 孟海涛, 陈伟琪, 赵晟, 等. 生态足迹方法在围填海评价中的应用初探 [J]. 厦门大学学报（自然科版）, 2007, 46 (1): 203-208.

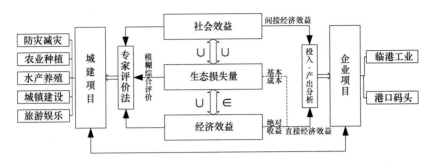

图 2-2　围填海工程影响的评估分类及关系

2.2　围填海工程经济影响评价方法及其指标探索动态

2.2.1　评价方法比较

2.2.1.1　单一量化——土地及经营项目收益分析

围填海工程实施的目的就是获取土地资源保障企业开发、政府城镇或耕地占补平衡。基于不同目的经济影响评价具有不同侧重点，但最基本的内容以土地实际价格的收益为关键点。城镇项目经济影响评价研究案例，如朱妙[①]在综合评价滨海新区围填海项目经济损益时重点关注新增土地直接收益，分区域测算天津市滨海三区（塘沽区、汉沽区、大港区）的围填项目不同的经济影响。以土地价格为基础核算围垦增加土地收益为核心的围填海工程经济影响评价是现阶段围填海工程影响评价的主流范式。尤其在小尺度围填海项目的经济影响评价中重点关注新增土地实际收入，对社会效益评价或者生态环境影响估量重视不够。企业经营项目评价时，单一量化指标以用海项目企业的实际经济收益为主。如黄兰芳[②]从财务、国民经济两方面综合评价项目的经济损益；孙志林[③]根据经济学理论以财务内部收益率（FIRR）、财务净现值（FNPV）、回报期（Pt）、经济内部收益率（ERRR）、经济净现值（ENPV）

①　朱妙. 天津总规滨海新区填海规划实施评价研究［D］. 天津：天津大学，2013.
②　黄兰芳. 围海工程后评价与潮滩资源再生能力研究［D］. 杭州：浙江大学，2011.
③　孙志林，干钢，黄兰芳，等. 滩涂围垦项目后评价的初步研究［J］. 海洋开发与管理，2011，28（9）：34-38.

的企业运营业绩测算项目的经济影响；李亚丽①在测算江苏沿海某围填海项目时构建了两套经济损益评价体系，普通项目层面采用以工程邻近陆域同类型土地基准地价、用海面积数值量化指标为核心计算经济影响；用海企业层面选取用海项目经济净收益、项目用海期限内预测的工程总收益、用海工程投入的总成本、项目达到设计生产能力后的年收益、用海期年限等具体指标测算了围填海区域的经济损益值，即将用海企业产值的评估作为区域围填海后经济损益的评价数据源。

总体而言，将单一量化——土地及经营项目作为围填海工程经济影响评价的主体方式，多存在于项目研究评价工作中，重点是基于用海企业层面的项目经济损益评价；部分以货币量化方式计算为主，获取企业数据来源相对准确、可靠，但在一定程度缺乏对生态环境损失的关注以及后续发展的间接经济价值考量。尤其是在核算基本工程成本以及生态环境成本时，参考数据源于往期项目平均系数测算，在一定程度上影响拟定成本估算的准确性。

2.2.1.2　多指标定性定量相结合

相对于单一量化——土地及经营项目收益分析法，采用多指标定性定量相结合方法进行围填海工程经济影响评价相对更为全面。多指标定性定量相结合方式一般有主观评价法、客观赋值法两类（图2-3）。数据选取对数据量化属性要求相对低一些，特别是主观评价法，对于经济损益各指标的评价依靠于专业素养的专家。主观评价法分为专家咨询打分法及主观赋值法，通过选取一定的经济损益相关指标，采取打分形式求出各指标的权重及最终评价值。如袁道伟②采用主观赋值法对大连长兴岛临港工业区建设用海一期规划的综合效益评价选取经济内部收益率、效益费用比等指标，结果表明该围填海项目综合效益良好，基本实现了项目规划预期；于永海③划分海域环境条件较差海域（劣Ⅳ类水质且劣Ⅲ类沉积环境海域）且有合理填海造地需求的海域、具合理的建设性用海需求且海洋功能区划允许适当改变海洋自然属性的海域、有强烈围填海需求且海洋功能区划允许改变海洋自然属性的海域三类围填海工程，采用专家咨询打分法测算项目适宜性标准，对大连沿海岸线进行适宜

———————————

①　李亚丽.江苏海洋资源开发的综合效益研究［D］.南京：南京师范大学，2015.

②　袁道伟，赵建华，于永，等.区域建设用海后评估方法研究［J］.海洋环境科学，2014，33（6）：958-961.

③　于永海，王延章，张永华，等.围填海适宜性评估方法研究［J］.海洋通报，2011，30（1）：81-87.

性区域划分；朱凌①认为由于围海造地是一个过程性活动，影响经济、环境以及社会是一个动态过程，人类对围海造地影响程度的认识也是模糊的，因此在评价围海造地的综合效益时宜采用模糊综合方法，具体评价过程中同样采用专家咨询打分法。主观评价法解决了数理方法对数据依赖性的弊端，能够抽象的、模糊化的对经济损益及相关联系进行评估，具有一定的优势。客观赋值法一般采用了熵值法、主成分、CRITIC 法。如杨焱②构建苏北地区围垦适宜性评价体系，比较该三种方法后选取 CRITIC 法评估了苏北地区围垦项目；刘佰琼③采用主客观相结合（CRITIC 法与序关系法）的形式为构建评价体系进行权重评定，并以江苏省海门腰沙港围填海项目为例进行了相关效益评价；于定勇④使用灰色关联分析山东滨海地区围填海项目发展所带的经济损益、社会效应、资源效应的关联影响程度，研究表明经济损益程度优于社会效应及资源效应。

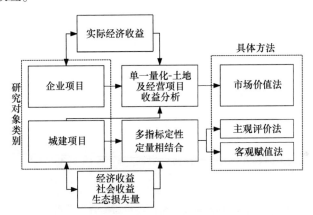

图 2-3　围填海工程经济影响评价方法分类

2.2.2　评价指标遴选

围填海工程的经济影响评价指标遴选思路可分为两类（图 2-4）：一是量

---

① 朱凌，刘百桥. 围海造地的综合效益评价方法研究 [J]. 海洋信息，2009，2：18-20.

② 杨焱. 苏北典型区潮滩围垦适宜规模评价体系构建 [D]. 南京：南京师范大学，2011.

③ 刘佰琼，徐敏，刘晴. 港口及临港工业围填海规模综合评价研究 [J]. 海洋科学，2015，39 (6)：81-87.

④ 于定勇，李云路，田艳. 基于灰色关联理论的围填海工程影响评价 [J] 中国水运，2015，15 (12)：95-98.

化型指标，在项目收益、产业预期领域采用的相对较多；该类型以货币量化思路来衡量经济损益，直观性强，但是相对较少考虑间接经济收益，尤其是未能从全局考虑生态环境损益影响。通常考虑项目的投入—产出的实际效益来刻画围填海工程的经济影响评价，所选指标具有量化的基础。二是采用模糊性、定性的主观分析指标，指标相对笼统，指标属性量化要求相对较低，衡量过程中存在方法选取多样，从而造成权重计算的主观性较高的弊端，可以归为专家评价法。不同的研究思路所遴选的指标具有差异性，确定研究方法后对指标选取规矩做出进一步的阐释（表2-2）。

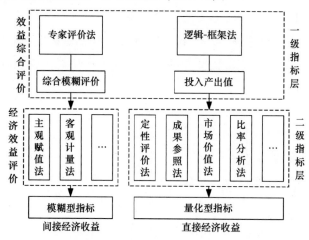

图2-4　围填海工程经济影响评价指标选取思路差异

表2-2　围填海工程经济影响评价指标分类及相关特点

评价指标分类	选取指标所衡量对象	特点	局限性
数值量化指标	直接经济收益	衡量货币量化；适宜衡量围填海企业项目；经济损益数据相对客观	考虑偏重于直接经济收益，缺全面性
模糊定性化赋值指标	间接经济收益	适宜大尺度区域的围填海城建项目；指标考虑较全面；量化属性要求相对较低；具有社会影响关联性	受方法、主观赋值影响大；其科学客观性需要论证及实际情况相验证

2.2.2.1　基于逻辑—框架法遴选指标及其特征

逻辑—框架结构法中，位于二级指标的经济影响评价系统往往采用投入

—产出模型结构进行量化分析。基于经济损益研究内容选取的不同，直接/间接经济损益分类研究会导致经济损益评价系统中评价指标选取存在不同。直接经济损益往往选取量化指标，通过货币量化得到围填海项目的直接经济收益。在直接经济损益计量为主的评级体系中，主流计算逻辑是根据围填海得到的土地收益扣除必要的成本得到直接经济收益。如熊鹏[①]在评价福清湾项目时按照新增土地收益扣除基本成本原则评价了项目经济收益，其中新增土地收益包括土地实际价值及每年土地的经济贡献，基本成本包括工程成本、维护成本、生态环境损失；韩雪双[②]基本采用相同量化思路进行青岛围填海工程评估；刘晴[③]选取经济评价指标较为具体，基本成本核算时选取了工程前期勘察费用、工程成本、拆迁补偿费用、渔业资源补偿费用、生态服务价值损失费用、围填海需支付的海域使用金的具体数据指标，对所选取项目的经济收益核算相对客观与全面。

间接经济损益评价，具有非量化、滞后性、社会关联性等特征，无法直接进行市场价值法量化。学界在考虑围填海工程的实际经济影响，一般基于所采用方法选取指标。如于定勇[④]选取旅游总收入、海洋生产总值、地区生产总值、港口货物吞吐量的变化评估围填海后区域内旅游、海洋产业、地区经济、港口运输业等的增长；王伟伟[⑤]选取人均GDP、旅游产值、渔业产值衡量了大连市沿海地区围填海后经济间接影响。这些衡量间接经济损益的指标一般具有经济社会双重属性，指标选取考量一般从经济发展、就业人口增减等方面来构建间接经济价值。学界衡量间接经济损益的量化方法相对较少，在一定程度上给投入—产出理论模型的实际测算造成了一定的困难。

2.2.2.2　基于专家评价法选取指标及其特征

通常采用主观赋值法，选取评价指标涵盖面广，具有模糊化、定性化的特征，一般选取具有全面性的具体评价指标。专家评价法选取的指标也可根

① 熊鹏，陈伟琪，王萱，等.福清湾围填海规划方案的费用效益分析［J］.厦门大学学报（自然科学版），2007，46（1）：214-217.
② 韩雪双.海湾围填海规划评价体系研究［D］.青岛：中国海洋大学，2009.
③ 刘晴，徐敏.江苏省围填海综合效益评估［J］.南京师大学报（自然科学版），2013，36（3）：125-130.
④ 于定勇，李云路，田艳.基于灰色关联理论的围填海工程影响评价［J］中国水运，2015，15（12）：95-98.
⑤ 王伟伟，付元宾，李方.浅谈海域空间资源填海造地开发适宜性分区［J］.海洋开发与管理，2010，27（9）：5-7.

据围填海项目的实际情况进行专项定义，采用少量指标即可代表经济损益评价内容。但专家评价遴选指标过程中，指标测算一般以主观赋值法为主，评价人的专业素质及主观感知对围填海工程的实际效益评价具有很大的影响。如朱凌[①]选取围海造地成本、围海造地前后经济收益差、围海造地后土地价值三个指标，采用专家咨询打分法计算经济损益的权重及效益值。也有学者在测算经济损益时，选取部分量化指标进行赋值继而采用主客相结合的方法测算总经济损益；林志兰[②]选取城镇居民人均可支配、人均国内生产总值、区域相关政策对开发的支持度、区域交通条件四个二级指标，综合评价围填海项目的经济损益与社会效益。相对于量化指标，主观赋值法选取指标时受空间尺度的影响度较小，指标赋值的客观性及评价人员的专业性是提升经济损益评价准确性的关键。

2.3　围填海工程研究案例的类型与特征分析

2.3.1　围填海工程案例地域类型划分

围填海工程在国内滨海地区普遍存在，从最早的围海晒盐发展盐产业开始，经历了国民基本生活需求、农业用地需求及现阶段城市及产业发展用地需求三阶段[③]。国内开展围填海项目评价研究的相关单位一般以海洋资源研究机构及研究性大学为主。海洋资源研究机构包括各级别的海洋研究所、技术研究中心等；研究性大学细分为相关专业性大学（以中国海洋大学、大连海事大学为代表）以及具有一定研究水平的综合性大学（以南京师范大学、天津大学、大连理工大学等为代表）。分析围填海项目的经济影响评价相关文献，发现围填海工程影响评价在国内有一定的研究历史，学界做了一些基础工作。随着现阶段围填海单个工程用海面积趋于大型化、技术趋于专业化的发展态势，不同学科领域在不同研究视角下相关研究成果具有一定的差异性。整理围填海项目评价的案例，根据其项目的类型及研究视角分为两类（表

---

① 朱凌，刘百桥．围海造地的综合效益评价方法研究 [J]．海洋信息，2009，(2)：18–20.
② 林志兰，黄宁，陈秋明，等．无居民海岛开发适宜性评价指标体系的构建和在厦门海域的应用 [J]．台湾海峡，2012，31 (1)：136–141.
③ 简梓红，杨木壮，唐玲，等．围填海效益评价研究现状及其展望 [A]．//热带海洋科学学术研讨会暨第八届广东海洋湖沼学会、第七届广东海洋学会会员代表大会论文及摘要汇编 [C]．2013.

2-3）：一是以工业、城镇发展需求为目的，往往从经济社会效益角度出发，重点分布地区具有经济基础，但缺乏土地的滨海地区：环渤海湾地区、长江出海口、东南沿海地区、华南沿海地区；所涉及围填海项目分布范围较广，项目属性较为多样。学界选取围填海工程案例进行综合评价时，所选择案例一般集中于这些地区。如赵梦①以海南省儋州市海花岛项目为例，分析与评价海花岛旅游娱乐性质的围填海工程；曲丽英②以福建省过桥山围垦工程为例，构建了绿色核算法评估围垦后产业的综合效益数量值。这类研究案例相对较多，空间分布相对较为广泛，学界大多从事这类案例的评价研究。二是以特色岸线资源为对象，以旅游经济开发为目的从生态经济学角度选取国内案例研究。如王初生③、黄发明④以国内红树林、珊瑚礁海岸为对象，构建了有特色的评价体系对国内海岸开发适宜度进行分析。但作者仍未选取具体案例，只进行了相关特色评价体系的构建，缺乏具体研究对象来验证评价体系的客观准确性。具有特色岸线资源的围填海项目往往以旅游产业发展、生态资源开发为主，对生态功能的权重要求较高，在国内学界相关经济损益评价案例的选取比较少。

表 2-3　围填海工程案例的地域选取类型分类

类型	特征	研究现状
常规需求区	具有经济基础；缺乏沿海土地发展空间的地区；以企业、城建项目为主	案例相对较多；案例空间分布位置相对较为广泛
特色岸线资源开发区	特色岸线资源丰富；具有旅游产业、特色经济发展的潜力；注重项目生态功能	国内学界案例相对较少；相关研究方法的探索，无具体案例研究

2.3.2　围填海工程经济影响评价案例的尺度把握

尺度是地学研究的核心概念之一，基于不同尺度视角的围填海项目评价

① 赵梦. 旅游娱乐用海海域评估研究 [D]. 天津：天津大学，2014.
② 曲丽英. 福建省围垦工程效益后评估方法研究 [J]. 中国水利，2013，(8)：60-62.
③ 王初生，黄发明，于东升，等. 红树林海岸围填海适宜性的评估 [J]. 亚热带资源与环境学报，2010，5 (1)：62-67.
④ 王初生，黄发明，于东升. 珊瑚礁海岸围填海适宜性的评估方法研究 [J]. 海洋通报，2012，31 (6)：695-699.

具有不同的评价特征。根据对尺度的把握，可将围填海工程评价分为两类进行研究（表 2-4）。一是以企业项目建设评价为主，其空间范围相对较小，评估重点在于经济损益及社会效益，生态环境影响评价往往纳入成本计算内。企业项目的经济损益评价以企业预期产值为主要经济损益值，社会效益层面往往采用增加就业人口、地区 GDP 增长等宏观国民经济指标，生态环境影响评价采用企业层面生态治理费用代替。在较小空间尺度上，此研究思路具有一定的可行性。评价方法以市场价值法居多，其经济损益评价比较直观。较小空间尺度的项目评价在指标选取上具有一定的特色性及专业化，基本体现出逻辑—框架结构法中的目的、目标、投入、产出的研究思路。学界案例研究相对较多，现阶段研究的难点在于方法选取、价值参数设置以及具体指标选取的全面性及代表性。

表 2-4　不同尺度类型的围填海工程的经济影响评价属性

空间尺度大小	项目类型	项目开发用途	项目评价范围	经济损益评价方法侧重
空间尺度小	企业项目	临港工业、港口码头	一般较小	投入—产出计量法
空间尺度较大	城建项目	防灾减灾、水产养殖、农业生产、城镇建设、旅游、休闲娱乐	范围根据具体情况而定	专家评价法

二是以城建项目为主的空间尺度相对较大的围填海工程，学界基于行政区块或者生态环境分区为进行经济影响评价，社会效益、生态环境影响同样是评价重点。相对较大空间尺度属性使得评价体系无法采用单一的国民经济量化指标进行专项评价，大多采用自定义的模糊指标较多。为解决模糊指标无法量化这一难题，学界采用专家评价方法进行综合效益评价，初步解决了无法量化的问题。大尺度空间的围填海项目一般为城市土地围垦项目，经济影响评价在注重直接经济损益的同时，需要考量与社会效益相关联的间接经济损益，但国内学界讨论直接经济损益与间接经济损益之间的货币量化比相对较少。另外，国内学界大尺度案例多以省、市级围填海项目或者海湾为评价对象，构建评价体系及经济损益子系统具有一定项目特色。在更大尺度的研究案例，还处于初期探索阶段。部分学者以不同海域资源属性为对象进行围填海工程的综合评价研究，未选取具体研究对象，多以整体性研究为主或者是评价方法的理论探索，国内学界在构建综合评价指标及经济影响评价子

系统方面尚未形成公认的体系。

2.4 本章小结

综合而论,围填海工程的经济影响评价作为综合评价中的最为关键方面,其评价的准确性是衡量综合评价水平的关键。特别是在工程项目评价中,经济损益评价处于更为重要的地位。在小尺度的企业项目评价中,直接经济损益是表示项目盈利数值的关键指标。本章从三个部分入手分析经济影响评价相关研究动态。(1)着眼于经济损益评价的对象研究,纵向剖析了对象包含的具体内容,横向研究了经济损益与社会向效益、生态功能价值的关系;(2)从经济影响评价的方法及指标入手,研究现阶段国内研究方法的进展及创新点;(3)通过分析国内学界经济影响评价的案例选择,分类归纳不同案例的空间区域特征、研究视角及尺度。系统分析三方面研究动态及其主体与机理,总结了围填海工程经济影响评价的内部要素关系、方法及指标的选择、案例的具体态势。

围填海项目的经济影响研究动态呈现:(1)经济影响评价在综合评价中处于关键地位,但社会效益、生态环境影响的重要性正逐步提升;在城建项目权重较高,在企业项目中其重要性正逐步增加。经济影响可以采用经济损益刻画,进而分为直接经济损益与间接经济损益,间接经济损益与社会效益相关联,生态环境影响与直接经济收入相结合形成了绿色经济损益。发展趋势论,经济、社会、生态环境三方面影响评价具有并重趋势。(2)围填海工程经济影响分析指标体系与方法探究,聚焦在投入—产出的价值量化、综合模糊评价两类思维,具体评价指标源于项目价格数据、国民经济数据、主观赋值三类。不同学科领域方法选择存在一定的差别,工程评估、土地开发等领域相对注重经济损益的量化,需求项目效益的直观性、货币化等特点;区域经济、城市管理等领域更加注重评价的综合性、全面性,需求经济损益的绿色化、相对性。企业(工业)项目,要求项目经济损益的直接效益;城镇土地项目兼顾生态环境、社会效益。(3)围填海项目经济影响评价研究还处于探索阶段,研究案例选取一般以省/市级城建项目、企业用海项目为主,用途以土地开发、产业用海等常规围填海为主,现阶段评价研究聚焦在中小尺度层面的常规企业项目、城镇用地项目;大尺度层面尚未形成一致认可的评价体系。案例选取视角大致分为经济、管理、生态环境影响三类,项目经济视角聚焦于企业项目，以追求企业经济损益分析为前提，同时关注项目的短周期生态环境影响；项目管理视角经济损益评价与其他评价对象整合成为项目工程影响评价的重要环节，加强项目综合评价研究；生态环境方面以经济损益、生态功能价值估量为对象，强调项目的相对经济损益及绿色可持续发展。

　　从经济影响评价研究态势看，围填海项目经济影响研究处于探究期，经济影响评价内容、指标构建、尺度变化影响等方面值得深入挖掘。（1）经济影响分析内容及其与社会、生态环境影响评价的关系辨析，需要进一步廓清间接经济影响与社会、生态环境影响的关系及各自边界，进而解决间接经济影响的量化难题。此外，生态环境影响估量在项目评价的单列研究趋势明显，如何协调经济影响衡量中的生态成本与生态服务价值估量及其地位是未来综合评价体系构建、经济影响评价子系统赋权都不可避免的难题。（2）经济影响评价方法探索，学界尚未做出公认的量化体系与主观赋值体系，对于部分指标无法量化、赋值法凸显主观性的弊端亟待深入探索。经济影响量化方法大多基于土地价格，方法单一，需要进一步创新；借鉴发展而成主观赋值法，改进了综合模糊评价法。但是指标遴选，急需解决相对权威性的经济损益评价要素—指标—数据源问题，避免出现指标选取片面化等情况。（3）案例选取，中小尺度的常规围填海项目经济影响评价是学界研究热点，大尺度、具有特殊岸线用途项目的相关研究较少，相关指标及评价方法需要学界进一步探讨与验证。部分学者对小尺度企业项目的经济损益量化时，需要验证数据、计算参数在不同地域的可靠性、准确性。随着生态服务价值、社会效益重要性的提升，项目管理、项目经济、生态价值视角将深化关于三者的评价深度与广度，提升围填海经济影响的在项目综合评价体系与项目管理的重要性。

3 围填海工程经济影响评价的指标遴选与方法构建

随着城市外向扩张、产业发展对土地的需求量快速增长，滨海城市陆域土地满足不了城镇发展的土地需求，土地占补平衡机制促使了人类考虑如何利用水域或地下空间开拓更多的土地资源。围填海作为创造土地资源的有效方式之一，目的是为解决滨海地区人地矛盾。围填海是通过人工修筑堤坝、填埋土石等工程措施将天然海域（海涂）改造成陆地以拓展人类社会经济活动的陆域空间，属于多学科交叉研究的海洋工程及其管理。中国围填海历史久远，公元前202—公元8年的汉代就有记载的围填海活动，主要用于晒盐及防灾。1949年后，中国沿海地区出现了四次大规模围填海高潮，为东部沿海城市、经济发展提供了大量的土地资源。相较围填海历史，学界于2000年前后开始关注围填海工程影响评价研究。其中，经济影响评价是综合评价关键内容之一，特别是在企业用海项目管理中经济损益评价是影响综合研究的基础。

3.1 围填海工程的经济影响评价相关概念

3.1.1 围填海工程经济影响的内涵

围填海工程经济影响评价研究，形成以工程内部对象关系研究及项目评价模式辨析为选取经济损益评价方法、构建经济损益指标体系的前提。通过对经济影响评价内涵剖析，对归纳与凝练围填海工程经济影响的属性、特征具有基础性意义。

3.1.1.1 概念关系剖析

国内通常将经济影响评价通过经济损益予以刻画，衡量围填海项目的经济影响程度。经济损益评价对象一般分为项目直接经济损益、项目间接经济损益两类。直接经济损益是经济损益评价的重点内容，在工程项目可行性评价及项目后评价中直接经济损益以土地损益为主，包括占用海涂海域的渔业或旅游损失的产值、新增土地产业收益。企业用海项目中，可以用围垦土地兴建企业的产值表示直接经济收益；城建项目中，可以采用邻近陆域同类型土地基准地价测算整个项目的直接经济收益。间接经济损益具有明显滞后性等特征，是项目影响评价中较难量化的部分。在项目可行性研究中，间接经济损益的量化方法、要素选取是否全面是评价难点。国内早期研究中，部分学者将间接经济评价内容与社会项目评价内容相关联，将社会效益内容纳入间接经济损益评价中。随着国民关注度的提升及评价管理方式的发展，现阶段学界在经济损益评价中，普遍考虑到了间接经济损益评价的重要性。在界定经济影响评价概念时，辨析直接经济损益与间接经济损益的关系是围填海经济影响理论研究的前提之一。

从国内海洋工程业务实践态势看，经济损益评价在直接经济损益与间接经济损益兼顾的同时，还需要注意绝对经济损益与相对经济损益、绿色经济损益的关系。绝对经济损益评价出现在围填海项目研究早期，早期评价尚未有效解决相同评价系统中不同对象货币量化的问题，通常采用项目"经济产值+生态损失量"定性描述的模式。随着生态功能损失量测算方法的理论研究得到突破，单纯的定性描述缺乏直观性、全面性的表述影响了评价结论。现阶段采用项目"经济收益-基本成本"的相对经济效益计算模式更加客观。绿色经济损益是在基本成本中纳入了量化的生态功能损失量测算值，强调项目整体的实际经济损益，体现出了生态文明观念对项目评价研究产生的影响。绿色经济损益更加体现出项目的生态经济属性，已有部分学者在项目经济损益评价研究中做了初步探索。

3.1.1.2　经济损益评价模式对比

经济损益评价根据评价时序关系可分为项目实施前的预测性（或称可行性）评价、过程性评价以及后评价三类（表3-1）。项目实施前的预测性评价可以作为项目可行性或者项目适宜性研究的经济评价部分，预测项目实施过程产生的期望收益、工程成本以及可能的生态损失量的测算。过程性评价主要在项目建设过程中的某阶段进行阶段性评估，重点分析项目建设过程中的实际状况，提出相应策略改良实际建设过程出现的偏差，保证项目竣工质量。

后评价是在项目验收竣工后，并经过一段时间发展再进行的整体性评价；后评价在数据准确性上、对象针对性方面具有很大的优势。后评价凭借客观数据易获取性优势，其方法选取相对较多；过程性以及预测性评价的方法大多还是以模糊评价等定性分析为主，在方法上具有一定的局限性。现阶段学界经济损益评价大部分集中于项目后评价，少部分研究重视预测性、过程性评价研究。

表 3-1　经济损益评价类型分类与辨析

评价类型	说明	优缺点
预测性（可行性）评价	预测性评价纳入适宜性评价中，对项目实施的可行性及期望收益进行预测	评价方法以定性评价相对较多，量化分析方面以假设论证为主
过程性评价	对项目实施过程中分阶段进行评价，重点分析项目建设过程中的实际状况，提出相应策略改良实际建设过程出现的错误，保证项目完成	分阶段分析，以项目为研究主体，以直接影响度为主要研究方面。忽视项目本身的间接性影响
项目后评价	对项目完成后的一系列评价。重点在于项目的实际影响程度分析	兼顾直接效益与间接效益，定性与定量评价方法皆有，方法类型涵盖面较多，数据来源于实际，相对客观

3.1.2　围填海项目经济影响评价特性

3.1.2.1　关联性

综合评价准则中，围填海项目经济影响评价的首维度优势显著，是综合评价的关键维度。内部关联性，经济影响、社会影响、生态影响三方面测算要素之间呈现出关联性（图 3-1）。经济影响评价的间接经济损益评价指标与社会效益相关评价指标存在一定的联系。间接经济损益评价指标在一定情况下能够部分反映出社会影响程度。经济损益评价中的相对经济损益与生态损益测算在部分学者研究中表现出从属状态，将生态损失量作为项目施工对生态环境的实际破坏程度反映[①]。工程项目评价，将生态损失量化纳入项目成本

---

① 张明慧，陈昌平，索安宁，等. 围填海的海洋环境影响国内外研究进展 [J]. 生态环境学报，2012，21（8）：1509-1513.

得出项目实际的经济损益。

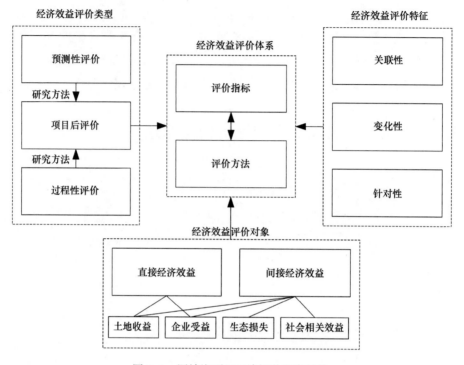

图 3-1　围填海项目经济评价研究结构

3.1.2.2　针对性

围填海施工是改造海岸海域自然属性的过程，海岸带类型等自然属性的不同对项目影响评价研究存在较大影响。这一特性使得国内学界在评价大尺度地块围填海活动时，通常采用综合模糊评价、主观赋值等定性方式，未能形成成熟的评价体系。围填海项目不同的开发目的、不同的开发模式都影响项目评价结果。不同的开发目的使得项目在具体评价方法的选取、指标体系的建立上存在不同。自然属性、开发模式的差异化使围填海项目评价存在唯一性，不同类项目的评价在方法选择、评价指标选取、数据采集等方面存在差异性。围填海工程的经济影响评价表现出了独特性、针对性。

3.1.2.3　变化性

围填海项目经济影响预测性评价中，参数的选取一般参考相关围填海项目产生的实际数据，与自身项目的经济损益存在一定的关联性，但是总体会产生一定的误差。项目后评价中，直接经济损益评价相对较为准确，但是间接经济损益的滞后性特征、生态功能损失量测算的量化难度都干扰了项目整体经济损益评价的准确性、客观性。选取不同经济损益评价方法，其计算结果存在一定的变化。即使是相同量化计算方法都因其评价内容、参数的变化，其结果也存在不同。现阶段国内学界总体处于项目评价方法研究起步阶段，相同研究案例会因方法不同校验结果分析较少。

3.2　围填海项目经济影响评价构建原理

学界通常将经济影响评价作为一级指标纳入项目综合评价中，大多采用构建项目综合评价模型逻辑。以围填海工程经济损益为对象，厘清经济损益评价框架的构建原理及其优缺点等，是探索的难点与热点。

3.2.1　逻辑框架法

逻辑框架法（Logical Framework Approach，LFA）用逻辑框图方式综合反映项目的投入、产出、直接目的和宏观影响等不同层面的内涵和实际完成情况，对产权投资项目的实施效果进行分析和总结，是一种综合、系统地研究和分析问题的思维模式。围填海后评价的逻辑框架分为四个层次：目标（Goal）、目的（Objectives or Purposes）、产出（Outputs）、投入和活动（Inputs and Activities）。

3.2.1.1　目标—目的定性分析

目标即战略、规划、政策和方针等。逻辑框架法常运用于项目综合评价，它适用于围填海战略规划目标以及项目可能产生影响的研究。目的即项目直接的效果和作用，一般考虑项目为城市或企业方带的效益。目标—目的分析一般采用定性描述的方式，定性评价项目在实际运作过程中的实际收益以及项目的规划目标，一般在项目的预测性评价中采用较多。目标—目的研究方法具有借鉴之处，在经济损益分层评价子级系统中，可以采用这一思路定性研究围填海项目的经济影响。定性描述在经济损益评价中采用的相对较少，基本以项目经济损益整体情况的描述为主。

3.2.1.2　投入—产出量化分析

投入指项目的实施过程及内容，主要包括各类资源的投入量和时间等。产出即项目投入的产出物，评价重点是产出的直接结果或投入/产出效率。投入—产出分析以量化分析为主，选取项目实际的相关数据，评价结果具有直观性、针对性。经济影响评价以量化分析为主，在项目后评价中数据的完善性与全面性使得量化分析具有更大的优越性。现阶段项目经济影响后评价的投入—产出量化研究中采用的主流方法有市场价值法、替代价值法、碳税法、造林成本法、旅行费用法、影子工程法等，这些方法涉及直接经济价值、间接经济价值、生态功能损失量测算等。①市场价值法是指对有市场价格的生态系统产品和功能进行估价的一种方法，主要用于生态系统生产的物质产品的评价①。市场价值法是经济学中最为成熟的价值评估方法，是根据海岸带提供商品的市场价格及其规律来评估确定。如水产品、海盐资源、水资源等资源价值，在经济损益评价中可用来测算直接经济收益部分。②替代价值法在经济影响评价中用货币替代生态功能损失值，解决成本中的生态成本难以量化的问题。③碳税法及造林成本法是根据生物学特性，如海水中的浮游植物具有吸纳 CO_2 和释放 O_2 的能力，因此可以通过调查得单位面积的浮游植物每年干物质的生产量，利用光合作用和呼吸作用方程计算单位重量干物质所吸收 CO_2 和释放 O_2 的量②，并根据固碳生态效益和工业制氧价格将生态指标换算成经济指标，得出固定 CO_2 和释放 O_2 的经济价值③。④旅行费用法属于间接性经济评估方法，它不是直接以旅行费用作为环境的游憩价值，而是通过旅游者在消费这些环境商品或服务时所愿意支付的费用，对旅游价值进行估算的，常常用来评价那些没有市场价格的旅游景点或者环境资源的价值。⑤影子工程法是指借助人为建造一个能够提供类似环境功能的替代工程的价值来估算环境价值。

3.2.1.3　基于具体案例的逻辑框架

逻辑框架法视域项目效益的评价以投入—产出—目的—宏观目标为垂直逻辑关系主线，水平逻辑主要以指标的选取、验证方法、重要假定条件组成④。基于本章前述围填海经济影响评价罗列的相关指标及具体方法，以杭州湾围填海项目为案例勾勒出经济影响评价的逻辑框架设计与分析。根据分析

　　① 欧阳志云. 乌梁素海湿地生态系统服务功能及价值评估 [J]. 资源科学, 2005, 27 (2): 110-115.

　　② 彭本荣. 填海造地生态损害评估 [J]. 自然资源学报, 2005, 20 (5): 714-726.

　　③ 石洪华, 郑伟. 海洋生态系统服务功能及其价值评估研究 [J]. 生态经济, 2007, (3): 139-142.

　　④ 罗时朋, 张松. 基于逻辑框架法的水电工程社会影响后评价 [J]. 武汉理工大学学报, 2009, 31 (15): 69-72.

结构，在经济影响评价可采用逻辑框架结构的分析方法，具体指标的计算需要进一步的说明（表3-2）。

表3-2 经济损益逻辑框架分析

项目结构	指标	检验方法	达到指标的条件
项目目标 成为国家统筹协调发展的先行区、长三角亚太国际门户的重要节点区、浙江省现代产业基地和宁波大都市北部综合性新城区。	地区生产总值； 产业增加值； 产业增加值比； 三产内行业产值比； 法人单位数； 从业人员数量比； 各产业内从业人员比	统计年鉴数据提取	杭州湾区域经济发展； 产业结构优化； 从业人员产业分配结构合理
项目目的 缓解土地对杭州湾新区经济发展制约，维持占补平衡关系，开发用途的多样性带动区域经济发展。	区域交通条件； 基础设施配套； 区域经济发展潜力； 城镇居民人均可支配	专家咨询； 统计年鉴数据提取	项目顺利竣工； 新增土地开发缓和杭州湾人地的矛盾
项目产出 项目新增土地、用海企业产值、区域产业结构优化。	用海企业经济产值； 围垦农业用地产值； 区域经济带动性增值	实地考察； 项目统计资料； 管理部门咨询	项目完成后土地开发获得经济损益； 项目完成后，未出现损害经济损益的事件
项目投入 工程前期勘察、工程施工、拆迁补偿、渔业资源补偿、围填海需支付的海域使用、生态功能损失。	工程成本； 项目工程每年的维护费； 渔业资源的损益； 生态功能损失评估	项目竣工验收报告； 项目统计资料	工程成本符合规范； 开发建设的同时，减少对生态环境的破坏； 相关补偿合理合法

3.2.2 主客观综合分析法

项目综合影响评价在指标层采用专家咨询法、专家打分法、层次分析法等相关赋值方法，在具体经济影响评价指标遴选中既存在专家主观打分形式，又存在收集相关数据量化分析模式，本节将其逻辑分析思路归纳为主客观综合分析法。主客观综合分析法解决了部分指标无法量化的弊端，可通过具体指标的范畴界定与赋权提高项目评价的全面性；部分学者在经济影响评价时采用了主、客观相结合的方法，弥补了评价方法主观性，提供了围填海经济影响评价新思路。

3.2.2.1　主观赋权

主观赋权法是项目评价常用方法之一，具体有层次分析法、专家调查法、序关系法等。①层次分析法是一种定性与定量相结合的决策分析方法，是将决策者对复杂系统的决策思维过程模型化、数量化[①]，基本原理是把要解决问题分层系列化[②]。②专家调查法是专家运用专业知识对相关影响因素属性进行区间估计，确定评价等级，再运用集值统计方法将专家所做出的区间估计进行模糊统计。③序关系法（G1）是基于功能驱动原理的赋值方法，根据指标相对重要程度确定权重系数。相比于层次分析法，序关系法具有不必判断矩阵一致性检验，且对同一层次数据个数无限制的优点[③]。主观赋权法中解决了围填海项目中存在的难以量化的难题，指标选取具有针对性及全面性。采用主观赋权法时需要更多关注于专家赋值的准确性，部分学者采用多名专家赋值，综合权衡比重方法减少个人主观误差对客观评价的影响。

3.2.2.2　客观量化赋权

基于差异驱动原理的赋权法，通过选取客观数据客观评价研究对象。客观量化数据源于项目相关统计数据及区域经济普查数据等渠道。围填海项目经济影响评价，采用实际经济数据客观量化有助于项目影响货币量化。尤其在项目后评价环节，项目实际数据获取难度比预测性评价低，学界开展后评价时提取部分客观量化指标代替主观指标，实现了主观赋值与客观量化结合赋权方法。

客观量化方法有主成分、熵权、CRITIC 等常用方法。①主成分分析法利用降维思想，将多指标转化为少数几个综合指标（即主成分），其中每个主成分都能够反映原始变量的大部分信息，且所含信息互不重复。这种方法将复杂因素简单化，同时得到的结果更加科学有效。②熵权赋值法是通过分析数值之间的离散程度来表示指标的相对权重，数据的离散程度越大，信息熵越小，其提供的信息量越大，该指标对综合评价影响越大，其权重也应越大[④]。

---

① 徐建华. 现代地理学中的数学方法 ［M］. 高等教育出版社，2002. 224.
② 谭跃进. 定量分析方法 ［M］. 中国人民大学出版社，2006. 140.
③ 郑斌，唐德善，史兹国. 基于综合集成赋权法的河道整治方案优选研究 ［J］. 水电能源科学，2010，28（4）：113-115.
④ 王富喜，毛爱华，李赫龙，等. 基于熵值法的山东省城镇化质量测度及空间差异分析 ［J］. 地理科学，2013，33（11）：1323-1329.

③CRITIC法考虑了指标变异性和指标间冲突性两个重要因素，其中指标变异性通常用标准差来表明同一个指标各评价方案之间取值差距的大小，标准差越大表明各方案之间取值差距越大；而评价指标之间的冲突性则是以指标之间的相关性为基础进行考虑的，即两个指标之间具有较强的正相关将表明两个指标的冲突性较低①。各具体量化方法有优缺点，项目经济影响评价需要与具体指标互为参考，选取适宜性方法。

3.2.2.3　基于案例的专家评价框架

以经济影响为对象的专家评价法大体采用层次分析法的逻辑架构形式，具体方法以主客观方式相结合的形式进行经济影响评价。采用专家评价框架分析的结果一般以得分数值为单位，通过数值比较来测算经济影响的好坏程度（表3-3）。

表3-3　经济损益专家评价分析架构

	评价要素	评价因子	具体获取路径
围填海项目经济影响评价要素及评价因子	城镇建设	地方生产总值； 人均城乡建设用地； 交通用地比例	统计年鉴数据提取； 土地调查数据提取
	工业集聚	工业增加值； 三产业企业法人数量； 第二、三产业从业人数； 非农业就业人口数量； 年产值亿元以上企业数量	专家咨询； 统计年鉴数据提取
	农业发展	耕地农业增加值； 水产养殖业产值； 人均农民纯收入； 人均粮食产量	专家咨询； 统计年鉴数据提取
	项目成本	围填海项目工程建设成本（工程前期勘察、工程施工、拆迁补偿、渔业资源补偿、围填海需支付的海域使用、生态功能损失）	项目统计资料； 管理部门咨询

---

① D. diakoulaki, G. mavrotas, L. Papayannakis. Determining objective weights in multiple criteria problems：The CRITIC method ［J］. Computer Ops Ress 22, 1995：763-770.

3.2.3　对比分析法

对比分析法概念重点是对象的对比分析，一般采用横向、纵向、有无三大分析思路，其逻辑思路在经济影响评价以及综合影响评价中均可采用。（1）横向比较是以同类型围填海项目为比较对象，与其他主观赋值法及客观量化法相结合，比较经济损益值、生态功能损失量等。通过相类似围填海项目比较，得出该项目在实际运作过程中的优势以及不足之处。（2）纵向对比是比较围填海项目在项目实施前、实施中以及项目竣工验收完成之后的直接经济损益以及间接经济损益，通过不同时段的经济损益值来评价项目实施过程中各环节的影响情况，通过不同阶段经济损益对比得出具体围填海项目的实际经济影响。（3）有无分析思路是将项目完成后的经济损益与假设无此项目的经济损益进行对比。该分析可以通过效益对比来说明项目实施的损益程度，重点在于整体评价围填海项目的优劣程度。总的来说，对比分析思路具有简明性、适宜性广的特征，该方法准确性与实际项目所采用具体评价方法有关。

3.2.4　其他评价框架构建原理

结合围填海项目影响分析视角与经济损益尺度差异，项目经济影响评价框架构建也存在一定的侧重点。（1）系统方法论是从系统的有机整体出发，研究系统的整体性和有序性在事物发展过程中的作用。系统论的基本特征之一是整体性系统是由相互联系并且相互作用的各组成部分结合而成的统一整体。围填海经济影响评价，在重视直接经济损益的同时，将间接经济损益、生态成本作为社会、生态效益成本计入评价中，将经济损益、社会效益、生态效益三系统作为评价整体的子系统，实际评价以及具体指标选取时考虑三者之间的联系。（2）生态经济理论、可持续发展理论，该方法论重点评价项目经济损益与生态效益，强调的是以人的发展为核心取代以经济发展和社会发展为核心的发展观。注重社会发展与人的发展之间、人类社会与自然界之间的平衡发展。指标选取时，更加侧重于经济生态效益以及人类活动的相关指标，重点关注人类在实际围填海项目中得出的损益。

3.3　围填海项目经济影响的测度体系

基于指标属性不同，本节将围填海项目经济影响评价指标归结为两类：量化指标的选取、定性指标的选取。围填海经济影响评价研究进展梳理表明，围填海经济影响分析的具体指标遴选主要是基于逻辑—框架法指标选取（量化指标）和基于主客观综合分析法指标选取（定性指标）。鉴于此，本节以杭州湾围填海项目为研究对象，在经济影响具体分析指标列举、遴选及数据源分析上将以项目实际情况为主。

3.3.1　评价指标源数据

经济影响评价具体指标所需数据主要以相关部门公布的普查数据、研究区内相关产业调查数据、具体项目相关规划实施及地块监测数据为主。数据获取方法是相关部门公布的普查数据、实地调研、遥感数据解译、业务主管部门座谈等方式。部门普查数据包含了经济、土地、产业、居民生活、环境排放等方面宏观数据，可通过这些数据分析出围填海项目实施的间接经济损益。具体项目规划实施及地块监测数据用于项目经济影响分析，从中获取项目相关直接经济指标。研究区实地经济社会数据调查是为了避免过度依赖普查数据，造成评价结果偏离实际。总体来说，评价指标以及各指标的数据源在于确定指标对评价对象经济影响评价的代表性、准确性。采用不同源的经济损益指标与数据源，各指标之间互为修正、校验，提升评价的准确性与客观性。

3.3.2　量化指标选取

3.3.2.1　国民经济损益指标

相关产业损益量（表3-4）：①旅游产业损益量。围填海项目开发中，新增旅游景点的经济损益是经济影响评价中重要的收益之一，通过量化新增项目的实际旅游产值，来表示围填海项目的旅游发展情况。②渔业资源的损益。一般检索项目地区内主要鱼类的产量、市场价格、维护成本情况，记为渔业经济损失量。若围填海区存在晒盐、渔业养殖情况，则采用相类似方法纳入经济损益部分。③地区生产总值。项目开发对区域经济推动的最明显的指标之一。④港口货物吞吐量。若围填海项目对港口产业发展具有推动力，会直接影响港口货物吞吐量的变化。⑤耕地农业增加值。围填海形成的农业用地的经济产量，衡量土地利用情况的关键指标。⑥工业增加值。围填海形成工业用地的企业生产情况，在一定情况下可采用地均企业产值代替围填海开发的经济获益程度。

区域居民经济损益：①城镇居民人均可支配收入。与社会影响关联，表述区域居民在围填海项目开展的经济收益。②围填区可增加的就业人口。通过项目前后的就业人口变化，表述围填海区产业经济损益与劳动力的互动关系。③农民人均纯收入。农业耕地量变化直接影响到区域农民的纯收入，该指标既反映出农业层面的经济损益，也体现了农民的社会收益。

3.3.2.2　实际项目产生数据

实际调研数据（表3-4）：①当地基准地价是项目经济影响评价的关键数据之一，项目经济影响的来源以土地经济收益为主。当地基准地价以项目竣工后的不同用途土地交易地价为主，向项目所在地国土资源（不动产交易或登记）部门调研相关数据。②工程成本数据包括前期勘察费用、施工成本、拆迁补偿等，即对工程占用海域的利益相关者的补偿费用、渔业资源补偿费用、海域使用金。这几类费用在项目开发管理公司施工过程中都保存有数据，可对项目公司进行相关成本数据的调研。③围填海项目面积是项目竣工后的实际围填面积，从企业及土地管理部门均可获取实际面积，可进行对比验证以便取得准确的土地面积数据。④港航资源，原海域的港航资源经济损失量，以港航部门在该海域的原生产收入代替这部分的经济损失量。数据来源于向当地海事或港务局以及相关航线港口集团咨询。⑤若存在单一围填海项目的企业开发，项目实际经济收益以该企业年产值为绝对经济损益，相关开发成本、税率以实际的企业具体数据为准。⑥财务内部收益率（FIRR）、财务净现值（FNPV）、回报期（Pt）、经济内部收益率（ERRR）、经济净现值（ENPV）等企业经济损益评价数据。其中关键数据：资金流入量（CI）、资金流出量（CO）、工程总投资等都需要采用企业或部门调研等渠道获取。

表 3-4　部分围填海经济损益评价量化指标及相关属性

具体指标	指标属性	评价要素
当地基准地价	效益型	是测算土地经济收益的关键，计量经济损益层面中经济损益的基础数据指标
工程成本	成本型	是经济损益的主要成本指标，具体包括了工程前期勘察费用、工程施工成本、拆迁补偿费用，即对工程占用海域的利益相关者的补偿费用、渔业资源补偿费用、围填海需支付的海域使用金
实际围填面积	固定型	测算围填海项目实际经济损益总量的基础数据之一
土地对经济损益的年贡献效益	效益型	项目新增土地对项目开发的经济贡献
项目工程每年的维护费	成本型	工程项目竣工后的每年围填海维护成本，纳入成本计算中
收益率、回报期、净现值	效益型	测算用海企业层面的经济损益指标，具有项目的针对性
旅游产业的损益量	成本型/效益型	在围填海项目新增旅游景点的经济损益同样是经济损益评价中重要的收益之一
港航损益量	成本型/效益型	具体项目的发展方向相关，拥有港航资源的项目中其开发收益或围填海损失都是影响直接经济损益的具体指标之一
渔业资源的损益	成本型/效益型	项目地区的主要鱼类的产量、市场价格、维护成本情况，记为渔业经济损失量。若围填海区存在晒盐、渔业养殖情况，则采用类似方法记为经济增益部分
地区生产总值	效益型	项目的发展对区域经济推动的最明显的指标之一
港口货物吞吐量	效益型	拥有港航资源的项目中，围填海项目的发展对港口具有运营能力提升作用
城镇居民人均可支配收入	效益型	围填海项目对区域居民经济方面的影响
增加的就业人口	效益型	围填海区经济损益增长与就业人口的关联发展态势
人均城乡建设用地	效益型	衡量围填海城建项目土地利用具体发展指标
交通用地比例	效益型	衡量围填海对城建空间扩展影响度的具体发展指标
工业增加值	效益型	围填海用地企业的经济产值
年产值亿元以上企业数	效益型	围填海用地企业的发展规模状况
人均粮食产量	效益型	围填海新增农业用地的开发情况

相关计算参数：①土地对经济影响的年贡献效益，由于评估属于项目新增土地对经济贡献的年限较长，评价本身无法进行实际效益的调研，一般采用通常取当地基准地价的10%，贴现率一般取4.5%，年限参照国家对国有土地及工业用地的有效使用权为50年的规定，取50年为标准年限。②项目工程每年的维护费，工程项目竣工后每年围填海维护成本，一般以单位围填海面积工程成本的2%为标准。③项目投资社会折现率、相关行业基准收益率：测算企业项目的收益率、回报期、净现值等指标所需的相关参数。这些参数一般采用相关同类行业的平均参数值来表示。

3.3.3　定性指标选取

3.3.3.1　经济定性指标

经济定性指标（表3-5）是根据项目具体情况定义的评价指标。相比量化类经济指标，具有全面性、针对性。部分学者在赋值经济定性指标时，采用了数据量化分级的形式，减少了定性指标的主观干预性。①区域经济发展潜力，对围填海项目实施的经济收益评价，内容上涵盖了项目直接经济收益与间接经济收益两大类，全面考虑了项目整体的收益。②港口腹地经济水平，具有针对性指标，评价对象是对港航业务具有经济影响的项目。重点评价围填项目与陆向腹地之间的经济发展潜力。

3.3.3.2　辅助性指标

辅助性指标（表3-5）一般是具体围填海项目在经济层面与地方产业、企业相关联的指标。这些指标一般不具备直接经济收益，但往往对项目经济影响具有一定的推动力，具有间接经济价值。在实际经济影响评价中，需要根据具体情况选取部分具有较大影响力的指标。①区域相关政策对开发的支持度，与社会效益相关联。评价区域对围填海项目开发的支持程度，间接影响到项目竣工后的经济收益。此指标可通过咨询调查以及专家打分形式获取。②区域交通条件，围填海项目的经济与交通条件具有重要的关联性。交通条件的实际状况会影响到围填海项目的产业发展及居民的生活状态。③基础设施配套，基础设施配套的完善性影响了围填海项目发展城镇或企业，是现代区域发展关键要素之一。④集疏运条件，与区域经济对外联系有关，特别是在港口经济评价中集疏运条件指标是评价的重点。集疏运条件的优势会给围填海项目经济正影响提升做出实质性的影响。

表 3-5　部分围填海经济损益评价定性指标及相关属性

具体指标	指标属性	评价要素
区域经济发展潜力	效益型	在内容上涵盖了项目直接经济收益与间接经济收益两大类，全面考虑了项目整体收益的潜力
港口腹地经济水平	效益型	对象是对港航业务具有经济影响的项目，重点评价陆向腹地对围填项目经济发展的推动力
区域相关政策对开发的支持度	固定型	与社会效益相关联，间接影响到项目竣工后的经济收益
区域交通条件	固定型	交通条件的实际状况会影响到围填海项目的产业发展及居民的生活状态
基础设施配套	固定型	基础设施配套的完善性影响了围填海项目发展城市经济或企业经济
集疏运条件	固定型	反映围填海项目经济与陆向腹地的关联性，体现出项目的经济损益增长潜力

3.4　围填海经济影响具体评价方法构建与比较：以杭州湾南岸围填海为例

围填海项目是解决滨海地区土地资源短缺问题的有效路径之一。通过围填海项目开发，滨海城镇解决了城市空间扩展、企业发展的土地需求，维持了市域土地占补平衡①。但在围填海项目实施过程，也产生了生态功能破坏、原产业损失等负面影响。总体而言，合理的滨海地区围填海项目的经济影响呈现出正向，具有建设意义。以宁波杭州湾新区近 20 年围填海工程为评价对象，重点评价新区围填海项目实施后经济影响。计算过程，围填海项目的社会、生态等影响评价与经济影响评价结果存在一定关联性，以期使得项目的实际经济影响测度结果更具客观性、全面性、真实性。

---

① 刘伟，刘百桥．我国围填海现状、问题及调控对策［J］．广州环境科学，2008，23（2）：26-30.

3.4.1　研究区域概况与研究思路

3.4.1.1　研究区概况

研究区为杭州湾南岸的宁波杭州湾新区。区域交通条件便利、经济区位条件优越，是宁波乃至浙江发展海洋经济的新平台。研究对象的经济损益研究范围以杭州湾新区管辖区域为边界，即新浦镇、崇寿镇、周巷镇、庵东镇。研究区产业结构以工业为主（表3-6），农业经济以种植业为主，部分乡镇存在水产养殖生产活动。研究区内围填海形成的土地基本以工业开发用途、城镇发展用途、农业开垦用途为主。测算出时间测段内围填海产生的经济损益值，通过纵向对比方式分析围填海项目在不同时间段内开发过程所产生的经济损益。

表3-6　研究区概况

研究对象	经济结构	主要农业	主要工业
新浦镇	第一产业（4.9%）；第二产业（70.3%）；第三产业（24.8%）	种植业	五金配件、电器、日用产品
崇寿镇	第一产业（4.9%）；第二产业（72.1%）；第三产业（23%）	种植业、水产养殖业	电子、电器、日用产品
周巷镇	第一产业（6.4%）；第二产业（64.9%）；第三产业（28.7%）	种植业	电器、五金配件
庵东镇	第一产业（5.2%）；第二产业（69.9%）；第三产业（24.9%）	种植业	汽车配件、机电装备、有色金属、针织服装等

注：经济结构中各产业所占比重数据来源于2011年各乡镇经济普查数据

3.4.1.2　总体研究思路

基于对经济影响评价方法属性分析，及其评价过程具体的经济影响评价相关类型指标。在此基础上，以宁波杭州湾新区为评价对象，构建出具有全面性、具体性特征的指标体系、选取适宜性方法进行经济影响评价。本节基于逻辑—框架法、主客观综合分析法两种不同的研究思路提出不同视角下的经济影响评价技术路线及其指标体系，以期对比启示。

（1）基于逻辑—框架法的评价思路。该逻辑下围填海经济影响评价主要以量化分析为主，测算出项目影响对象的经济损益，研究成果以货币量化形式得出。具体指标数据来源以研究区统计年鉴、国民经济发展统计公报、企业信息收集等方式为主。研究重点在于研究区围填海项目影响对象包括农业（养殖业）、工业、城镇发展等方面实际经济损益值。根据其效益—成本计算方式，将计算方式称为投入—产出模型。具体测算分为两部分（图3-2），以投入—产出的形式计算不同时段的经济损益总和。投入部分以区域围填海后年生态环境损失量为成本；以用海项目的年实际经济损益为产出；通过相对经济收入差值来表达项目实际的经济损益。该方案工作重点主要分为两类数据处理，一类是通过遥感数据处理得出相关围填海项目的土地数据；另一类重点在于指标体系的构建及量化过程。遥感数据处理得出时段内围填海的面积以及土地用途类型（转换）分类，根据对围填海遥感影像分析得出围填海基本状况。构建评价体系测算出时段内的实际经济损益，部分成本计算可以采用成本替代法、碳税法及造林成本法等方法测算出相应经济价值。

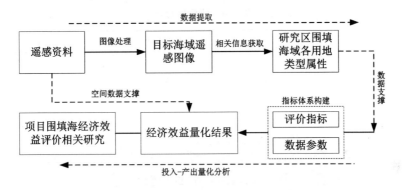

图3-2　投入-产出模型技术路线图

（2）基于主客观综合分析法的评价思路。基于主客观综合分析法的围填海经济影响评价是根据主成分分析法的集成研究，具体方法以定性与定量相结合的形式进行测算，测算的结果以分值大小来衡量项目经济影响。具体指标分为正效益、负效益指标，数据类型基本可分为国民经济普查数据及区域经济指标测算值两大类。数据来源于时段内的普查数据及实地调查估算。该方法研究重点在于具体指标数据的测算及主观评价的赋权情况，其难点在于赋权主观性及客观量化方法本身的误差性。

总体研究思路（图3-3）分为主观评价以及客观评价两部分，主观评价采用主观赋值的方法测算目标权重，客观评价采用熵值法测算出评价指标权重，根据归一化计算原理，对权重进行修正。数据处理分为研究基本数据源及项目研究基本得分及权重测算。第一部分重点在于根据项目实际情况选取指标及数据来源，大部分数据可通过国民经济普查数据获得，区域经济指标测算值采用实地调查及估算方式得出。另一部分是研究方法，可细分为两部分：一部分以主观赋值测算为主，另一部分采用客观量化形式测算出研究区的经济损益数值，两部分集成方式采用得分归一化的形式。其优点在于主观评价能够校正客观评价方法本身存在的误差性问题，客观量化方法可优化主观赋权时受主观影响的局限性，两者之间互为优化，计算结果相对客观全面。

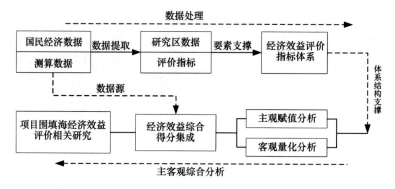

图 3-3　专家评价模型技术路线图

3.4.2　经济影响评价方法具体构建

3.4.2.1　基于逻辑—框架法的投入—产出模型构建

（1）指标体系构建。

构建指标体系分为正效益指标（产出效益）与负效益指标（投入成本）两类（表 3-7）。正效益指标以围填海项目形成的土地实际用途为依据分为用海企业产值、种植业产值、水产养殖业产值三大类（图 3-4）。研究重点在于用海企业的产值评估，由于研究区以乡镇为单元，无法获取所有企业的经济产值，只能采用估算方式来表示相关企业产值。负效益指标主要采用被围填海活动所影响的区域环境生态质量数值[1]，具体通过数值替代法、碳税法及造林成本法等测算方法进行指标量化。

---

[1]　杨丽芬，高延铭，谭萌，等．我国围海造地影响评价研究现状 ［J］．海洋信息，2014，（1）：41-45.

表 3-7 围填海经济损益评价具体指标

分类	指标	具体指标说明
用海经济损益 （产出-效益）	用海企业产值	企业数量、产值评估
	种植业年产值	围填土地种植业产量
	水产养殖业产值	围垦形成的养殖业产值
用海生态功能损害 （投入-成本）	气体调节	近海地区海水浮游植物光合、呼吸作用
	营养调节	海水中 N、P 等营养盐的调节功能
	废弃物处理	海洋经过物理净化、化学净化和生物净化等 过程将人类排放的有害物质转化为无害物质

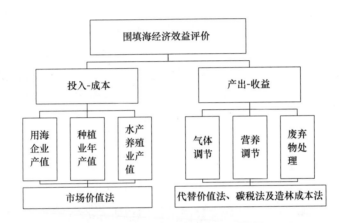

图 3-4 投入-产出模型的评价体系

①用海企业产值。在围填海项目所形成土地上建设企业的经营产值。研究区经济以工业为主导产业，通过相关企业单位数量的收集及产值的调查，测算出围填海项目在企业用地层面的产值。根据对研究区初步分析，围填海项目工业用地占比较大，是项目经济影响评价的主要效益产出方面之一。

②种植业年产值。围填海项目农业开发的产值，与工业用地一样是项目主要的评价对象。研究区内（4 乡镇）农业产物以粮食种植及经济作物为主。在测算过程中，农作物产值统一以粮食产值为测算对象，采用围填海形成的农业用地面积与研究区实际农业用地面积比的形式估算出时间测度内的农业用地产量。

$$P_{wz} = \frac{S_{wz}}{S_n} \times P_n$$

P_{wz}为围填海土地种植业的产值；S_{wz}为围填海土地种植业面积；S_n为当年研究区实际种植业面积；P_n为当年研究区种植业总产值。

③水产养殖业产值。水产养殖使近海区域围垦形成了养殖场所，推动了区域经济损益的增长。鉴于研究区中崇寿村存在水产养殖业情况，所以将研究区内水产养殖业的经济损益纳入项目经济损益测算中，其测算方式与种植业测算方式相同。若存在地区水产养殖产值无法统计的情况，可采用市场价值评价的方式进行测算。

$$P_{wy} = \frac{S_{wz}}{S_y} \times P_y$$

④气体调节功能。近海地区海水中浮游植物通过光合作用与吸收作用，吸收 CO_2 释放出 O_2，调节了近海地区的碳氧平衡。围填海开发破坏了原有的海域，使得浮游植物完全消失，海洋的气体调节功能受到损害。气体调节功能测算包括海水固定 CO_2 价值测算和释放 O_2 价值测算两个方面，因此围填海的气体调节功能的损害价值即为海水固定 CO_2 的价值和释放 O_2 的价值之和。

$$C_{gt} = P_{gt} \times S \times N_{mg} \qquad C_{sy} = P_{sy} \times S \times N_{my}$$

C_{gt}为固碳总价；P_{gt}为固碳单价；C_{sy}为释氧总价；P_{sy}为释氧单价，本节采用碳税法①及造林成本法②换算成同等固碳效果下的造林成本作为其经济损益。N_{my}为单位面积年释放氧量、N_{mg}为单位面积年固定碳量，选取杭州湾海域初级生产值力值为基本参数计算出单位面积研究区海域的固定碳量及释放氧量，S为当年围填海减少的海域面积。

⑤营养调节功能。海水中 N、P 等营养盐的调节功能是海洋生态系统的重要组成部分，它促进了营养盐的有机和无机之间的转换。围填海开发侵占了原有海域，破坏了原有海域的营养调节功能。营养调节功能的损害价值的估算可以采用成本替代法，用去除被围填海域内容纳的含 N、P 等营养盐污水的成本费来替代海洋营养调节功能的损害价值。

$$C_{yt} = C_{myt} \times S$$

C_{yt}为营养调节功能总值；C_{myt}为单位面积影响调节功能值。根据国家在环境保护规划中对 P、N 的排放控制量的具体数值规定以及现阶段处理相关 N、P 元素的平均费用值大体测算出单位面积影响调节功能值。

---

① 彭本荣. 填海造地生态损害评估 [J]. 自然资源学报, 2005, 20 (5)：714-726.
② 石洪华, 郑伟. 海洋生态系统服务功能及其价值评估研究 [J]. 生态经济, 2007, (3)：139-142.

⑥废弃物处理功能。海水能够将陆域排放的"三废"物质进行一系列物理化学层面处理，减少对人类健康的影响。采用替代法以海域中处理 COD 的实际经济投入来表示废弃物的处理价值。

$$C_{fc} = C_{mfc} \times S$$

C_{fc} 为海域废弃物处理价值；C_{mfc} 为单位面积海域废弃物处理单价。根据国内近海地区 COD 含量及现阶段处理相关 COD 污水的平均成本费用，推测出单位海域面积的 COD 的环境容量。

（2）指标集成测算方法。

投入—产出模型的评价方法结构相对简单，根据研究区项目的特点选取相应指标，最终经济损益值根据投入—产出比较值作为时段内的围填海项目的经济损益 P。

$$P = P_{qy} + P_{wz} + P_{wy} - C_{gt} - C_{sy} - C_{yt} - C_{fc}$$

针对研究区实际状况，测算对象包括了投入—成本以及产出—收益两类。前者主要以项目直接经济损益为主，涵盖企业产值、种植业产值、养殖业产值三类主要产值。后者重点测算了项目开发的生态功能损失量的间接经济损益，涵盖了营养调节、废弃物处理、固碳释氧功能的损失量。该方法以货币量化计算为主，结果具有全面性与直观性。集成测算方式相对简单，基本能够测算出研究区在测算时段内的实际经济损益。方法的难点及关键点在于量化参数的设置与遥感面积解译。

3.4.2.2　基于主客观综合分析法的专家评价模型构建

（1）指标体系构建。

专家评价模型的指标体系分为正效益指标以及负效益指标两大类（表3-8），以项目经济损益（正效益指标）及项目经济成本（负效益指标）为主。根据项目实际用途可细分为城镇社会、产业集聚、农业增产、功能损失四方面（图3-5）。城镇社会指标用来表示新增土地在城镇建设方面的推动效应，涵盖了社会方面价值的评价。产业集聚是评价的重点，从企业产值、产生的就业人口、企业发展程度三方面评价围填海形成用地发展企业状况。农业增产是用评价时段内农业用地的发展情况，基于研究区实际情况采用耕地农业产值及水产养殖来评价研究区的农业发展状况。测算方法主要采用普查数据查询及相关参数测算方式，选取指标基本能在主客观评价方面进行相对全面的分析评价。

表 3-8　围填海经济损益评价具体指标

	分类	指标	指标属性
项目经济损益	城镇社会	区域地方生产总值	正效益指标
		人均城乡建设用地	正效益指标
		区域交通用地比例	正效益指标
	产业集聚	区域工业增加值	正效益指标
		区域第三产业企业法人数量	正效益指标
		区域第二、三产业从业人数	正效益指标
		区域非农业就业人口数量	正效益指标
		区域年产值亿元以上企业数量	正效益指标
		用地企业年产值	正效益指标
	农业增产	耕地农业增加值	正效益指标
		水产养殖业产值	正效益指标
		人均农民纯收入	正效益指标
		人均粮食产量	正效益指标
项目经济成本	功能损失	气体调节功能	负效益指标
		营养调节功能	负效益指标
		废弃物处理功能	负效益指标

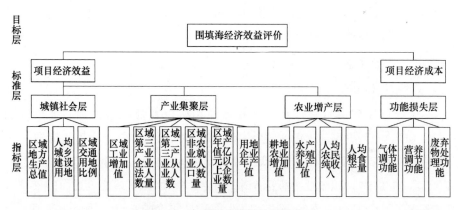

图 3-5　专家评价模型的评价体系

①城镇社会维。该研究维主要评价城镇空间发展与社会发展两方面,所选指标基本衡量了围填海项目开发后的城镇空间与社会发展状况。细分为如下指标:区域地方生产总值、人均城乡建设用地、区域交通用地比。首先定义围填海土地面积与行政区土地面积之比来表示围填海开发度,在后面区域

经济指标转化时需要这一参数。地方生产总值是衡量围填海地区经济发展的关键经济指标之一，数据可通过国民经济普查数据获得。人均城乡建设用地是衡量项目城镇空间发展贡献方面的指标，采用城乡建设用地与地区常住人口的比重来表示，数据通过土地普查数据及相关年鉴可获得①。交通用地比是衡量城镇空间扩展的指标，采用交通用地面积与城乡建设面积比与项目开发度参数乘积表示。

②产业集聚维。该研究维是评价体系中的重点，以区域产业宏观发展及用地企业的具体生产情况为主。相关具体指标分为区域工业增加值、区域第三产业企业法人数量、区域第二三产业从业人数、区域非农业就业人口数量、用地企业年产值、区域规上企业数量等。区域工业增加值：时段内区域工业发展状况的指标，可通过检索相关年份统计年鉴获得。区域第三产业企业法人数量：研究区正位于工业化中期，第三产业是重要趋势，用企业法人数量来衡量研究区第三产业发展程度。区域第二三产业从业人数、区域非农业就业人口数量是经济与社会相关联的综合指标，用来评价区域产业发展对区域经济与居民生活的影响，相关数据来源于相关年份统计年鉴。用地企业年产值、区域规上企业数量：以具体围填海用地企业的发展情况作为评价对象，测算出区域产业规模及企业经济的情况，鉴于其数据不可获取性，采用调查估算总量的方式测算出企业的产值，是该评价指标体系的难点。

③农业增产维。农业增产维以种植业发展情况及养殖业发展情况为研究对象，衡量围填海项目农业用地经济损益。相关指标可分为耕地农业增加值、水产养殖业产值、人均农民纯收入、人均粮食产量。耕地农业增加值是衡量研究区农业发展的关键指标之一，数据源于农业普查数据。水产养殖业产值是衡量区域水产养殖的经济收益情况，数据源有一类来源于农业普查数据，另一类是采用逻辑—框架法的评价方法量化。后者与围填海关联性较大，但获取难度较大。农民人均纯收入是社会效益与农业效益相结合的综合评价指标，具体计算方式是综合分析各乡镇的农民人均纯收入得出研究区农民人均纯收入变化。人均粮食产量是评价区域农业种植业发展情况的指标，指标数据源于国民经济普查数据，采用年粮食总产量与常住人口之比来表示。

（2）指标集成测算方法。

专家评价模型在测算方法上分为两部分：一部分是具体指标层面经济损

---

① 潘桂娥. 滩涂围垦社会影响评价探索 [J]. 海洋开发与管理，2011，(11)：107-110.

益的主客观评价测算，另一部分是指标集成测算。主客观评价层面采用熵值法与序关系法相结合的方法测算评价指标权重，主客观指标集成步骤采用归一化的方式进行换算，最终得出各评价指标的权重以及最终得分。

①客观量化方法。首先采用线性标准化原始数据。由于存在不同的指标单位及指标属性，需要对数据进行标准化处理，为客观量化分析做前期数据的处理。采用线性变化的方式以构建的评价指标体系中存在正效益指标及负效益指标为对象，不同属性的指标采用不同事物标准化处理方式。

$$Y_{ij} = (X_{ij} - \min X_{ij}) / (\max X_{ij} - \min X_{ij})$$
$$Y_{ij} = (X_{ij} - \max X_{ij}) / (\max X_{ij} - \min X_{ij})$$

假设 X_{ij} 表示第 j 个目标方案 i 的数值，前者用于正效益型指标标准化；后者则是用于负效益型指标的标准化计算。

其次采用熵值法赋权。熵值法是通过分析数值之间的离散程度来表示指标的相对权重，数据的离散程度越大，信息熵越小，其提供的信息量越大，该指标对综合评价的影响越大，其权重也应越大。熵值法相对于 AHP，具有客观性以及指标信息重叠优点。

$$P_{ij} = y_{ij} / \sum_{i=1}^{m} y_{ij} \qquad e_j = -K \sum_{i=1}^{m} P_{ij} \ln P_{ij} \qquad \omega_j = \delta_j / \sum_{j=1}^{m} \delta_j$$

计算第 j 年份第 i 项指标值的比重 P_{ij} 及第 j 项指标的熵值 e_j；m 为样本数量；K 为常量；定义权数为 ω_j。计算结果为各指标在评价体系中所占权重。

②主观评价法。主观评价法重点在于各指标的赋权及赋权过程的客观性，专家评价方法中采用序关系法进行指标的主观赋权。序关系法计算相对简单①，相比层次分析法无需检查矩阵的一致性以及不受样本数量的限制。具体的研究计算方法如下：若评价指标 X_i 相对于某评价目标的重要性程度不小于 X_j 时，记为 $X_i \geqslant X_j$。若指标集（X_1、X_2、$X_3 \cdots X_n$）根据其重要程度形成数据集（Y_1、Y_2、$Y_3 \cdots Y_n$），其中 $Y_1 \geqslant Y_2 \geqslant Y_3 \geqslant Y_n$ 时，此组评价指标建立了序关系。令评价指标 Y_{t-1} 与 Y_t 的重要性之比为 R_t，及 $W_{t-1}/W_t = R_t$（$t = 2$、$3\cdots$）。

根据 R_t 的取值表（表 3-9）对评价中指标进行比重值的选择，各指标 W_t 计算结果为：

①　香赵政，廖开际，刘其辉. 基于序关系确定成熟度评价指标权重的简易法 [J]. 广西大学学报，2009，(6)：823-826.

表 3-9　序关系法 R_i 取值表

R_i 取值	取值说明
1.0	指标 Y_{t-1} 与 Y_t 同等重要
1.2	指标 Y_{t-1} 比 Y_t 稍微重要
1.4	指标 Y_{t-1} 比 Y_t 明显重要
1.6	指标 Y_{t-1} 比 Y_t 强烈重要
1.8	指标 Y_{t-1} 比 Y_t 极端重要
1.1，1.3，1.5，1.7	指标 Y_{t-1} 与 Y_t 重要性比介于各级之间

$$W_t = \left(1 + \sum_{k=2}^{t} \prod_{i=t}^{t} Ri \right)^{-1}$$

③主客观赋权的集成。获得评价指标的主观权重和客观权重后，有可能出现主、客观权重冲突或相悖的情况，采用下式计算归一化的主客观综合权重，计算公式为：

$$W_j = \alpha W'_j + \beta W''_j, \quad j = 1，2，3，\cdots，n$$

W_j 即为主客观综合赋权法确定的指标权重，W'_j 为主观权重，W''_j 为客观权重，α 为主观权重的归一化指数，β 为客观权重的归一化指数。

专家评价法最终得分结果为 Z，其中 Z 为综合得分值；i 为评价指标个数；Z_t 为指标标准化值，计算公式为：

$$Z = \sum_{t=1}^{i} Z_t W_t$$

④在专家评价模型中，客观数据集成。部分学者更加倾向于客观数据的集成分析，有效减少主观因素对集成结果的影响，此类集成计算公式可在不同维量化数据集成汇总采用，集成测算不同维度下研究对象的综合数值，测算过程与主客观集成方法相类似。

总的来看，专家赋值法采用了主客观方法相结合的方式，减少了定量分析与定性分析方法本身对评价结果的影响。主客观权重值的集成方法相对简单，采用了归一化计算原理，测算出修正后的各指标权重值。计算结果相对具有客观性、针对性，基本是一种可行的经济评价方法。

3.4.3　方法对比研究

根据研究区的实际状况，分别构建了两类围填海项目经济影响评价模型及其指标体系与相应指标测算方法。所属领域从工程管理研究延伸到社会科学研究，体现了现阶段学界在围填海经济影响评价方面的主流评价逻辑。两类逻辑分别从量化分析以及主客观结合分析的模式对研究区进行相应的评价模型构建，各具有其方法优越性。

3.4.3.1　指标选取对比

遴选合理的评价指标是项目评价研究的关键，评价指标选取的全面性、合理性、可获性等是衡量指标体系优越程度的关键指标。基于逻辑—框架法及专家评价法构建了两类评价指标体系，具体指标来源于普查数据、遥感影像相关属性提取及网络数据库。根据数据获取难度及对象的可测算性，所构建的两类评价指标体系存在差异性。①指标选取的全面性，投入—产出模型选取指标相对较少，所针对评价对象主要是直接经济损益，兼顾了生态功能价值的评价。关于社会影响，由于难以量化及数据获取难度大的原因，所以相关研究涉及相对较少。投入—产出模型基本将社会效益评价作为与经济损益评价相对等的评价对象，独立于评价指标之外。专家评价模型选取了部分经济损益与社会效益、生态功能价值相关联的综合性指标（人均农民纯收入、区域非农业就业人口数量、人均城乡建设用地等指标），涉及社会、生态两方面。②指标选取的针对性，投入—产出模型是针对研究区现状而专门构建的，相关测算对象（企业产值、区域种植业、区域水产养殖等指标）都是依据研究区的实际产值进行选取，相关参数依据杭州湾地区海域情况进行设置，模型针对性较强。专家评价模型指标来源以普查数据为主，以围填海土地面积与行政区土地面积比作为围填海开发度添加到数值计算中，具有一定的均质性。指标测算的均质属性使得实际项目评价中研究区内围填海区块与陆域区块存在经济发展过于平均化的特点，影响了项目经济损益评价的客观性。研究对象是杭州湾新区，空间尺度相对较小，故均质化产生的误差在合理范围之内。③指标数据选取的准确性，投入—产出模型数据源于遥感数据及普查数据，相关参数基本以实地调查及相关项目参数参考为主。效益评价准确性的关键在于参数及数据的获取准确性。研究区空间尺度不大，在数据获取的准确性上具有一定的优势。专家评价模型中数据来源普查数据，数据获取难度及准确性相对较低，但在最终得分集成还受到主观赋权对客观测算结果的影响。

3.4.3.2　方法属性对比

方法属性对比主要集中在这两类方法本身属性。（1）具体指标测算方法对比。投入—产出模型测算方法以市场价值法、代替价值法为主，针对研究区具体投入—产出项目进行了货币量化计算。企业产值、种植业产值、养殖业产值以市场价值法测算为主，企业产值是测算难点，采用估测的形式得出；种植业与养殖业测算方式相对简单。作为经济损益成本的生态功能价值测算采用了替代价值法方式测算其经济价值。采用替代价值法计算生态功能价值是生态量化的主流方法之一，但是具体替代价值法的可行性及代表性需要在理论层面进一步说明。专家评价模型主要分为主观评价与客观评价两方面，主观评价采用了序关系法，客观评价采用了熵值法。主观方法本身最大的特点是方法赋权的主观性，结果准确性依赖赋权专家的专业素养。客观方法采用熵值法最大的问题在于无法计算零数值的指标，但在经济影响评价中出现可能性不大。总之，具体指标计算方法上，两者采用测算方法各具优势，其特点也比较明显。（2）指标集成测算对比。投入—产出模型采用投入经济成本与产出经济效益的数值差来表示时段内经济损益；具体损益以货币量化形式呈现，属于绝对量化指标，不受相关时段影响。专家评价法在集成测算方面采用主观赋权所得权重与客观计算权重归一化的形式给出；计算结果相对定性，受到评价指标体系中相关时段影响。若研究区时段发生变化，需要重新进行测算。总之，最终方法集成及结果论，投入—产出模型的计算结果更具有直观性、实际性。

3.4.3.3 对象—方法结合度对比

比较评价逻辑的优劣需要深入分析方法与项目要求的结合度（表3-10）。本书以宁波杭州湾新区围填海工程为研究对象，以围填海的经济影响为评价目的，项目空间尺度相对较小，对比研究重点位于对象与评价方法的结合度。（1）对象包容性。投入—产出模型主要评价对象以项目直接经济损益为主，从收益—成本角度去评价项目的经济损益，经济损益测算结果具有直观性、实际性特征；但鉴于间接经济损益量化难度大，该方法在间接经济损益方面涉及相对较少。专家评价模型基本涵盖了直接经济损益与间接经济损益，同时兼顾到相关联的社会效益与生态功能效益两方面，方法涉及面相对较广；但方法采用了主观赋权评价法，权重计算受赋值人主观性的影响，虽采用了客观评价进行权重调整优化，但最终结果的测算客观性相对弱一些。从对象评价深度及对象的包容度看，投入—产出模型呈现出"深而偏"的特征，专家评价法表现出"浅而全"的特征。（2）方法后续操作性。方法后续操作性表现在面对新增时间点、评价指标、评价对象时,评价方法的后续可操作性能力。添加新评价指标或评价对象时,投入—产出模型以效益—成本差值作为经济损益,改动性相对较少,只需要明确指标属性(正效益型还是负效益型)及效益值,即可测算出新的经济损益。面对新增时间测度的变化情况,只需要进行具体时间测度内的测算即可。专家评价模型在方法持续操作性上相对较弱,面对新增时间测度、指标及评价对象都无法直接进行项目评价。原因在于具体方法本身属性,专家评价模型采用了序关系法,面对新增评价指标需重新构建指标序列。客观熵值法面对新增时间测度,需要重新计算各评价指标权重。在权重集成测算时,需要采用归一化指标参数重新计算新的权重。总之,方法后续性操作方面,投入—产出模型可操作性高于专家评价模型。

表 3-10   方法属性对比评价

分类	对比类型	投入-产出模型	专家评价模型
指标选取对比	指标选取的全面性	一般	较强
	指标选取的针对性	较强	较强
	指标选取的准确性	一般	一般
方法属性对比	具体指标测算方法	量化计算	主观赋值+客观量化
	指标集成测算	算法简单	算法简单
对象-方法结合度对比	对象的包容性	深而偏	浅而全
	方法后续操作性	较强	较弱

3.5   本章小结

本章重点从围填海项目经济影响的内涵辨析、评价原理、评价测度指标体系三部分展开研究。首先剖析了经济影响评价的要素对象关系,根据项目评价在项目运作的时间点,分类归纳了项目经济影响评价类型。经济影响要素关系的梳理及评价逻辑辨析是选取经济影响评价方法及指标遴选的前提。根据学界研究案例,对经济影响评价方法及指标进行了简单的分析,重点依据具体项目对经济影响具体操作思路及相应评价指标遴选、测量方法情况做出了归纳。

围填海项目经济影响评价的指标可分为量化类指标以及定性类指标。量化类指标可细分为实际项目产生数据以及国民经济损益指标。定性类指标细分为经济定性指标及辅助性指标。梳理并呈现了主要相关指标及其获取路径，结合研究区探索构建了各指标可行性来源体系。并以杭州湾新区为具体案例，重点就逻辑框架法、主客观综合分析法构建了具体评价技术流程。指标遴选基本反映杭州湾新区围填海项目开展对地方带来的经济影响，具体指标计算及经济影响评价结果将在第 4 章进行详细的剖析与计算。

以杭州湾新区围填海项目为对象，构建了两类经济影响评价指标体系。构建的评价指标体系包含具体评价指标（含相应指标测算方法）与集成方法。基于不同研究逻辑构建了投入—产出模型、专家评价模型两类评价技术路径。投入—产出模型以量化分析为主，测算研究区经济损益值（企业产值、种植业、水产养殖业）及经济成本（气体调节、营养物调节、废弃物处理），测算结果为项目经济损益货币量化数值。专家评价模型具体由主观评价法（序关系法）及客观评价法（熵值法）组成，所构建的经济损益指标体系权重计算，最终权重值源于主客观法测算出的权重值归一化处理，其测算结果为具体时段内的评分数值。继而，重点从指标选取层面（全面性、针对性、准确性）、方法属性层面（具体测算方法、数值集成方法）、对象–方法结合度层面（对象包容性、方法后续操作性）对两类评价方法进行了对比研究。比较表明投入—产出模型与专家评价模型各具有一定的特点与优势。投入—产出模型是根据具体研究区概况构建评价指标体系，量化测算的经济影响值，测算过程呈现"深而偏"的特征，具有较强的后续操作能力。专家评价模型充分考虑了评价对象具体内容，并兼顾直接经济损益与间接经济损益；采用"主观赋值+客观量化"方式测算出得分值。两类影响测算路径同样都存在测算关键点与难点：投入—产出模型需要加强对各产出指标测算及成本测算相关参数准确性的获取；专家评价模型需要关注的重点在于主观赋权的客观性提升与相关普查数据的获取。

4 杭州湾南岸围填海工程经济影响评估案例

随着城市用地增量的快速扩张，可利用的陆域土地资源日趋减少，提升土地利用效率以及扩展陆域土地资源成为了缓解城市用地紧张的重要路径。具备开发条件的地区在提升城市存量建设用地集约效率的同时，也可通过外向扩张将城镇外围自然属性土地转换为城市空间用地。其中，围填海已成为滨海地区重要的土地获取方式①，是土地利用矛盾的重要解决路径之一。在维持城市土地原指标稳定的情况下，围填海所形成土地成为了城市经济增长的推动源。根据第 2、3 部分对国内学界围填海项目经济影响评价研究进展、评价逻辑分类②、评价要素—指标—方法的集成归类，以及部分代表性评价指标数据源与测量方法的系统梳理和完善，本章以宁波市杭州湾新区围填海项目为例，通过量化指标测算围填海项目各准则层所产生的经济影响度，继而比较不同时空间维度下经济损益值，判识出围填海项目经济影响的综合程度。

4.1 研究区范围及评价方法

4.1.1 研究区范围

宁波市杭州湾南岸围填海项目历史相对较早，早期围填海形成的土地基本已融入城市基础建设，土地利用类型呈现多样化。现阶段围填形成的土地资源基本以工业用地为主，部分新增土地开发为居住用地以及生态用地类。本章研究对象为杭州湾滨海地区，是杭州湾围填海项目成陆城镇建

---

① 王衍，王鹏，索安宁.土地资源储备制度对海域资源管理的启示 [J].海洋开发与管理，2014，(7)：25-29.

② 于永海，王延章，张永华，等.围填海适宜性评估方法研究 [J].海洋通报，2011，30 (1)：81-87.

设最为典型的地区，具体为新浦镇、崇寿镇、庵东镇、周巷镇。四个乡镇在产业发展、企业群集、城镇建设方面均得益于杭州湾南岸地区围填海项目的土地供给增长，围填海项目所产生的经济损益在研究区经济、城建、就业等指标中得到表征。本章通过构建围填海项目经济影响分析与评价，综合量化杭州湾南岸近 15 年围填海项目对地方的产业、企业、城镇建设等方面的影响程度。

4.1.2　评价方法

选取杭州湾地区的 20 个围填海项目经济影响评价指标，涵盖地区产业、企业、城镇建设三方面，重点分析围填海项目对研究区经济影响的总量、结构等。数据源于 2005、2010、2015 年宁波杭州湾的庵东镇、周巷镇、新浦镇、崇寿镇及慈溪市统计年鉴、经济普查数据。构建评价指标体系之后采用熵值法计算经济影响综合损益值。鉴于熵值法测算结果无法直观表现出围填海经济影响的实际变化，进一步采用单位土地面积修正系数下的围填海影响区（庵东镇、周巷镇、新浦镇、崇寿镇）与宁波市相关指标比较。采用土地面积修正系数综合分析两者之间的可比性，修正系数由各乡镇土地面积与宁波市域面积比值测算得出。研究最终测算 Eco（经济影响指数）研究杭州湾新区围填海驱动的经济损益变化。

所选取评价指标中有绝对指标、比重指标，在计算前要先进行数据的标准化处理。原始数据非负化处理 $y_{ij} = (x_{ij} - \overline{x_j})/S_j + A$ ，式中 $\overline{x_j}$ 是第 j 项指标的平均值，S_j 为第 j 项指标值的标准差，A 为常数用于消除负值。计算第 j 年份第 i 项指标值的比重 P_{ij} 及 j 项指标的熵值 e_j，m 为样本数量，K 为常量。

$$P_{ij} = y_{ij} \Big/ \sum_{i=1}^{m} y_{ij} \quad e_j = -K \sum_{i=1}^{m} P_{ij} \ln P_{ij}$$

定义权数 ω_j，$\omega_j = \delta_j \Big/ \sum_{j=1}^{m} \delta_j$；计算总和得分值 M_i，$M_i = \sum_{j=1}^{n} \omega_j P_{ij}$，式中 M_i 为第 i 方案的总和评分值。

比较效益值计算 $S = A * M$，式中 A 为单位土地面积修正系数；

增幅值 V 计算：$V = (S_镇 - S_市)/S_市$。

不同维度量化数据集成 $Eco = \sum_{t=1}^{i} X_t W_t$，式中 E_{CO} 为经济影响评价指数；X_1 为横向维度经济损益评价指数；X_2 为纵向维度经济损益评价指数；W_t 为不同维度所代表的权重；i 为样本数量。

4.1.3　技术路线构建

本节研究重点在于评价指标遴选以及经济影响对比两部分（图4-1）。

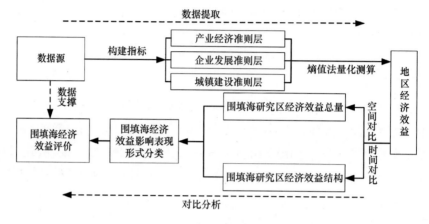

图 4-1　技术路线

4.1.3.1　指标体系构建

借鉴刘晴[①]、徐文建[②]、李静[③]等人所构建围填海项目影响客观评价指标并考量研究区数据获取难易程度，构建了围填海经济影响评价指标（表4-1）。其中，测算宁波市域经济损益时，采用农业就业人口比重以及人均固定资产投资分别代替了乡镇农业就业人口比重、人均农村集体资产指标。具体指标按照其经济属性可分为经济总量指标、经济结构指标（表4-2）。①产业维主要选取了地方发展的经济总量指标，包括第一、二、三产业经济总量与年增加量，能够反映出围填海项目实施对地方产业发展所产生的影响范围和结构。②根据四镇企业调查发现研究区企业主要为五金加工、塑料生产、电机配件、纺织漂洗等乡镇企业。企业发展维选取指标是乡镇企业实交税金、工业企业法人数量、从业人数等。企业准则层指标属性囊括了损益总量及损

　　① 刘晴，徐敏．江苏省围填海综合效益评估［J］．南京师大学报（自然科学版），2013，36（3）：125-130.

　　② 徐文建．潮滩围垦后评估研究——以江苏海门港新区围垦工程为例［D］．南京：南京师范大学，2014.

　　③ 李静．河北省围填海演进过程分析与综合效益评价［D］．石家庄：河北师范大学，2007.

益结构的指标，能够刻画围填海项目对研究区企业发展以及企业结构优化的影响力。③城镇建设维选取指标是乡镇财政收入、集体资产状况、劳动力流动等，反映出该区在围填海项目对城镇的基础建设、人口流动、农村建设的影响力。本章关于城镇建设层相关指标的选取主要考虑经济维度剖析围填海项目产生的经济影响。但是，城镇建设层面指标具有模糊性、关联性、综合性，单一测算围填海项目在城镇建设层所产生的经济损益存在一定片面性，所以其社会效益测算可在本书第 2 篇围填海项目社会影响评价中进行详细刻画。

表 4-1　围填海项目经济损益评价体系

准则层	具体指标
产业经济	人均乡镇地方生产总值；第二产业增加值；工业增加值；第三产业增加值；人均年末有效灌溉面积；建筑业产值；人均第一产产值；第二产业年产值比；第三产业年产值比
企业发展	企业实交税金总额；工业企业法人数量；第二产业从业人数；第三产业从业人数；工业企业从业人员比重；乡镇农业就业人口比重；农业就业人口比重*
城镇建设	公共财政收入；人均农村集体资产；外出劳动力占农村劳动力比重；农村二三产业劳动力占农村劳动力比重；外来就业人口比重；人均固定资产投资*

注：带"*"的指标为测算宁波市经济损益指标所选取的替代指标。

表 4-2　围填海项目经济损益评价指标经济属性分类

类别	具体指标
经济损益总量	人均乡镇地区生产总值；第二产业增加值；工业增加值；第三产业增加值；人均年末有效灌溉面积；建筑业产值；人均第一产产值；企业实交税金总额；工业企业法人数量；第二产业从业人数；第三产业从业人数；公共财政收入；人均农村集体资产；人均固定资产投资*
经济损益结构	第二产业年产值比；第三产业年产值比；工业企业从业人员比重；乡镇农业就业人数比重；外出劳动力占农村劳动力比重；农村二三产业劳动力占农村劳动力比重；外来就业人口比重；农业就业人口比重*

4.1.3.2　对比分析

采用空间、时间两个维度对所测算不同年份、不同区域的围填海项目经

济影响值进行分析。时间维，分析 2005、2010、2015 年的产业、企业、城镇
建设三维的损益值的变化，探究围填海影响地方的产业、企业发展、城镇建
设的程度与状态。空间维，将新浦镇、庵东镇、崇寿镇、周巷镇的经济损益
值进行对比，重点分析不同地区在相同外部环境下受到围填海项目经济影响
的差异性，剖析不同经济损益值的成因。最后，总结围填海项目在产业、企
业发展、城镇建设维的经济影响综合表现，以期对围填海项目经济影响作出
甄别性评价。

4.2　研究结果分析

4.2.1　围填海项目经济影响的指标权重

　　计算所构建经济影响评价指标体系，得出各维经济影响表现权重（表
4-3）以及各维具体评价指标的权重（表 4-4）。从指标的经济属性类别权重
看，经济影响总量权重（0.923 6）大于经济影响结构权重（0.076 4），说明
研究区的经济影响总量指标存在一定的差异性，但是经济影响的结构差异
并不大。围填海项目对地方经济的影响程度较高的是经济损益总量，研究
区各乡镇的三产结构差异并不大。围填海项目形成的土地资源对地方经济
发展的推动力主要表现在提升区域经济水平，围填海项目对于地方经济结
构的优化处于逐步提升的状态。区域产业结构优化单一依靠生产投入、产
业规模方面的提升等，并未达到实际优化效果，产业结构的升级还需要从
自身状况入手。

表 4-3　基于不同影响维度的围填海项目经济影响评价体系权重

区域影响方向类	权重	经济影响属性类	权重
产业经济	0.452 7	经济损益总量	0.923 6
企业发展	0.270 1	经济损益结构	0.076 4
城镇建设	0.277 2		

表4-4 围填海项目经济影响评价具体指标赋权

具体评价指标	权重	具体评价指标	权重
人均乡镇地方生产总值	0.025 1	工业企业法人数量	0.034 8
第二产业增加值	0.081 4	第二产业从业人数	0.060 6
工业增加值	0.083 1	第三产业从业人数	0.051 7
第三产业增加值	0.080 2	乡镇农业就业人数比重	0.011 7
企业实交税金总额	0.111 6	工业企业从业人员比重	0.011 3
公共财政收入	0.117 3	第二产业年产值比重	0.000 4
人均年末有效灌溉面积	0.106 3	第三产业年产值比重	0.001 4
建筑业产值	0.051 1	外出劳动力占农村劳动力比重	0.019 4
人均第一产业产值	0.023 7	农村二三产业劳动力占农村劳动力比重	0.000 8
人均农村集体资产	0.096 7	外来就业人口比重	0.031 4

从区域影响方向来看，围填海项目在产业维影响权重较大（0.452 7），企业维（0.270 1）与城镇建设维影响（0.277 2）权重相当。（1）围填海项目对研究区产业维经济影响程度较大，具体体现在第二产业增加值、工业增加值、第三产业增加值。研究区相关产业年增加值方面表现出①围填海项目对产业增加值的影响变化较大，存在推动发展的不稳定现象；②围填海项目对研究区各乡镇产业增加值的影响程度存在一定差异。（2）围填海项目对地方企业发展维以及城镇建设维的经济影响表现程度相当，两个维度中权重相对较高的指标（人均有效灌溉面积、公共财政收入）主要还是反映经济总量影响的指标。人均有效灌溉面积反映出围填海项目对地方农业发展产生较为积极的经济影响；公共财政收入与城镇建设投入存在一定的关联性，测算出围填海项目在地方公共财政收入的经济影响表现值，能有效刻画城镇建设维的经济影响水平。围填海项目的城镇建设维影响与产业、企业发展维影响存在一定的差异，主因在于城镇建设与产业、企业发展维具有较高发展关联性。城镇建设维经济影响的程度与结构主要通过地方产业发展、企业集聚等激活地方基础设施等投入，间接带动地方城镇建设发展。

经济影响三个维度的具体评价指标权重表现出如下规律：（1）围填海项目对第二产业的经济损益表现值高于第一产业。第二产业从业人数、工业增加值、第二产业增加值等具体指标权重都相对较高，围填海项目对乡镇工业发展产生一定影响。各乡镇的人均农业产值、农业就业人口比重指标权重相对较低，表明各乡镇农业发展差距并不明显，围填海项目在农村农业的带动发展影响效益不明显。这一现象与围填海项目以及后续发展方向相关，围填海项目新近形成土地用途基本以提升区域工业水平为主，开发较早区域基本已从工业用地向城镇建设用地转变，就业人口从第一产业向第二、三产业流动，使得农业产值以及就业人口相关指标的权重相对较低，各乡镇相关指标表现出稳定性特征。（2）影响发生的时序先后论，围填海项目的直接受益群体为入驻企业，间接受益群体为地方产业发展；影响程度上，企业发展维受益量低于产业受益量。围填海项目形成的产业园、高新技术开发区成为企业发展的主要载体以及孵化器，对地方企业群集数量、企业实交税金总额增长具有较强的影响。至于地方各产业年增长值、生产总值的变化呈现出相对稳定增长的态势。亦即，围填海项目开发形成土地为地方群集企业提供了低价土地资源，促进企业集聚，随后进一步推动地方产业的升级，总体呈现出企业群集—产业升级的互动影响态势。（3）围填海项目对于地方城镇发展以及劳动力流动变化呈现出相似的影响力，这表明了杭州湾地区围填海工程对城镇建设的影响力辐射范围相对较大，各区域普遍受到了项目实施的影响。

4.2.2　时间维围填海项目经济影响表现值对比

依据第4.1.2节计算方法测算得出2005年、2010年、2015年围填海项目的经济影响量化值。从综合得分（表4-5）看，围填海项目对研究区（新浦镇、崇寿镇、庵东镇、周巷镇）的经济影响程度呈现出正向总体上升，但呈现上下波动趋势。2015年综合得分远高于2005年得分，但略低于2010年得分。剖析其经济影响正向效益上升的原因在于围填海项目对研究区产业、企业的推动能力及表现出的积极效益是存在的，对研究区经济总量的提升、产业结构升级起到了很好的推动作用；出现波动的原因在于研究区主导产业以电机配件、纺织、五金加工、橡塑化纤为主，研究区拥有工业园区、出口加工区，呈现出外向经济特征，易受国内外经济大环境影响。

表 4-5　围填海项目的经济影响评价得分

研究对象	产业经济	企业发展	城镇建设	综合评价
新浦镇（2005）	0.031 4	0.019 0	0.004 0	0.054 4
崇寿镇（2005）	0.016 0	0.009 0	0.005 7	0.030 7
庵东镇（2005）	0.023 9	0.010 2	0.007 1	0.041 3
周巷镇（2005）	0.038 8	0.036 2	0.026 0	0.101 1
新浦镇（2010）	0.055 3	0.015 6	0.013 0	0.083 8
崇寿镇（2010）	0.035 9	0.006 9	0.023 7	0.066 4
庵东镇（2010）	0.059 1	0.017 9	0.030 4	0.107 4
周巷镇（2010）	0.067 2	0.052 8	0.030 2	0.150 1
新浦镇（2015）	0.016 6	0.014 8	0.021 6	0.053 0
崇寿镇（2015）	0.023 9	0.010 9	0.018 4	0.053 2
庵东镇（2015）	0.026 3	0.022 2	0.047 2	0.095 6
周巷镇（2015）	0.058 2	0.054 6	0.050 1	0.162 9

各经济影响评价维度看，受外部发展环境的影响，围填海项目实施对研究区的产业、企业的正向影响作用减弱。产业维，新浦镇、崇寿镇、庵东镇经济增长影响度变化幅度较大。企业发展维，周巷镇、庵东镇呈现出逐步上升的趋势。相较于研究区产业、企业发展的正向影响得分下滑态势，城镇建设维的正向影响保持稳步上升态势；原因在于城镇建设不同于产业、企业的发展特征，城镇建设具有稳定性、惯性，受外部发展环境影响相对较少。围填海项目形成土地资源以维持城镇土地占补平衡为目的，满足产业、企业发展需求量高于城镇自然外向演化所需。城镇建设往往由乡镇中心向外扩展，将临近产业、企业逐步融入城镇建设中。城镇建设是一个逐步提升的过程，随着企业、产业的群集发展，稳步提升。

总体来看，围填海项目对研究区经济影响的正向溢出作用显著，特别是在产业升级、企业集聚维的经济影响表现较为直接、正向的作用。现阶段受外部发展环境影响，特别是外向经济联系较强的乡镇，其经济影响正向作用存在减弱趋势。研究区城镇建设维受外界影响较少，总体依托研究区企业、产业的发展，稳步提升城镇建设水平。

4.2.3　空间维围填海项目经济影响表现值对比

选取四个具有一定的发展特色乡镇（新浦镇、崇寿镇、庵东镇、周巷镇）

作为研究对象。（1）周巷镇是研究区中唯一一个2015年综合得分高于2010年的乡镇（图4-2）。其原因在于周巷镇建成较早，是慈溪市西部重镇，自身经济发展良好，抗风险承受能力相对较强，自身兼顾国内外市场的发展。在研究区产业损益表现值总体下滑背景下，其下滑幅度远低于其余三镇。周巷镇合理利用了围填海项目所形成的土地资源，在产业、企业发展、城镇建设方面的经济增长效益表现值都相对较高。（2）新浦镇的围填海项目经济损益表现值变化相对较大，其在产业、企业发展维影响得分数值呈现下滑态势，2015年新浦镇第二产业增加值、工业增加值分别为−14 391万元、−14 325万元。新浦镇在围填海项目形成土地的利用方向不同于庵东镇、崇寿镇，滨海围填形成区域以水产养殖为主，对乡镇主导产业的影响相对有限，围填海项目在第二产业、工业层面的经济影响的正向增长表现乏力。（3）崇寿镇位于庵东镇南部、坎墩街道北部，行政区面积是研究区内最小的，其镇域土地基本是慈溪地区早期围塘形成。根据围填海项目经济影响评价结果，其产业、企业、城镇建设方面评价数值均存在一定的下滑。相比新浦镇，城镇建设方面指数下滑的主要原因在于行政区划调整。2011年崇寿镇所属三洋、富北、海南3村划归庵东镇管辖，围垦形成的土地资源减少削弱了城镇建设发展的土地储备量，其生产资源向庵东镇流动，城镇建设受到周边城镇，特别是杭州湾新区极化效应影响。产业影响评价得分虽存在下降趋势，相比新浦镇的变化态势其下降相对较缓，究其原因在于毗邻杭州湾新区的区位以及外部大环境。在受到极化作用的同时，部分相邻地区受涓滴效应影响，两者产业联系度相对较强，企业集聚效益相对明显，企业发展与庵东镇企业发展的影响效益得分变化趋势类似，围填海项目经济影响在企业发展维的表现数值处于上升态势。以围填海项目形成土地开发为基础的杭州湾新区激发了庵东镇周边的投资建设热度，一定程度上推动庵东镇周边企业集聚。（4）庵东镇相比于其他三镇，其在产业、企业发展以及城镇建设方面的影响效益稳步上升。除去产业维受国内外环境影响存在下滑态势，在企业群集、城镇建设方面均呈现出上升趋势。杭州湾新区的成立是其发展的核心动力源，2010年杭州湾新区挂牌成立以及2015年提升为国家级经济技术开发区都强有力推动了庵东镇的经济发展。虽然产业在现阶段受到外界影响，发展势头呈现回落现象，但其企业群集仍处于提升阶段，根据产业结构与企业集群的关联性以及产业结构优化的滞后性，其企业集聚能够在一段时间内带动地方产业集聚发展，改变区域产业回落的现状。庵东镇在城镇建设方面受围填海项目土地开发所带来的增长效益较大，围填海项目新增的土地基本位于杭州湾新区内，被用于产业园的建设，新区的成立与发展吸引了周边的资本与劳动力，推动形成了庵东新的城镇空间发展极核。

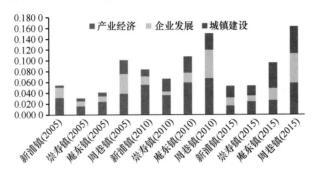

图 4-2　研究区各乡镇在围填海项目经济影响各维度表现得分

　　总体来说，研究区四个乡镇有关围填海项目形成土地开发过程所带来的经济收益程度具有差异性，出现经济影响强度差异的原因在于各乡镇在相关围填海新增土地资源的利用模式不同及相关企业入驻时序先后的经济产出滞后性。新浦镇利用区位条件发展水产养殖业，早期围塘形成的土地资源逐步融入城镇建设中，但是城镇经济中心仍未完全利用围填海项目带来的优越土地资源。周巷镇利用新近围填海形成的土地促进本地农业发展，早期开发形成的土地已成为周巷镇的经济、城镇中心。崇寿镇随着行政区划调整，土地利用基本依靠原先围填海形成的土地资源，其发展不可避免受杭州湾新区的极化—涓滴效应的双重影响。庵东镇是受新近围填海工程生成土地所带动经济影响程度最强的乡镇，其发展将与杭州湾新区的发展相关联，现阶段受影响最大的是企业群集，但随着企业进一步集聚，围填海项目在产业方面的影响表现值将逐步提升；城镇建设方面所表现出的经济影响将贯穿企业群集—产业升级全过程，呈现出影响强度稳步增长态势。

4.2.4　围填海项目经济损益与宁波市域经济增幅对比

　　第 4.2.2、4.2.3 节测算出围填海项目经济影响的相对数值，但无法直观反映出围填海项目生成土地对地方经济影响的正向提升幅度。为此，采用时间维度测算单位土地面积修正系数视域乡镇经济损益与宁波经济发展平均水平的比较，探究围填海项目对于研究区经济正向影响的幅度。

　　根据乡镇经济损益评价指标，选取部分替换指标得出宁波市域平均经济发展水平测算指标。采用熵值法测算出宁波市域平均经济发展水平（表4-6），通过添加单位土地面积修正系数将乡镇经济损益评价指标数值与宁波市域平均经济发展水平数值进行比较，得出围填海项目经济正向影响幅度的变化。

表4-6　围填海项目市域经济影响评价得分

研究对象	产业经济	企业发展	城镇建设	综合评价
宁波市（2005）	0.054 6	0.024 3	0.137 7	0.216 6
宁波市（2010）	0.165 7	0.043 4	0.087 5	0.296 6
宁波市（2015）	0.329 4	0.061 0	0.096 4	0.486 8

　　从测算围填海项目经济正向影响增幅变化（表4-7）看，围填海项目经济正向影响增幅总体呈现出先增大后减小的态势。这表明围填海项目经济正向影响更多表现在土地开发的最初阶段，后续持续性发展的拉动能力开始减弱，最终还是受土地开发形成的产业结构主导影响。（1）时间维对比看，2005—2010年新浦镇、崇寿镇、庵东镇受围填海项目土地开发的拉动影响较大，崇寿镇、庵东镇略低于宁波平均经济发展水平的正向增幅，表明早期土地开发对新浦镇、崇寿镇、庵东镇的经济发展拉动较大。该阶段，围填海项目土地资源开发因素主导地区产业发展。2010—2015年各乡镇经济正向影响增幅出现了下降，其中新浦镇、崇寿镇的增幅呈现负值，表明围填海土地资源的拉动性减弱，结合经济发展大背景可以认为乡镇受益的增幅受到地区经济结构效益下滑的影响较大。（2）空间维对比分析，周巷镇经济正向影响增幅始终高于宁波市平均经济发展水平，其产业基础较为优势提升了相对市域的经济增益成效。

表4-7　围填海项目经济正向影响的增幅值（研究区/市域）

地区（年份）	效益增幅（%）	地区（年份）	效益增幅（%）	地区（年份）	效益增幅（%）
新浦镇（2005）	41.154 7	新浦镇（2010）	58.760 9	新浦镇（2015）	-38.857 6
崇寿镇（2005）	-8.824 6	崇寿镇（2010）	43.829 4	崇寿镇（2015）	-29.715 1
庵东镇（2005）	-0.048 4	庵东镇（2010）	89.826 6	庵东镇（2015）	3.018 1
周巷镇（2005）	134.598 8	周巷镇（2010）	154.416 0	周巷镇（2015）	68.223 6

　　根据不同乡镇的围填海项目经济正向影响增幅值，进行样本分类（表4-8）。将效益增幅大于100%定性为优；小于100%且为正值定为良；大于-100%为中；小于-100%为差。周巷镇在时段内均为优；新浦镇、崇寿镇的发展趋势呈现出良—优—中的递变态势；庵东镇表现为中—优—良的情形。结果表明：（1）围填海项目生成土地开发相对较早的乡镇，通过对新增土地资源的利用，形成了经济发展的持续性拉动态势。如周巷镇将早期围填海的土地融入乡镇产业以及城镇建设中，形成乡镇持续性增长。但新浦镇、崇寿镇早期受土地资源开发的经济损益带动呈正向增幅态势，但尚未形成特色产业基础，且易受外界发展环境影响。（2）处于围填海项目生成土地开发阶段的乡镇普遍为正向经济影响增幅。庵东镇2010—2015年均高于宁波市平均经济发展水平，其经济影响正向作用增长受项目新增土地拉动影响显著，其未来产业发展的正向影响增幅仍应该以自身产业基础发展程度为主导因素。

表4-8　评价区各乡镇围填海项目经济影响正向增幅分类

增幅区间 α（%）	性质	样本分类
50≦α	优	周巷镇（2005）；周巷镇（2010）；新浦镇（2010）；庵东镇（2010）；周巷镇（2015）
0≦α≦50	良	新浦镇（2005）；崇寿镇（2010）；庵东镇（2015）
-50≦α≦0	中	崇寿镇（2005）；庵东镇（2005）；新浦镇（2015）；崇寿镇（2015）
α≦-50	差	

　　综合分析围填海项目经济正向影响增幅值及其分类结果发现：围填海项目生成土地开发对于乡镇受到经济影响强度是可以预见的，受项目新增土地资源的拉动效益作用，乡镇经济影响增幅呈现正向发展。新增土地资源的主导效应随着时间演化而逐渐衰减，乡镇的经济影响正向增幅的拉动"引擎"主要受新增土地的产业结构主导。

4.2.5　围填海经济影响评价综合指数测算

　　第4.2.2至第4.2.4节分别测算了杭州湾新区乡镇受围填海经济影响得分以及相对宁波市经济发展平均水平的增幅变化值，相关研究结论均表明为杭州湾地区围填海项目生成土地开发对于地方经济发展具有较强的提升作用。但是，相关研究结论表明新增土地资源开发对乡镇经济发展拉动效应以及土地资源开发的持续影响效应主要受到新增土地的产业利用方式，杭州湾新区整体围填海项目经济影响评价综合值（Eco）需要多重维度量化集成。在此采用专家评价模型中不同维度集成方法，以杭州湾新区各镇围填海经济影响增幅值（纵向维度）以及相对于宁波市增幅值（横向维度）作为数据，参照相关数值区间（表4-9）的赋值区间，综合集成测算杭州湾新区经济影响评价综合数值（Eco）。杭州湾新区Eco具体测算采用各乡镇增幅和，赋分采用增幅和区间划分；各乡镇Eco测算采用乡镇经济影响增幅划分。

表4-9　围填海经济损益后评估赋分级别

杭州湾新区经济发展 增幅和（%）	乡镇经济损益发展 增幅（%）	赋分	评价
V<0	V<0	0	差
0≤V<50	0≤V<25	25	中
50≤V<100	25≤V<50	50	良
100≤V<200	50≤V<100	75	优
200≤V	100≤V	100	

经过相关专家咨询与探讨，得出了乡镇历年经济影响增幅、杭州湾新区经济发展增幅总和区间的赋分值以及各维度权重。其中，乡镇历年经济影响得分值（纵向）测算权重 W_1 为75%；乡镇与宁波市平均经济发展水平增幅（横向）测算权重 W_2 为25%。

集成测算杭州湾地区经济影响评价综合指数，结果表明（表4-10）围填海经济影响中土地资源拉动效应具有显著的非持续性。2005—2010年其Eco值增幅较大，内部横向维度（相对宁波市发展增幅和）以及纵向维度（乡镇经济影响增幅和）都处于增长态势，土地资源有效驱动了杭州湾新区经济正向影响持续增长。2010—2015年相对宁波市发展增幅和的减少，乡镇经济正向影响增幅相对稳定态势，表明土地资源开发的驱动力开始减弱，部分土地已融入产业、城镇建设中，推动乡镇持续性经济增长。就指数看，2015年Eco值小于2010年，究其原因在于围填海开发强度减弱，造成相对宁波市发展增幅的减缓，土地融入城建中转化为持续性驱动力，其驱动效应强度减弱。

表 4-10　杭州湾围填海经济损益评价结果

年份	相对宁波市域发展增幅值和（%）	赋分	乡镇经济损益发展增幅和（%）	赋分
2005	166.88	75	25.42	50
2010	346.83	100	378.45	100
2015	2.66	25	263.26	100

　　具体到各乡镇（表4-11），周巷镇新增土地资源融入城镇经济建设相对较早，Eco值基本相对较高，表明围填海项目新增土地因素驱动融入城镇建设，能转化为持续性驱动力。新浦镇、崇寿镇新增土地资源融入城镇经济建设，新增土地因素驱动力转化能力相对不足，体现出 Eco 值下降。庵东镇 Eco 值相对下降，围填海新增土地资源驱动力正逐步减弱，但其乡镇经济影响增幅稳步提升，表明庵东镇新增土地正逐步融入城镇经济建设中，其发展趋势与杭州湾新区发展相吻合。

表 4-11　围填海项目经济损益综合评价指数（Eco）

	2005 年 Eco 值	2010 年 Eco 值	2015 年 Eco 值
新浦镇	56.25	75	43.75
崇寿镇	31.25	56.25	43.75
庵东镇	31.25	75	68.75
周巷镇	81.25	100	93.75
杭州湾新区	56.25	100	81.25
定性评价结论	良	优	优

4.2.6　围填海项目经济影响表现形式分类

　　本章第4.2.2至4.2.5节已经测算围填海项目经济影响的产业、企业、城镇建设维度及其具体指标影响值，并分析了不同年份、不同乡镇之间受影响程度的差异性。由此，甄别出围填海项目经济影响正向增益主要分为企业群集—产业升级的联动增效和城镇稳步增效两类。企业群集—产业升级的联动增效受围填海生成土地开发时序和产业选择的影响相对较大，其经济损益表现形式相对直观。城镇稳步增效表现为相对比较稳定，不易受到外部环境影响的稳步发挥态势。

　　分析研究区企业群集—产业升级情况，围填海项目的经济影响表现为企业群集—产业升级联动增效模式。研究区企业群集发展带动了地方产业集聚发展与结构升级，围填海形成的土地资源解决了企业发展所需的空间要素瓶颈，进而吸引劳动力、资金等要素。通过分析研究区企业核密度（图4-3和图4-4）知：（1）图中黑色区域为企业集聚水平较高的地块，形成了研究区重要的经济增长核。（2）不同乡镇的企业群集—产业空间分布存在差异性，周巷镇企业分布相对均衡，印证了围填海新生土地已融入城镇与产业发展；新浦镇的经济中心位于南部地块，尚未将围填海新增土地纳入经济开发中；崇寿镇、庵东镇基本将其北部企业、产业用地与杭州湾新区产业集群毗邻发展，充分利用杭州湾新区增长核心的外向辐射力，促进本地企业群集。（3）研究区企业群集对产业提升具有一定的推动作用，量化分析结果表明产业提升效应易受外部环境影响，但企业群集发展效应受影响程度并不明显。尤其是在杭州湾新区毗邻的崇寿镇、庵东镇在产业增速总体回落情况下，企业群集效益得分反而出现增长。这说明围填海项目经济影响正向增长效应在产业结构、企业群集维度始终发挥积极影响，产业增速效益易受外部大环境影响，企业群集效应对政策、市场、企业或园区战略等直接影响因素更加敏感。

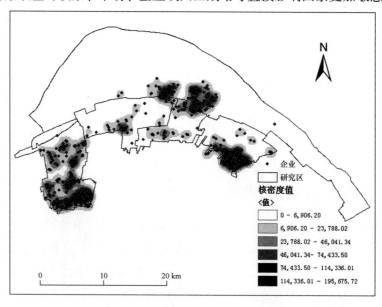

图4-3　2016年研究区企业核密度

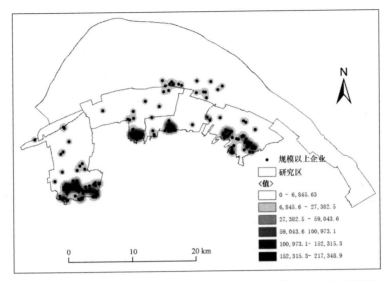

图 4-4　第三次经济普查（2013 年末）中研究区规模以上企业核密度

对照研究区第二、三次经济普查数据（表 4-12）可知，工业企业数量、工业企业从业人数指标除新浦镇外，其余地区呈现出增长态势。工业企业增长幅度较大的是杭州湾新区以及庵东镇，增长量较大的是杭州湾新区、周巷镇。这表明建设在围填海形成土地之上的杭州湾新区发展成效显著，已经集聚企业、从业人员，带动了周边乡镇发展。对比第三次经济普查中研究区规模以上企业分布核密度（图 4-4）与 2016 年企业分布核密度发现，2013 年规模以上企业基本分布于各乡镇的开发区（工业园），杭州湾区规模以上企业分布密度低于各乡镇；2016 年杭州湾区企业密度已超越邻近三镇（新浦镇、庵东镇、崇寿镇），集聚效应明显。周巷镇与杭州湾新区的空间距离相对较远，受杭州湾新区产业溢出影响较弱，已形成自身产业群集增长极。对比不同时间研究区企业发展情况，建在围填海形成土地上的杭州湾新区经济发展良好，已开始吸引湾区周边乡镇企业及宁波市之外跨国公司的入驻以及其他生产要素的流入。毗邻乡镇受杭州湾新区的涓滴效应明显，提升了围填海项目经济影响的正向增长效应。

表 4-12　研究区企业发展情况对比

地区	第二次经济普查（2008 年）			第三次经济普查（2013 年）		
	工业企业数（个）	工业从业人员（人）	工业产值（万元）	工业企业数（个）	工业从业人员（人）	工业产值（万元）
新浦镇	1 735	32 960	188 321	892	17 308	1 620 069
崇寿镇	269	11 034	93 503	563	14 887	772 536
庵东镇	816	23 181	88 147	822	31 465	1 310 000
周巷镇	1 353	81 677	396 866	1 850	109 991	3 383 270
杭州湾新区			362 971			8 033 000

注：数据来源于《慈溪市第三次经济普查主要数据》

　　研究区城镇建设维受围填海项目经济影响程度得分变化呈现出稳步增长效应，得益于企业群集、产业升级，当然城镇建设投入具有滞后性、持续性、运动惯性，且不易受外部环境波动影响。如图 4-5 所示研究区城镇分布图，各乡镇的乡镇工业园基本与乡镇中心位置一致，乡镇企业群集—产业集聚推动了乡镇城镇建设。如周巷镇是浙江省小城市培育试点城镇，其发展模式基本为城镇中心与所属工业园互动发展，利用工业园的企业吸引力提升城镇就业与居住比重以及基础设施发展水平。庵东镇的城镇建设维受围填海项目经济影响效益得分变化情况表明，受杭州湾新区产业集聚的影响，庵东镇城镇

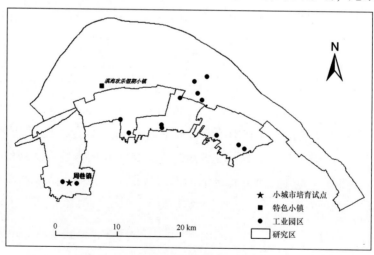

图 4-5　研究区产业及城镇建设分布

建设水平逐步提升。图4-5中杭州湾新区的产业园及滨海欢乐假期小镇的相继建设，进一步提高了城镇建设水平。

4.3 本章小结

围填海项目经济影响：①在宏观层面对乡镇经济快速发展具有显著的推动性作用，早期阶段围填海工程经济影响对乡镇经济发展推动效应的主导因素是围填海新生土地用于产业发展的增量，推动效应随增量土地供应完成逐渐减弱；中后期围填海工程经济影响对乡镇经济发展推动效应取决于项目新生土地利用结构，如是否用于发展新兴产业或城镇建设及其集约程度。围填海项目经济影响对乡镇经济发展的拉动效用是客观存在的，但其持续性增幅取决于围填海新生土地被用于乡镇产业或城镇建设的主客观能力。②在微观层面，围填海项目经济影响在地方企业群集、产业升级、城镇建设维度均有较好的正向促进作用。对企业群集的促进作用受政策、企业战略、外部环境的影响，亦是最先显露出来的。随着地方企业群集，围填海工程经济影响在产业升级维度的促推作用开始发力；快速增长的围填海土地资源供应增量用于满足产业集聚区的土地需求，在工业经济发展中这种促推作用表现更为直观。亦即，围填海项目经济影响通过企业群集—产业升级的联动增效形式出现，进而带动城镇建设维的围填海经济影响正向增长效应稳步出现。对城镇建设的作用主要通过企业群集—产业升级及其集聚区的形成得以构建城镇的有机主体而实现。不同于围填海工程在企业、产业维的经济影响正向增长效应呈现"倒U"波动态势，城镇建设维的效应发展基本依托城镇中心及产业集聚区，稳步提升地方城镇化水平。

围填海项目经济影响在研究区各乡镇的作用强度存在的差异性，各乡镇受益程度差异源于围填海项目生成土地的利用方式以及群集企业的发展程度等因素的不同。①土地利用方式差异表现为新浦镇与周巷镇对近期围填海新增土地的利用方式类似，以农业用途为主，由此导致围填海项目经济影响在产业升级、城镇建设等维度的效用发挥滞后，甚至推动力较弱。崇寿镇、庵东镇利用围填海项目新增土地发展地方工业，并依靠良好的邻近产业发展环境形成产业集聚区，强化了围填海项目经济影响在企业群集、产业升级维度的作用效果。②土地利用强度方面，周巷镇将围填海新增土地纳入城镇建设，正逐步向中小城市发展方向实施，其余三镇围填海新增土地利用尚停留在产业集聚区形成阶段，未完全将其纳入城镇建设中。③最为重要的是杭州湾新区的建设，大大提升围填海工程经济影响对各乡镇发展经济增长的溢出作用。现阶段主要体现在企业群集与工业主导产业结构升级方面，随着其他产业集聚区成长，将数倍扩大围填海项目经济影响对城镇发展水平的正向促进作用。

第 2 篇　围填海工程社会影响评价

【本篇内容提要】围填海工程社会影响评价目的是分析工程活动对其所在区域的社会影响，关注工程的社会效应，树立"以人为本"的理念推进围填海项目涉及地区和谐发展。学界尚未明确定义社会影响评估，该评估通常涉及地方社会系统风险、稳定、就业与文化、性别公平等识别、分析和评估，项目或政策对社会个人、群体或整个社会的影响。国内外围填海工程的社会影响评估通常注重：（1）工程对主要地区当前和未来使用该地区利益相关者的影响；（2）评估是基于现有调查和专家判断。一般首先对研究区进行一般社会分析，然后分析工程对该地区不同利益相关群体的影响。通常很难表达围填海工程导致的预期社会影响或者像经济影响评估那样在数量上进行评定。社会影响涉及各利益相关群体，并且因此也经常是多样的、很难的比较，更不用说通过表达它们成相同的测量单位。而且，社会效果通常也被认为是有着显著不同成员认知度组成。衡量公众意见的唯一方法就是通过基于问卷的社会影响分析，显然这依赖于文献回顾和专家判断。专家判读会强烈的区分短期和长期的期望值评估所涉及的各方面各种影响：短期内，围填海工程社会影响不会快速出现；随着景观变化，公众将会看到这些有限的变化，尤其是土地使用变化预计会很大，然而影响程度所采取的预防措施将导致围填海工程社会影响的规模和种类研究存在不确定性。当然，公众对围填海工程所涉及社会风险的感知，以及当地利益相关方缺乏积极参与的可能性会强化围填海工程决策过程负面影响的后果，进一步加大了短期和长期的负面总体评估。长远看，公众感知的负面社会影响只有更多居民关注，才能得到积极的沟通转变认知，有助于更好地理解围填海工程的社会问题，但问题是否太晚出现，特别是如果那些没有充分解释变化难以被纳入社会影响的分析。

本篇针对围填海工程不同于其他陆域工程项目的独特性，分析与甄别了围填海工程与所在区的互适性、社会风险和社会可持续性。本篇梳理国内外社会影响案例与解析视角，甄别出围填海工程社会影响分析核心要素及其利益相关者认知，构建了围填海工程社会影响评价的要素、指标与数据集成测度方法，提出围填海工程社会影响计量模型，并以宁波杭州湾近年围垦累积土地为研究对象衡量澄清替代空间的社会发展影响，既提出了围填海工程社会影响评价范式及其指标集成与衡量技术路径，又阐明了围填海工程海洋生态影响的社会风险与社会可持续性衡量标准体系，有助于更好地考虑填海作为一个城市扩张用地的解决方案。研究发现：①围填海工程社会影响评估指标体系应包含居民生活质量、企业发展环境和工程社会适应度三个准则层，由于间接指标较多，部分指标难以量化且尚有部分指标由于衡量标准不一、无量化指标参考，需要选择专家打分法和问卷调查进行统计测算。构建了基于主客观赋权法确定具体权重，线性加权求和法确定最终得分生成围填海社会影响评价综合评判基线。②宁波杭州湾案例实证表明各镇区社会效益产出状况呈良好上升趋势，镇区之间存在增加程度差异。其中，居民生活质量受益最高且波动较小，企业发展环境波动明显，社会适应程度受益最低，但增长态势良好。相关结论可为实施围填海工程的项目决策和运行管理提供科学借鉴，又有助于推进地方社会进步与和谐发展。

【本篇撰稿人】马仁锋、周宇、王益澄

5 围填海工程社会影响评价
研究动态

    围填海是人类海岸带利用活动中的重要方式之一，是人类向海洋寻求生存空间和生产空间的一种有效手段。国际上许多国家通过围填海活动来解决空间资源、土地资源与人口增长之间的矛盾，在不同历史时期欧洲和亚洲国家都进行着大量的围填海工程。荷兰的围填海历史已长达八百多年，日本和韩国也进行了大量的围填海活动，以解决国土资源匮乏的问题。近 40 年来，随着中国社会经济的快速发展，城市化建设和工业化发展亟需大量的土地资源。因此，在中国许多沿海地区为了谋求区域经济高速增长的土地供应，围海成陆成为解决人地矛盾的重要手段，掀起了围海造地扩充土地资源的热潮。但是中国对围填海工程研究起步相对较晚，学界已有研究主要围绕围海造地的具体施工方法与技术，已有围填海工程影响评价研究多集中在经济影响和环境影响两方面，较少关注围填海工程的社会影响①。围填海工程社会影响评价是主要从社会发展角度分析、评价围填海工程对人口、文化、社会福利等方面产生的有形和无形的效益和结果。社会效益分析不但有利于提高项目决策的科学化水平，还有利于社会发展目标的顺利实现，有利于今后建设项目的顺利进行②。基于此，梳理学界该领域的相关研究文献，首先明晰围填海工程社会影响的概念与内涵及研究阶段；然后归纳研究热点议题，评析相关指标与评价方法；最后，梳理关联议题的研究进展，并基于相关梳理凝练提出未来研究的重点，以期为全球变化背景下围填海工程社会影响评价研究提供借鉴。

---

① 初超．围海造地工程的综合效益评价研究［D］．东北财经大学，2012．
② 潘桂娥．滩涂围垦社会影响评价探索［J］．海洋开发与管理，2011，28（11）：107-111．

5.1　围填海工程社会影响研究领域及其时空演变

5.1.1　概念与研究历程

5.1.1.1　概念与研究方向识别

长期以来，围填海的影响研究更多的是认知围填海工程及实施过程对区域经济以及生态环境影响特征，鲜有涉及社会方面分析。20 世纪 80 年代以来，社会影响分析才逐渐成为围填海综合影响的一个重要方面，与经济、生态环境等影响一并构建成为围填海综合影响评价的三子系统。围填海实施区域的人类生活和生产活动受其影响日益明显，如何科学地评价围填海活动对周边地方的社会效益，不仅是对围填海工程科学认识的主要标准，而且也是尽量降低围填海工程对人类福祉影响的重要途径[①]。

由于社会影响评价是 20 世纪 60 年代以后才逐渐被人类认识，学界对社会影响概念至今没有达成共识，社会影响评价的理论累积和实践尚处于起步阶段[②]。笼统地说，社会影响是指人类从事某种活动对社会结构、社会体系等方面所起的正、负作用；深层次看，学界将社会影响定义为某项人类活动满足公共需要的度量，对该活动的社会效益分析就是社会评价，或者说是社会影响评价[③]，不同学科有着不同的研究方向。例如土地利用社会影响是指土地利用后果对社会需求的满足程度及产生的社会（含政治）影响[④]；矿产资源开发社会影响是指矿产资源开发利用活动对社会整体利益和社会全面发展的适应程度和影响结果[⑤]；围填海社会影响研究则基于以上相关概念分析和研究方向区分构建如图 5-1 所示的两个基本方向：一是定性的社会影响评析，二是量化社会影响的社会效益评价。①前者通过系统研究陈述围填海工程带来的社会影响，并在此基础上提出建议。如陈孟东对香港填海造地后对城市发展影响的研究，认为政府亟需关注稀缺土地资源的利用问题[⑥]。②后者将研

---

① 李加林，马仁锋. 海岸带综合管控与湾区经济发展研究 [M]. 北京：海洋出版社，2018.

② 严伦琴. 我国铁路提速社会效益评价 [M]. 北京：北方工业大学出版社，2004.

③ 张明哲. 社会效益：理论、指标体系与方法探索 [D]. 兰州大学，2007.

④ 王万茂. 土地资源管理学 [M]. 北京：高等教育出版社，2003：8.

⑤ 余际从，刘慧芳，雷蕾，等. 矿产资源开发社会效益综合评价方法研究 [J]. 资源与产业，2013，15（3）：62-67.

⑥ 陈孟东. 香港填海造地对城市发展的影响 [J]. 世界建筑，2007（12）：137-139.

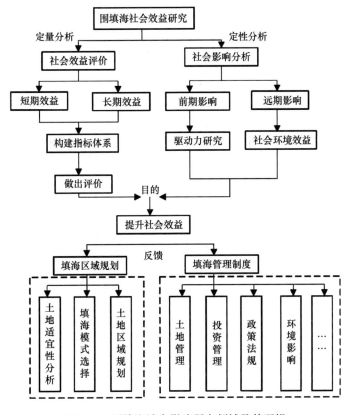

图 5-1　围填海社会影响研究领域及其逻辑

究点集中于围填海活动的推行成效以及实施后的效益评价，因此又会形成
两部分研究：一类是围填海工程期间的社会效益，即短期社会效益；如徐
向红等将宏观分析方法和微观分析方法结合应用于江苏省沿海滩涂地区，
划分沿海开垦时段从可持续发展角度探讨沿海滩涂围垦的效益[①]；第二类是
围填海活动实施完成后的社会影响，即长期社会效益。长期社会效益研究
侧重点不同，如林明珠从社会经济效应角度分析福建晋江市沿海滩涂围垦
案例，发现围垦活动增加了相关产业的就业效益，但利用应当建立在保护
的前提下积极寻求和坚持可持续利用模式[②]；李占玲等运用比较分析法评估
浙江上虞世纪丘滩涂围垦前、后服务功能的效益及其变化，结果表明围垦

---

①　徐向红．江苏沿海滩涂开发、保护与可持续发展研究［D］．河海大学，2004．

②　林明珠，谢世友．晋江沿海滩涂围垦效应分析及可持续利用研究［J］．安徽农业科学，2008，
36（2）：766-767．

后社会经济功能大幅提升，其中社会经济服务功能包括旅游休闲及科研教育、动植物产品提供、矿产资源及其他资源提供①。此两类研究最终将归属于社会影响改善或提升路径之中，并从围填海工程的实施规划和成陆后的管理提出改进措施。

5.1.1.2　研究历程及其阶段特征

中国对围填海研究起步相对较晚，还未形成系统的围填海影响研究体系。中华人民共和国成立至今，全国滨海地区共经历了三次围填海热潮，增加了120万公顷土地面积，超过已有滩涂面积的1/2。直到2010年前后，国家海洋局统计显示全国围填海总量下降趋势明显。2013年全国填海面积达到15413公顷，随后逐年下降，年均下降22%；2017年填海面积5779公顷，比2013年降低63%②。每一次围填海热潮，都伴随着新一轮研究热点议题的出现。为此采用文献计量，分析围填海工程兴盛以来的围填海社会影响方面的研究论文。以"主题＝填海"和"主题＝围垦"检索中国学术期刊全文数据库（CNKI）的期刊、硕博士论文子数据库，并以"主题＝社会效益"和"主题＝社会影响"在首次检索的结果中进行二次检索，时间不限，经过初步浏览，剔除内容不相关的、同样作者发表在不同期刊重复率较高的以及同一主题质量较低的文献，最后获得期刊文献104篇、硕博士论文36篇。检索发现，中国围填海社会影响研究始于20世纪80年代初，1980—2000年发展缓慢，21世纪增速明显（图5-2）。如表5-1所示，根据文献梳理分析总结出各阶段的围填海社会影响研究的特征。

① 李占玲，陈飞星，李占杰，等．滩涂湿地围垦前后服务功能的效益分析 [J]．海洋科学，2004，28（08）：76-80．

② 国家海洋局．海洋局采取"史上最严围填海管控措施"执行"十个一律""三个强化" [OL] . http：//www.gov.cn/hudong/2018-01-18/content_ 5257889.htm，2018-01-18发布，2018-02-04进入

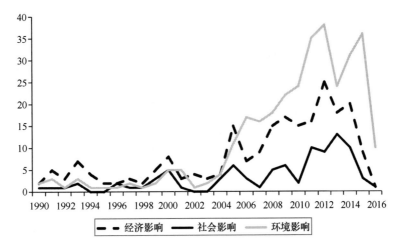

图 5-2　1990 年以来围填海社会、经济、环境影响研究论文数量

表 5-1　我国围填海历史阶段及对应社会效益研究演变

时段	填海类型与功能	社会影响研究议题演变
1949 年至 20 世纪 60 年代	主要目的是为了晒盐，类型以顺岸围垦为主，环境影响上加速了岸滩的促淤	社会影响研究尚未起步，相关研究多限于围湖造田领域，对于围填海工程影响研究不多，且基本融合农业发展和灾害防治之中。如傅积平等对洞庭湖地区垸田（即可供垦殖的防洪小堤防）的类型提出改良措施，从而促进附近地方农业发展①
20 世纪 60 年代至 70 年代	类型以顺岸围垦为主，但围垦方向已从单一的高潮带滩涂拓展至中低潮滩，同时农业利用也趋向综合。目的是为了扩展农业用地	
20 世纪 80 年代中后期至 90 年代	主要发生在低潮滩和近岸海域，进一步发展围垦养殖	开始关注围填海综合影响，主要关注生态环境和经济影响，涉及社会影响的指标，但是都融合于经济影响研究。如陈佳源对福建省围垦现状和地域分析②；程庆山等研究泉州市外走马埭围垦工程的经济影响时认为也具有缓解人地矛盾等社会效益③

①　傅积平，王子勤. 洞庭湖地区垸田的类型及其改良措施 [J]. 土壤，1958 (1)：27-28.
②　陈佳源，吴幼恭，俞宏业，等. 我省围垦的现状、垦区地域分异与合理利用 [J]. 福建师范大学学报（自然科学版），1985 (3) 79-88.
③　程庆山. 外走马埭围垦工程社会经济效益评介 [J]. 中国土地，2000 (5)：28-29.

时段	填海类型与功能	社会影响研究议题演变
21世纪以来	减轻快速工业化与城镇化的土地压力，从辽宁省到广西沿海地区的市、县（区）、乡三级政府都积极推动辖区围填海工程	日益重视综合影响研究，初步形成环境影响、经济影响、社会影响三维分析逻辑，但如图5-2所示社会影响与其他相比研究文献量较少，处于起步阶段。如刘大海等运用比率分析法构建了围海造地综合影响评价体系框架，其中涉及社会评价的相关指标包括缓解就业、提高居民福利水平、影响居民健康和提高社会劳动率等①；潘桂娥探析浙江滩涂围垦的社会影响提出提供就业、增加当地收入、倡导研发②等

5.1.2　研究案例地的空间分布及规模

5.1.2.1　围填海工程社会影响研究案例地的空间分布特征

中国的海岸线漫长，沿海省（区、市）居住了约全国50%的人口，因此，人地关系矛盾日益尖锐，围填海工程一再掀起热潮，成为沿海诸多地区解决陆域土地供给短缺的方式之一。因此，20世纪80年代以来，国内学者围绕围填海社会影响与效益，针对不同开发阶段、不同地域做了较多的案例研究。文献检索分析围填海工程社会影响研究的案例地分布及其热点区域变化，将案例地进行空间分析呈现环渤海沿海地区、长三角沿海地区、珠三角沿海地区等较为密集围填海工程区域，展开比较分析。

环渤海地区围填海工程起步较晚，但发展很快，2000年至2010年间围填海面积快速增加。与之相关研究起步较晚，直到21世纪才进入学界视野。如赵一平从滩涂利用角度研究大连市滩涂区为例，提出滩涂资源开发在社会层次指标有生活水平、贫富差距、卫生保健、公共安全、社会保障、满意程度③；狄乾斌等以大连市围填海活动研究围填海活动带来的社会消极影响包括

---

①　刘大海，丰爱平，刘洋，等．围海造地综合损益评价体系探讨［J］．海岸工程，2006，25（2）：93-99.

②　潘桂娥．滩涂围垦社会影响评价探索［J］．海洋开发与管理，2011，28（11）：107-111.

③　赵一平．大连市沿海滩涂资源现状及其开发利用［J］．海洋开发与管理，2005，22（3）：102-106.

近岸海岛消失、渔业资源衰退、海岸自然景观破环、防灾减灾能力降低等[①]；李静研究河北省围填海活动，采用市场价值法、碳税法和造林成本法、旅行费用法等方法建立一套围填海评估体系，考虑社会效益评价[②]。随着环渤海地区成为国家新的经济战略重心，天津滨海新区、青岛黄岛西海岸新区等重大战略出台促使该地区土地供给矛盾愈发尖锐，环渤海地区围填海社会影响研究也必将增长[③]。

　　长三角地区围垦历史悠久，如江苏省沿海地区滩涂围垦开发已有百年历史[④]，因此该区域相关研究也相对较早，早在1979年魏长发等便针对江苏省连云港滩涂围垦案例，提出围垦之后土地利用方向应为改良土壤并逐步发展农业生产、大力发展林业生产等[⑤]，这是最早涉及社会效益的研究。此后，孙昌龙等从开发投入、效益产出、要素保障和管理方式四方面评估了温州市滩涂围垦开发利用问题，发现温州市围垦造地建设成本偏高、集约利用水平偏低、围垦资金后续保障乏力和管理体系有待进一步创新[⑥]。刘佰琼等以江苏辐射沙洲半岛式浅滩腰沙区域为研究对象，针对港口及临港工业围填海的特点构建了港口及临港工业围填海规模评价体系，采用主客观综合赋权法确定评价因子权重，采用线性加权求和法计算港口及临港工业围填海规模方案的综合得分[⑦]。总之，长三角沿海地区自开展围填海活动以来，一直是学界研究围填海的重点案例地，尤以江苏连云港沿海区、浙江省东南沿海区为最。长三角区域内是中国经济发展中心和人口密集聚集地，围填海工程社会影响广泛而深远，此区域的研究热度必将持续下去。

　　东南沿海地区相关案例集中于福建省沿海地区，是中国围填海工程大省。历史上就有沿海村民并海为堰、改滩造田的记载，1980年后围填海的需求日

　　① 狄乾斌，韩增林．大连市围填海活动的影响及对策研究［J］．海洋开发与管理，2008，25(10)：122-126.
　　② 李静．河北省围填海演进过程分析与综合效益评价［D］．河北师范大学，2008.
　　③ 李博炎，张饮江．环渤海地区的海岸线及围填海动态变化分析［C］// 中国环境科学学会学术年会．2015.
　　④ 张晓祥，严长清，徐盼，等．近代以来江苏沿海滩涂围垦历史演变研究［J］．地理学报，2013，68（11）：1549-1558.
　　⑤ 魏长发．江苏省海滩的围垦和利用问题［J］．南京师大学报（自然科学版），1979（1）：45-50.
　　⑥ 孙昌龙，马雯雯，周强．温州市滩涂围垦开发利用研究［J］．经济师，2014（11）：181-182.
　　⑦ 刘佰琼，徐敏，刘晴．港口及临港工业围填海规模综合评价研究［J］．海洋科学，2015，39(6)：81-87.

益迫切。从分布特征看，福建省围填海主要集中在海湾内，如厦门湾、湄洲湾、罗源湾、福清湾、泉州湾等半封闭型海湾内①，这些地区成为学者研究的典型案例。如韩雪双以罗源湾填海项目为例建立评价指标体系，认为社会影响评价包括渔业、港航、风景旅游等资源②；熊鹏研究福清湾填海项目提取社会方面指标包括文化科研、休闲娱乐、生境功能、物种多样性维持等③。总之，围填海项目实施为福建省发展做出了巨大贡献，有效带动了当地经济发展，具有很高的社会效益；福建省已开发滩涂面积仅占可开发滩涂总资源的39.5%④，滩涂后继开发的潜力依然较大。

珠三角地区是广东沿海围填海面积最大的区域，围填海用地类型主要为养殖池塘、待利用水面和城镇建设用地。21世纪以来，珠三角围填海成陆主要用于扩大港口规模、建设临港工业区、滨海旅游区和滨海新城⑤，相关研究逐年增多。如王烈荪对珠三角围垦区进行经济效益评价时探讨不同施工方式及高程选择的效益比较⑥；郭元裕研究珠江口伶仃洋滩涂围垦区构建垦区内部基础设施及其配套设施最优规划数学模型（最优规划求得的费用）、垦区内部土地开发利用最优规划数学模型（最优规划求得的效益及费用指标），提出了土地利用最优规划模型，较好地反映了河口治理以及水面高程动态变化对策及其社会、经济影响⑦。

20世纪80年代以来，相关研究案例的数量分析可以发现，除去早期围湖研究，长三角地区、东南沿海地区、环渤海地区、珠三角地区研究热度依次递减。长三角地区一直是研究热点区域，这与中国填海工程的实施数量有着密切关联，长三角及东南沿海地区围填海历史悠久，土地利用评价体系完善，易成为研究热点区域。相较之下，环渤海和珠三角沿海地区虽然围填海工程数量较过去而言已增加许多，但仍然少于长三角和东南沿海地区。总体而言，

① 陈凤桂，吴耀建，陈斯婷．福建省围填海发展趋势及驱动机制研究 [J]．中国土地科学，2012，26（05）：23-29.

② 韩雪双．海湾围填海规划评价体系研究——以罗源湾为例 [D]．中国海洋大学，2009.

③ 熊鹏，陈伟琪，王萱，等．福清湾围填海规划方案的费用效益分析 [J]．厦门大学学报（自然科学版），2007，46（S1）：214-217.

④ 曲丽英．福建省围垦工程效益后评估方法研究 [J]．中国水利，2013（8）：60-62.

⑤ 谢丽，王芳，刘惠．广东省围填海历程及其环境影响研究 [J]．江苏科技信息，2015（24）：67-70.

⑥ 王烈荪．珠江三角洲围垦工程最佳经济效益的探讨 [J]．人民珠江，1988（2）：56-57.

⑦ 郭元裕，董德化．珠江口伶仃洋滩涂围垦最优规划方法及其数学模型系统研究 [J]．人民珠江，1991（1）：28-34.

这些案例区均为中国人口密集区，经济发达，研究围填海工程社会影响对促进区域民生发展、生态保护与社会和谐等方面具有深远的积极意义。

5.1.2.2 研究案例地的规模特征

尺度问题在各学科都普遍存在，但是并未受到广泛关注，尺度现象将是21世纪科学家面临的最大挑战。地理学中尺度是指研究对象或过程的时间或空间维度、用于信息收集和处理的时间或空间单位、由时间或空间范围决定的一种格局变化。由于学者研究所覆盖的尺度很广，研究过程中常常要关注某些东西而忽略另一些东西；有时会缩小自己的视野，以便于详细地了解研究对象；有时会将某一尺度的研究结果外推至更广阔的领域①。围填海工程的社会影响，具有明显的时空属性，主因在于围填海工程的实施对象及其影响人群具有居住空间差异，学界研究围填海社会影响需要针对不同影响距离下群体或村镇进行分析，当然会考虑案例地所处的区域地理环境，从而造成围填海工程的社会影响研究存在不同规模和视角。

如表5-2所示，微观尺度围填海社会影响研究案例集中在沿海湿地的围垦实施、近海岸地区水产养殖以及生态环境多样性保护、疾病防治等问题的研究，案例地主要为滨海县以及港湾围垦。相关学者的研究切入点存在明显差异，因此在居民就业与收入增加、社会风险、文化风俗等一些测量指标的选取和方法存在较明显的差异。中观尺度，学界研究案例集中于省域或市域范围内围填海工程，尤其是大型围填海工程实施，区域范围大。数据具有量大且易获取的特点，社会影响的指标选定与微观尺度指标选取具有明显的趋同性。宏观尺度视域相关研究则将拓展至政策的实施和土地利用的宏观管理等方面，以及社会影响具体指标探讨。当然，切入研究问题时段也存在许多差异，如一些学者关注于区域围填海历史演化及变迁研究②，一些学者则注重某几年的土地制度对于沿海地区开发利弊作用③等。

---

① 陈睿山，蔡运龙. 土地变化科学中的尺度问题与解决途径 [J]. 地理研究，2010，29（7）：1244-1256.

② 谢丽，王芳，刘惠. 广东省围填海历程及其环境影响研究 [J]. 江苏科技信息，2015（24）：67-70.

③ 朱康对，罗振玲，郭安托. 江南海涂围填海工程的社会经济效益分析 [J]. 温州职业技术学院学报，2016，16（2）：1-6.

表 5-2　不同尺度下的研究典型案例

		研究典型案例对比		
		宏观尺度	中观尺度	微观尺度
		土地管理、评价体系及政策等问题探析	实际案例	具体工程实施过程
地区	环渤海	各地区围填海进程研究以及评价体系探讨	大连市滩涂资源、河北省围填海活动、山东省海岸带区域填海活动	唐山曹妃甸填海工程、天津滨海新区围填海工程、天津滨海新区、大连长兴岛临港工业区
	长三角		江苏省连云港滩涂围垦、浙江北部填海活动、江苏省如东近海岸	浙江象山大目涂区、上虞市世纪丘滩涂围垦、江苏辐射沙洲半岛式浅滩腰沙、六横岛东部围填海、嵊泗青沙围填海
	福建省		福建省江镜围垦区、福建晋江市沿海滩涂围垦、厦门市填海造地工程	泉州市外走马埭围垦工程、福清湾/罗源湾/琅岐岛围填海、铁基湾围垦、东壁岛地区围垦
	珠三角		珠三角围垦区，广东省填海造地工程、珠江口滩涂围垦	伶仃洋滩涂围垦、南沙地区围垦、中山一带围垦、汕头东部经济带/珠海高栏经济区

　　需要注意的是：不同尺度研究案例所处社会和生态环境具有许多动态联系。因此，单个尺度研究不能提供完整的认识和解决之道，考虑并区分不同尺度的相互作用至关重要。围填海社会影响研究是在围填海工程兴起背景下产生，旨在为工程实施的土地与生态环境、就业、基础设施等综合影响提出解决问题之道。因此，理解各案例的出发点是理解其对社会影响分析与评价的关键。总体而言，尺度间作用不能仅理解为"小"对"大"的"聚合"或"大"对"小"的"解聚"①，不能仅凭某个案例研究就简单给出关于围填海社会影响的一般性陈述，或者将研究结论不加分析的外推到其他尺度案例。此外，需要将跨越不同尺度的多个案例研究综合为一个可代表区域空间异质性的网络，寻找各尺度之间的"连通性"，探究多尺度的综合研究，这将是未来围填海工程社会影响研究的重要方向，需深入地认识围填海工程实施的各

---

　　① 陈睿山，蔡运龙. 土地变化科学中的尺度问题与解决途径 [J]. 地理研究，2010，29（7）：1244-1256.

项信息，做好尺度的合理转换。

5.1.3 围填海社会影响研究内容侧重点

5.1.3.1 围填海工程所在地自然地理环境

围填海工程影响主要集中于近岸滩涂区域及近海海域，该区域介于陆地和海洋生态系统之间，受到海陆双重作用，是一个复杂自然综合体。因此，区域海岸带自身属性和工程工艺的优劣成为评估围填海影响的独特视角。自然地理条件作为围填海工程实施的基础，对工程前期规划至后期影响评估都起着决定性的作用，不仅工程的选址、规模、实施的难易程度受其影响，还决定着工程的影响强度和广度。为此，需要了解不同海岸地貌对围填海工程实施的影响究竟如何。例如，基岩型海岸适于旅游开发，因此该类型海岸带围填海后评估工作中旅游发展相关指标必将占据较大比重；淤泥质海岸围填海用地主要是为了滩涂养殖或成陆转为建设用地，所以滩涂农业发展情况及农用地转换为建设用地状况是影响评价重点考察内容。诸如此类，列成表5-3 所示不同海岸带类型围填海工程的影响评估重点存在差异。

表5-3　各类型海岸围填海工程相关效益评估重点

类型	岸线特征	评估及开发研究重点	典型案例
基岩海岸	基岩海岸一般地势陡峭，深水逼岸，岸线曲折，岬湾相间多为天然良港，岸滩狭窄，堆积物多砾石、粗砂，海床还往往覆盖有淤泥、粉沙，基岩海岸一般比较稳定①	基岩海岸由于沿岸水深，掩护条件好，水下地形稳定，多拥有优良的港址，为发展旅游业提供了条件。因此，基岩海岸的评估体系应重点关注各类资源的价值评估	舟山市东大塘围填海、洋山港围填海
沙砾质海岸	沙砾质海岸又称堆积海岸，其特点是岸线比较平直，物质组成以松散的砂砾为主，沿岸输沙以底沙为主，堆积地貌发育较多，在具有一定掩护条件的潟湖口内、潮汐汊道附近的岸段	具有一定的掩护条件，可以兴建中、小渔港，也是开展滨海旅游的好场所，同时还蕴藏着丰富的砂矿资源。沙砾质海岸的评估应重点关注以下内容：海洋灾害（主要是海岸侵蚀）、海岸及海底地形变化、海洋资源（主要包括港址、旅游、矿产资源）	山东省砂质海岸围填海、山东省日照市岚山电厂围填海

① 于永海. 基于规模控制的围填海管理方法研究［D］. 大连理工大学，2011.

续表

类型	岸线特征	评估及开发研究重点	典型案例
淤泥质海岸	淤泥质海岸多是由江河所携带入海的大量细颗粒泥沙，在波浪和潮流等各种水动力作用下逐渐发育而成的，所以淤泥质海岸多分布于大河入海处的三角洲地带；另外，沿岸流搬运的细粒泥沙也可在水动力条件较弱的海湾堆积发育成淤泥质海岸。淤泥质海岸物质组成多为粘土、粉砂质粘土、粘土质粉砂和粉砂等	我国的淤泥质海岸分布广泛，海岸的动态可分为淤积、侵蚀和稳定，以淤积和稳定岸段居多。淤泥质海岸评估体系应重点关注：围填海工程对滩涂湿地景观的影响、对渔业资源的影响、对特殊生态系统的影响以及对特殊物种的影响①	温州市龙湾高涂围垦养殖、南通沿海地区围垦
生物海岸	生物海岸包括红树林和珊瑚礁海岸。红树林是世界上最多产的、生物种类最繁多的生态系统之一，蕴藏着丰富的水产资源。而珊瑚礁海岸可以伴有潟湖与汊道，有的宜于建设小型港口和渔港，往往又是海洋油气富集区；珊瑚礁还是海洋中的"热带雨林"	生物海岸评估体系应重点关注各类资源，如水产、旅游、油气的情况。鉴于生物海岸的特殊性，可从围填海占用滨海湿地，对景观的直接破坏程度，由海洋生物、水文动力与环境化学资料，以及生态服务功能4个方面进行评估，其中也涉及了对区域内围填海后的社会环境影响②。原则上生物海岸应列入严禁围填区	防城港红树林海岸围填海
河口型海岸	河流是海洋生态物质来源的主要途径，河口海域受海洋、河流、风力等多种作用影响，动力条件及冲淤过程都十分复杂。河口海域围填海的影响涉及防洪、防潮、排涝、排污、港口航道等功能的运作；同时有可能减少乃至基本失去河流的淡水及营养物质补给，使海洋生物的产卵、孵化以及幼鱼生长场所的生态环境受到破坏	河口区的评估体系应重点关注：生态系统安全、泄洪安全、通航安全（若为通航河流）。如宋红丽关注我国典型河口三角洲（辽河三角洲、黄河三角洲、长江三角洲以及珠江三角洲）的地区围填海活动的现状，选取上述相关指标分析围填海活动对生态的影响③	温州市龙湾高涂围垦养殖，辽河三角洲、黄河三角洲、长江三角洲以及珠江三角洲围填

　　① 于永海.围填海适宜性评估方法与实践［M］.海洋出版社，2013.
　　② 王初升，黄发明，于东升，等.红树林海岸围填海适宜性的评估［J］.亚热带资源与环境学报，2010，5（01）：62-67.
　　③ 宋红丽，刘兴土.围填海活动对我国河口三角洲湿地的影响［J］.湿地科学，2013，11（2）：297-304.

5.1.3.2 围填海生成土地的利用方式

围填海土地利用方式从传统的种植、养殖等农业用地发展到港口、临港工业、城镇建设等工业用地和城市建设用地。中国围填海地区分布广泛，各地区围填海成陆土地使用功能转换过程实施会因土地条件、区域发展、人口数量等因素影响而存在不同，不同围填海成陆土地开发利用方式，产生的社会经济与生态环境影响也程度不一。如政府主导的缓解区域内人地矛盾问题的围填海工程，不仅能够给区域内居民提供就业机会，改善生活条件，同时也能够促进区内经济发展；以工业发展为主要目的的围填海活动，虽然能够满足产业发展的需要，但也产生更加复杂的生态环境问题。因此，不同围填海开发利用方式的社会影响程度也不一样。按照成陆土地不同开发利用方式，可分为公益性用地开发、房地产开发、工业项目开发、滩涂养殖及港口发展等五类（表5-4），进行具体化社会影响分析。

表 5-4　围填海成陆土地不同利用方式的社会影响研究案例比较

土地利用分类	具体利用方式	社会效益评估重点	典型案例地区
公益性用地开发	水利工程、废物回收厂、景观公园、水库与滞洪区等	政府主导实施，通过填海方式拓展发展空间，进行公益性的土地利用，实施对居民的惠民工程。开发方式包括水利工程、景观公园等	琅岐岛围填海活动、厦门市围填海造地计划、马来西亚槟城填海计划
房地产开发	兴建住宅用地	利用新围涂特有的自然景观，濒临大海、空气清新、污染少等有利条件，建立大规模、高标准的住宅区，进行房地产及相关产业开发，也是较有前景的开发方式	福建省围填海等大部分围填海工程
工业项目开发	工业园区、发电厂、化工园区等产业区	多数新围土地较为平坦，可以减省土地平整工作。地价成本低廉，有利于吸引投资，且工业项目来源较广泛，易于招商，可以加速围区开发。围填海规划土地为了满足工业区等产业区的总体开发建设规划需求，根据发展规划对临海地区进行填海造陆的总体工程	江苏省腰沙港口及临港工业围填海、如东县洋口化学工业园区、大连长兴岛临港工业区区域建设用海一期、曹妃甸工业区围填

续表

土地利用分类	具体利用方式	社会效益评估重点	典型案例地区
滩涂养殖	农田围垦，水产养殖、堤埂种植、农业商品养殖基地	以澄饶联围为例，该区域通过填海造田，发展粮食生产，为当地解决缺粮问题发挥了不可忽视的作用。20世纪80年代之后开始发展滩涂养殖，水产养殖业已成为该镇渔业生产的重要组成部分	苍南县江南海涂围垦工程、福建省滩涂围垦区、连云港滩涂围垦、上虞市世纪丘滩涂
港口发展及码头建设	港口航道资源开发、深水港建设、万吨级泊位建设	为适应港口发展需要，采取围填海方式兴建物流中心、码头等大型工程项目以发展港口航运，创造良好的集疏运条件	江苏省启东市吕四港物流中心、温州沿海航道的开发

随着围填海工程的日益兴盛，对围填海工程成陆土地的利用方式及其趋向合理、多样化研究日益受到学界关注，如程庆山以福建省湄洲湾南岸的外走马埭围垦工程为例，重点分析新增加土地5.2万亩中农业（含海产品养殖）、工业商贸开发、滞洪等类型用地社会影响①。因此，未来从围填海成陆土地开发角度研究社会影响，需关注围填海土地利用多样化及其转换强度和时间进度对社会产生的影响。

5.2　围填海工程社会影响评价的方法研究进展

5.2.1　社会影响评价方法比较

围填海工程社会影响评价方法的研究大致可以分为两类：一类是采用评价指标体系的综合评价；另一类是依据替代原理采用货币化评价。评价方法的科学性是客观评价的基础，因此综合评价方法的研究具有广泛的意义。综合评价面临的常常是复杂系统，存在许多理论问题和实践问题尚待解决②。围填海社会影响评价，也存在着类似问题。围填海社会影响综合评价常用方法如表5-5，都少不了专家参与和对基础指标及其数据源的充分性要求。

① 程庆山. 外走马埭围垦工程社会经济效益评介 [J]. 中国土地, 2000 (05)：28-29.
② 陈衍泰，陈国宏，李美娟. 综合评价方法分类及研究进展 [J]. 管理科学学报, 2004, 7 (02)：69-79.

表 5-5　社会影响综合评价类方法比较

方法类别	方法名称	方法简述	优点	缺点
定性评价方法	专家会议法	组织专家面对面交流，通过讨论形成评价结果	操作简单、可利用专家知识，结论便于使用	主观性较强，多人评价时结论难收敛
	德尔菲法	征询专家，用问卷、信件等形式背靠背评价、汇总		
多属性决策方法	多属性和多目标决策方法	通过化多为少、分层序列、直接求非劣解，重排次序法来排序与评价	对评价对象描述比较精确，可以处理多指标、动态的对象	评价过于刚性，无法涉及有模糊因素的对象
模糊数学法	模糊综合评价法	引入函数算法，将约束条件量化，进行数学解答	根据不同可能性得出多层次问题的题解，具备可扩展性	不能解决评价指标间相关造成的信息重复问题
比较研究法	对比分析法、比率分析法、成果参照法	通过对前后两个时间段的具体情况进行定性或定量上的比较，进而对得失进行评价	直观的反映过程前后之间的变化	在类比上对指标选取具有较高的选择标准
调查研究法	问卷调查	采用问卷调查、实地考察等方式，综合多人观点，对考察结果归纳总结	可信度高，具有较高的参考价值	设计问卷难度较大，实施过程费时费力

　　根据研究的对象和研究目的，围填海社会影响分析与评价常常采用一些能够确定反映出研究对象数量特征和质量特征的指标。当然，由于社会指标自身难以甄别和量化测算，所以存在一些因子需要通过经济指标或者环境指标参与其中，这就是社会影响评价的间接指标。根据相关案例研究总结成表 5-6 所示的围填海社会影响间接评价指标。在实际围填海工程社会评估指标建立过程中，需要综合考虑区域性、指标数据源等因素，选取恰当指标。直接指标可以通过测算得到，而间接指标则需要通过对关联指标的转换得到。

表 5-6　间接评价指标测算方法及指标转换举例

测算方法	方法简介	原指标	转换后指标（方法）
市场价值法	利用因环境质量变化引起的某区域产值或利润的变化来计量环境质量变化的经济效益或经济损失	滩涂生产功能	围填海渔业养殖损失的总价值
		土地供应	土地增值效益
		填海收益	单位面积成本 综合围填海效益
		食品供给	食品供给服务价值
		基础生产	初级生产价值
		空间资源	单位面积海水养殖利润
数理统计法	运用统计学的方法对数据进行分析、研究	人口移民变化	移民生产生活恢复系数率 搬迁单位生产恢复系数
		公众满意程度	公众满意度
		陆域面积	陆地海岸线长度
成果参照法	成果参照法是把旅行费用法、隐含价格法、调查评价法的实际评价结果作为参照对象，用于评价一个新的结果，参照单位价值，引用评估函数分析	文化科研	单位海域面积科研文化功能价值
		休闲娱乐	单位面积休闲娱乐价值
		物种多样性维持	单位面积物种多样性维持价值
图像解译法	在围填海工程中主要运用的是 3S 技术的方法，通过遥感图像解译和 ENVI 软件的操作	大陆岸线	海岸线长度变化
		海洋环境因子	近海海表面温度（SST）
			悬浮泥沙要素（SSC）
绿色核算法	把经济核算与环境核算联系起来，把生产活动与环境的双向影响纳入到企业财务核算体系中，形成与原财务核算体系对应的绿色核算体系	发展地方经济	渔业效益 围垦后边际生产成本 围垦后外部成本 围垦后边际使用者成本
		促进社会稳定	
		提高居民素质	
赋权计算法	在多属性决策问题的求解过程中，属性的权重具有举足轻重的作用，它被用来反映属性的相对重要性，目前赋权方法可分为三大类：主观赋权法、客观赋权法及主客观综合赋权法	海洋环境容量	序关系法
		集疏运条件	CRITIC 法
		新增码头岸线长度	多目标线性加权
		社会风气好转的促进	
		群众欢迎程度	
		人均收入的相对增长率	

测算方法	方法简介	原指标	转换后指标（方法）
投入产出比法	研究经济体系（国民经济、地区经济、部门经济、公司或企业经济单位）中各部分之间投入与产出的相互依存关系的数量分析方法	产出与投入状况	基础设施建设投入 政策投入 招商引资情况 入驻企业产出状况

5.2.2 评价体系单项指标具体化

社会影响数量化识别判定是围填海工程综合影响评价的重要组成部分。围垦工程成陆利用方式不同，地理位置不同，产生的社会效益千差万别，难以统一量化。按照成陆土地利用功能—效益，采取定量与定性指标相结合，进行单项指标具体化识别，即筛选指标因子。指标因子基于国家和省域可操作性指标体系中进行细化或者替代化遴选，进而实现社会影响程度和效益评定。纵观已有研究成果，学界选取社会影响衡量指标均具有如下特点：

（1）科学性：应充分反映和体现围垦工程的效益和影响，系统而准确地理解和把握围填海工程社会评价的目的和意义；

（2）全面性：应尽可能涵盖社会影响的各方面，使评价结果更加可信可靠；

（3）代表性：选取指标应当具有相当代表性，指标体系简明；

（4）可测算性：指标选取考虑到数据可获得性和量化计算难度。

短期社会影响评价指标和长期社会影响评价指标差异较小，均为区域社会发展各项指标的相结合而形成。社会影响评价的指标体系，虽然均具有以上的特点，但仍存在一定的局限性，如指标体系建立的案例地尺度存在差异。宏观尺度视角，遴选指标体系准确度高，数据易获知，而中微观尺度下学者们更加注重的是受众群体的综合影响，追求更为详细的解释。基于此从已有研究案例中遴选出一些使用率较高的指标，按照尺度不同进行分类构建围填海社会影响评价指标体系，如表5-7所示。

表 5-7 不同尺度下围填海社会影响评价指标体系

尺度	指标项	直接指标	间接指标	选取原因
宏观尺度	人口与就业	生产劳力数 劳动生产率	人口搬迁 就业压力	表示区域内人口迁移情况，与劳动力发展状况
	产业发展	入驻企业产出状况 水产品供给量	优化产业结构 对工农业的促进作用 区域社会发展潜力 招商引资情况	围填海前后相关产业发展的规模变化影响
	社会服务	风景旅游资源 自然灾害统计 基础设施建设投入	文物保护 提升交通便利度 提升景观效应	工程实施后区域内基础服务设施条件及惠民程度
	公众满意度		居民欢迎程度 居民满意程度	居民对工程的支持程度和满意程度
	土地供求	缓解城市土地供求矛盾 城市化进程度	土地供应	围填海土地供应需求问题
中微观尺度	人口	区域人口增长率 人口承载量 就业率 涉海就业人员比重	人口增长压力 就业机会	围填海工程的实施对区域小范围内人口数量的变化影响程度
	收入	地区收入变化 项目受益区人均纯收入相对增长率 贫富差距	居民生活提高	对区域内居民经济生活的影响程度
	社会经济	人均 GDP 渔业发展 第三产业比重	港口腹地经济水平 产业契合度 产业结构调整	对区域内整个社会经济的影响程度
	公共服务条件	基础设施服务 交通便捷程度 群众支持率	基础设施改善的影响 集疏运条件 公共安全与社会保障	工程实施后基础设施的建成状况及居民的满意程度
	土地	人均土地面积 用地状况变化 渔民养殖面积保证率 人均土地面积	资源综合评价指数 土地增值效益	对土地的合理开发利用状况和土地用地属性改变
	科研文化	地区科研机构课题数 人口文化素质贡献率	科技发展 旅游娱乐	对科教文卫的影响力

综上，宏观尺度视角指标体系建立以定性指标为主，强调对围填海社会影响的具体认知；中微观尺度视角下指标遴选以定量指标为主，但许多指标存在着较难获取数据且难以计量等问题，需要学界进一步探索，以达到简化计算步骤，提升评价结果科学性。

5.3　围填海社会影响评价的重点要素研究

围填海社会影响研究是一项系统工程，涉及多学科。中国学界相关研究集中在填海区规划、填海效益分析、填海造地管理三个领域，其中早期研究主要集中在填海区规划，效益分析领域研究可细分为社会评价、经济评价及生态环境评价。填海区规划分为土地规划和填海模式选择，土地规划是指具体区域适宜推行填海造地工程以及规划后土地的增值效益，而填海模式选择则解决的是如何进行填海造地工程，这两者同时都需建立在填海工程的综合评估之上。填海效益评价主要是对围填海工程带来的影响进行定量或定性的评估，内容涉及社会、经济效益和生态环境影响三领域，包括利、弊分析两方面。填海造地管理则主要解决如何减少甚至消除填海工程所带来的弊端。因此，围填海影响相关研究中，填海效益研究占据主导，是学界关注的重点。填海效益分析是在对已经完成的项目（或规划）的目的、执行过程、效益、作用和影响所进行的系统的、客观的分析；通过项目活动实践的检查总结，确定项目预期的目标是否达到，项目或规划是否合理有效，项目的主要效益指标是否实现；通过分析评价找出导致结果的原因，总结经验教训，并通过及时有效的信息反馈，为未来新项目的决策和提高投资决策水平提出建议，同时也为后评价项目实施运营出现的问题提出改进建议，从而达到提高投资成效的目的。围填海的社会影响研究作为围填海综合效益研究的重要方面，与填海区规划和填海管理制度之间存在密切联系。

5.3.1　填海区规划

围填海工程要达到预期的目的并获得良好的效益，必须进行科学的规划工作。土地规划研究是填海区规划的重要组成部分之一，主要指围填海工程实施前对填海地区的土地规划研究，涉及了社会影响研究中最重要的土地方面。如有学者通过建立评价指标对围填海规划进行评价，涉及了港航资源、景观资源、渔业发展资源等社会影响因素①。此阶段所做工作是对具体区域的填海适宜性分析，包含海洋环境保护、选址、布局优化等工作，其目的是为了在填海工程实施后包括社会效益在内的综合效益最大化的实现。

　　填海模式选择是围填海工程规划的另一项重要工作。不同地形地貌条件下可供选择的填海模式存在不同。如熊鹏研究福清湾围填海规划时对三个方案进行比较分析②。因此，需综合考虑每种模式产生的结果，权衡社会、经济和生态环境等方面实际影响与需求，对围填海方案进行筛选或者修改，选取最终能够实现效益最大化的方案，指导和规范用海活动。如于洋基于海洋生态系统服务角度对罗源湾的围填海方案优化进行研究，其中涉及了土地资源、土地维护以及文化服务等多项社会影响指标③；王义勇在对江苏岸外沙洲不同围填方案影响分析的基础上，从围填海规模着手分析以实现岸外滩涂、港口航道、渔业、旅游资源的协调开发，对区域社会效益的提高有着积极的促进作用④。

5.3.2　填海管理制度

　　科学和适度地围填海造地，对合理利用海洋资源和推动社会经济发展起到重要作用。由于围填海工程作为一种严重改变和干扰海域自然属性的人类利用海洋资源行为，如果缺乏合理规划、或者过度实施围填海活动，所带来的负面影响也不容忽视⑤。在国家实行最严格的土地保护政策和围填海调控的政策背景下，需加强围填海管理，并建立规范的制度，将极大的促进围填海工程实施后各项效益的提升。因此，有学者讨论如何在促进沿海社会经济发展的同时，合理利用和有效控制海域资源，科学管理填海造地行为，协调人类与资源、环境之间相互制约的关系，实现海域健康的发展；也有学者在分析中国围填海现状、问题及调控对策的基础上，倡导由国家主导与地方结合、科学规划、加强法制监督与公众参与的管理方式，对中国围填海管理具有重

　　① 熊鹏，陈伟琪，王萱，等. 福清湾围填海规划方案的费用效益分析 [J]. 厦门大学学报（自然科学版），2007，46（S1）：214-217.

　　② 韩雪双. 海湾围填海规划评价体系研究——以罗源湾为例 [D]. 中国海洋大学，2009.

　　③ 于洋，朱庆林，郭佩芳. 基于生态系统服务的罗源湾围填海方案的经济效益评价 [J]. 海洋湖沼通报，2013（2）：140-145.

　　④ 王义勇. 江苏岸外沙洲围填规模适宜性研究 [D]. 南京师范大学，2011.

　　⑤ 胡斯亮. 围填海造地及其管理制度研究 [D]. 中国海洋大学，2011.

要的现实意义①。

5.4 本章小结

围填海工程影响研究从兴起至今，不同学科学者倾注了较大的热情，促进了围填海社会影响研究理论与案例的不断完善，对未来围填海工程实施以及影响评析具有参考和指导作用，但由于社会影响研究涉及广，定义模糊等原因，研究案例产出相对较少，研究方法仍然存在着一定不足，值得学界进一步深入挖掘。围填海活动正在中国大量实施，带来了巨大的经济效益，但是也带来了诸多不利影响，政府和学界未能预估围填海工程社会影响，围填海工程社会影响评价内容、方法和程序等仍有待学者进一步探索和实践。

众所周知，实现社会效益的最大化是围填海社会影响分析、评价研究的最终目的。这不仅需要对社会影响做出实时、科学的评价，也需要在此基础之上提出针对性措施。因此，需要结合围填海工程的规划和管理工作，进行社会影响分析与评价工作。从多学科角度总结围填海工程的工作流程与规范，充分理解各方案，分析规划内容及规划之间的用海需求的协调性和矛盾冲突，针对所处区域特点设计围填海工程社会影响评估方案；管理上，有待加强围填海造地的利用管理，强化政府决策部门与科研院所交流，依靠参与式决策提高围填海造地利用评价的针对性。不仅如此，还需结合实际情况，注重社会评价的实用性，降低围填海项目实施的社会风险，以实现社会可持续的发展目标。

---

① 姚立. 填海造地管理中若干问题的研究 [D]. 天津大学, 2007.

6 围填海工程社会影响评价指标遴选与方法构建

基于围填海社会影响分析研究动态，阐释了围填海工程社会影响评价的目的与意义、原则，辨析并构建了围填海工程社会影响评价的指标及其测算方法，探索性提出围填海社会影响评价各指标测算的综合集成方法。

6.1 围填海工程社会影响评价目的与意义

社会影响评价是工程管理的重要组成部分，与经济影响评价、环境影响评价相互补充，共同构成项目评价体系。不同行业项目造成社会影响的程度和范围不尽相同，对于社会评价内涵的界定较为模糊，尚无一致定义。中国学者对社会评价内涵认知主要包括：一是认为社会评价是应用社会学和人类学的基本理论和方法，系统调查和收集与项目相关的社会因素和数据，了解工程项目实施过程中可能出现的社会问题，研究、分析对项目成功有影响的社会问题，提出保证项目顺利实施和效果持续发挥的措施的一种工具。二是认为社会评价是根据发展经济学观点从社会角度考察、研究和预测工程项目对实现社会目标的贡献，评价核心是该项目的国家利益和项目对地区发展的贡献。

概而言之，社会影响评价是从社会发展角度分析项目对社会组成、社会稳定、社会进步等方面产生的有形和无形的效益和结果，以及项目本身对社会发展的作用①。围填海工程社会影响评价的主要目的是消除或尽量减少因项目的实施所产生的社会负面影响，使项目的内容和设计符合项目所在地区的发展目标、当地具体情况和目标人群的发展需要，为项目地区人口提供更加广阔的发展机遇，提高项目实施的效果，并能为项目所在地的社会发展目标

---

① 潘桂娥. 滩涂围垦社会影响评价探索［J］. 海洋开发与管理, 2011, 28 (11): 107-111.

（如减轻或消除贫困、维护社会稳定等）做出贡献，促进社会协调发展。

围填海工程社会影响评价有助于实现社会可持续，即通过分析围填海工程影响的当地居民、政府、企业、社会团体等利益相关者，识别出项目实施过程的弱势群体和少数民族、社会公平性、社会风险等，继而针对存在问题提出发展策略。当然，开展围填海工程社会影响评估，能够使项目与当地居民、社会组织的需要相适应，避免社会风险，提高项目的综合效益水平及持续性，降低项目对社会的不利影响。适时恰当地对工程项目的社会影响做出评价，将有利于对工程实施的影响程度把握，以及对后期经济上的收益进行合理预估，减少盲目建设，对工程的实施进行宏观指导和调控，合理分配社会资源，能确保促进群众利益的最大化[1]。

6.2 围填海工程社会影响评价原则与侧重点

6.2.1 评价原则

围填海工程社会影响评价主要分析围填海工程实施之后对社会结构、社会稳定、社会风险的影响及其产生的社会效益；它是在获得经济影响、生态影响评价的基础上，从全社会适应性出发，为实现社会发展所作贡献与影响程度。围填海工程社会影响评价主要考虑工程实施后的社会价值，包括对社会的影响及其对社会某一领域发展的推动作用[2]。因此，开展围填海工程社会影响评价应当秉承以下原则：①必须符合国家和地方的社会发展政策和战略规划。社会发展政策包括就业、收入分配、医疗保健、教育、住房和社会保障等方面的法规、条例等。②项目工程的实施不能降低项目社会影响区居民的生活水平、生活质量、社会稳定程度和社会可持续发展能力。生活水平、生活质量、社会稳定程度和社会可持续发展能力可以用指标进行测度。③必须以客观社会因素、社会事实为基础，必须进行广泛深入的实地调查以及大量的案头准备工作，确实弄清工程实施地区的实际情况，提高社会评价的客观性和科学性[3]。④在工程进行评价时，应当注意评价指标的科学性和可比

---

① 王仓忍. 公益项目技术评价与社会评价研究 [D]. 天津大学, 2005.

② 林明珠, 谢世友. 晋江沿海滩涂围垦效应分析及可持续利用研究 [J]. 安徽农业科学, 2008, 36 (2): 766-767.

③ 任萍. 投资项目社会评价研究与方法实现 [D]. 四川大学, 2005.

性，必须保证同一的标准和尺度，并具有可操作性。

6.2.2　评价时空节点与侧重点

围填海工程社会影响评价的时空节点包括空间范围和时间范围，空间范围是项目社会影响区，时间范围则指项目全寿命周期。围填海工程社会影响评价中，空间范围是围填海工程所能辐射的总区域，即指居民、社区和社会组织受到项目直接或间接影响和能够影响项目的人群或社会组织覆盖的区域①，项目社会影响区需要综合考虑项目所在区域的社会组织结构和行政区划的完整性。时间范围对应为围填海工程实施前的可行性研究、预测评估、实施（包括设计、建设与运营）以及项目实施后的评估。

研究的出发点和范围差异，不同视角和尺度下围填海社会影响评价侧重点也存在不同。本书第 7 章案例中，围填海工程社会影响评估的时间范围是分析围填海工程通过竣工验收且经过一段时间运行，即围填海工程社会影响后评价。通过分析围填海工程的运行情况以及工程区社会、经济和资源环境等方面反馈信息，对工程社会影响进行系统、客观的评估，全面刻画工程实施后社会效益及工程实施对社会造成诸方面影响，为改进工程运营提供建议②。社会效益评价作为社会影响后评价中的重要一派，成为国内外研究的重点领域之一。围填海工程社会效益评价是分析、测度围填海项目为实现国家和地方各项社会目标所做的贡献和负面影响，以及围填海工程与社会发展的适应性，重点关注工程实施的社会效益、对社会环境的影响与社会的适应性。如图 6-1 所示，围填海工程的社会效益评价主要侧重于个人（居民）、区域产业（企业）以及社会发展三类主体的多维度剖析。①个人（居民）层面，社会效益评价重点分析围填海工程对居民日常生活各方面的影响，包括就业、生活水平、家庭发展、生计资源及公共服务基础设施供给等，这是围填海工程所能带来的社会影响直观效益的体现；②企业发展层面，重点分析围填海工程建成后是否存在影响区内企业营商环境的因素、对企业生产的促进程度以及产品科技开发环境等方面；③社会层面，主要剖析围填海工程与社会的适应性，即分析工程区与工程社会影响区的互适性，考虑短期内的社会适应

---

① 齐心，梅松. 大城市和谐社会评价指标体系的构建与应用 [J]. 统计研究，2007，24（07）：17-21.

② 徐文健. 潮滩围垦后评估研究——以江苏海门港新区围垦工程为例 [D]. 南京师范大学，2014.

程度以及工程实施后长期的社会适应程度。这三类主体的多维分析构成了围填海社会评价的侧重点，并由始至终以当地居民在项目工程中受益为宗旨。

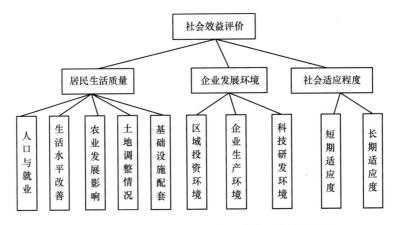

图 6-1　围填海工程社会影响评价指标遴选逻辑

6.3　围填海工程社会影响评价指标与方法

6.3.1　评价方法

围填海工程社会影响评价方法研究，虽然已经吸引了众多学者开展了广泛探索，但是主要研究思路仍然局限在主要因素的单维度评价或是多因素简化为指标体系的综合评价。由于各种方法出发点不同，解决问题思路不同，适用对象不同，又各有优缺点。如何选择评价方法，需要辨析不同方法的思路、特征、优缺点及适用范围，探讨评价方法研究新进展。

（1）定量分析方法是指运用统一的量纲、标准化计算公式及判别标准参数，通过数量演算反映评价结果方法。一般来说，数量化评价结果比较直观，但对于围填海工程项目社会影响评价而言，大量的、复杂的社会因素都要进行定量计算难度很大，此外对一些指标进行定量计算也不现实，并且作为评判指标优劣的标准也很难精确确定。在这种情况下，往往只选取个别具有代表性且容易定量的参数进行定量计算。

（2）定性分析方法基本上是采用文字分析与描述说明事物的性质。在实际工作中，定性分析与定量分析的区分不是绝对的；定性分析在可能的情况下应尽量采用直接或间接的数据，以便更准确地说明问题的性质或结论。围填海工程社会影响评价的定性分析，要求与定量分析一样，要确定分析评价的基线，要在可比的基础上进行"有项目"与"无项目"的对比分析，要制定分析核查提纲，要在衡量影响重要程度的基础上深入调查分析，对各指标进行权重排序，以进行综合分析评价。

（3）有无对比分析法是指有项目情况与无项目情况的对比分析，是社会评价中通常采用的分析方法。通过有无对比分析，可以确定拟建项目引起的社会变化，亦即各种社会效益和影响的性质与程度，从而判断项目存在的社会风险和社会可行性。围填海工程社会影响评价有无对比分析，无项目情况是指经过调查、预测确定的基线情况，即项目开工时的社会、经济、环境情况及其在项目影响的时间范围内可能的变化。

（4）综合评价方法，鉴于定量与定性分析方法只是对单项社会效益和影响进行分析评价，至于这些单项指标间的联系及其对项目总目标的共同影响难以甄别，有可能导致项目社会影响评价具有片面性，影响科学决策。综合评价方法常采用对比分析、多层次模糊、神经网络等工具，较好地解决了该问题。围填海工程社会影响的综合评价是在单项指标分析、测量的基础上，进行综合量化与分析，求得项目综合社会效益和影响，进而科学决策。

随着围填海工程社会影响分析研究的开展，相关学者对工程社会影响研究已摆脱单种定性分析方法使用，趋向方法的综合使用，如刘晴运用比率分析法、市场价值法、成果参照法等对江苏省 4 个典型围填海工程的社会影响进行评价[1]；韩雪双运用现状、回顾、预测等评价方法建立指标体系评价围填海规划社会影响[2]。越来越多的研究案例，表明围填海社会影响的综合评价方法已日渐成为学界研究围填海社会评价的首选思路。

6.3.2　评价指标

6.3.2.1　选取特点

同项目经济评价和环境影响评价一样，为了便于决策社会影响评价也可以用一系列指标来衡量。但与经济评价和生态环境影响评价相比，社会影响

---

① 刘晴，徐敏. 江苏省围填海综合效益评估［J］. 南京师大学报（自然科学版），2013，36（03）：125-130.

② 韩雪双. 海湾围填海规划评价体系研究——以罗源湾为例［D］. 中国海洋大学，2009.

评价涉及内容广泛，在指标选取上具有较多约束，需反映项目对社会结构、社会稳定、社会风险、文化认同等方面产生的效益和影响，应具有客观性和可操作性①。为此，社会影响评价指标遴选过程具有如下特点：

（1）多目标性。社会影响评价范围要比财务评价和国民经济评价更为广阔，几乎囊括社会各主要方面。项目社会影响评价的出发点就是从这些方面统筹考虑，力求实现项目建设目标，满足社会需要，促进社会发展②。

（2）间接效益指标多。项目社会影响范围非常广泛，可以说是涉及社会的方方面面。按照不同标准，可以将项目收益划分为内部收益与外部收益、直接收益与间接收益。由社会影响评价的特性所决定，外部收益、间接收益一般在项目评价中占有较大的比重，甚至有时远远超过经济评价的比重。故此，项目社会影响评价往往要涉及大量的间接效益指标，并且范围十分广阔。

（3）指标时间的长期性。社会影响评价要考虑近期与远期社会目标，项目对居民就业、生活、社会发展等各方面影响，其时间跨度具有长期性。项目社会影响评价期一般为20年及以上，有时甚至是非常漫长，如三峡工程、退耕还草还林工程等都是明显的事例。

（4）指标具有宏观性和政策性。项目社会影响评价是从整地区出发，最根本的出发点就是要符合国家或地方社会发展需要并进一步推动社会进步。社会影响评价的这种特性是通过国家或地方制定的各种相关政策表征。故此，在项目社会影响评价中必须要考虑项目与相关政策的符合程度，把项目社会影响纳入到全社会的宏观轨迹，以此来考察项目对社会的效益。

（5）指标定量化难度大。项目社会影响评价涉及范围非常广，其中又多是非物质方面的。相对于财务评价和国民经济评价来说，很难将其彻底定量化。如社会评价指标中精神指标类包括那些无法用货币或物质形式表达的指标，诸如性别公正、公众参与度、社会安全、居民精神文化生活的改善、生活习俗的改变、社会各种规章制度的完善、技术进步的影响与扩散、妇女与儿童问题、分配公正问题等等。因此，相当多的社会影响评价指标是定性的、非量化的，这就易造成在同一个评价体系中，存在定性和定量两种不同的计量口径，且难以简单相加计算，造成在衡量社会影响评价最终指标时极易失真。

评价指标选取的特点，也是评价指标选取的难点。因此，对围填海工程

---

① 钟姗姗．水利工程社会评价模型研究［D］．长沙理工大学，2006．
② 花拥军．项目社会评价指标体系及其方法研究［D］．重庆大学，2004．

进行社会影响评价时，需综合考虑多方面影响因素，要结合工程实施后是否满足行业和社会的发展要求，考虑每一个可能出现的社会状况，合理评估，进一步深入思考和测度，建立完善科学的评价指标体系，这不仅有利于评估工作的平稳进行，也对当地经济、社会等方面的发展具有深远影响。

6.3.2.2　构造指标体系的概念模型

围海造地工程社会影响评价指标的选取，应该涵盖工程评价的基本内容，并尽可能排除相关较密切的指标，采用较独立的指标来获得相对公正的评价[①]。除此之外，围海造地工程实施是一个过程性的活动，过程中存在着非常多的未知易变情况。因此，在对某一项目进行社会影响评价，需综合考量多种因素的影响和干扰。首先必须分析清楚该项目所涉及的社会影响分析内容，以及具有指导意义的指标范畴，并在此基础上选择恰当的指标，进行具体化、系统化和去重化操作。如第6.2节所述围填海工程社会影响评价应重点关注居民生活质量、企业发展环境及社会适应程度三个方面，在此基础之上甄选具体指标，并融合成一套完整的围填海工程社会影响评价指标概念模型。

（1）居民生活质量。

实施围填海工程的直接目的就是为了增加土地供给促进地方的发展，所以工程实施的效果如何可直接体现在围填海工程实施后的效益研究中。居民生活质量评价包括设施工程后与居民生活息息相关的经济效益、环境效益等各方面的综合，因此指标的选取上会出现与经济影响评价、生态环境影响评价上存在部分重合的现象，但是选取原因和处理方式依然存在不同，本书选取的相关指标如表6-1所示。具体指标选取上，首先围填海工程建设和运行都需要大量的劳动力，能够在短时间内提高区域就业水平，因此人口就业情况是主要参考指标之一。此指标下，选取新增就业量、地区人口增长率、社会劳动生产率三项子指标。工程区内居民生活水平的改善程度衡量，围填海工程社会影响在居民生活水平改善率、居民福利水平、居民健康水平三项指标上能够得到较好表征，这三项子指标与居民生活密切相关，是居民日常生活的直接体现。其次，围填海工程的实施对于农业也有很大影响，不仅影响着沿海地区农民的农业等生计来源，而且围填海工程诱发影响社会稳定的主要风险因素是工程建设直接替代或影响其他开发利用活动，导致沿海地区农

---

① 张建新，初超．围海造地工程综合效益评价模型的构建与应用分析［J］．工程管理学报，2011，25（05）：526-529.

民生计之源受损。该类因素影响范围不大，但反映程度激烈，需引起足够的重视，同时在考虑社会稳定风险影响因素时需注意到各地区都应有农业生产指标，以防止过度围填海活动影响农业发展等问题。故此，对农业从业人员数量也应当给予重视，为此对居民生活质量影响采用了耕地面积保证率和农业从业人数调整度两个评估子指标，作为对农民生活和养殖环境的评估；在土地利用方式变动方面，围填海工程社会影响直观体现在沿海地区土地面积的增加，增加土地的利用状况和属性规划也因此成为评价的热点，选择土地价格指数能较完善地反映土地利用的具体状况及其能为社会发展的便利程度，对现状条件下土地利用方向和价格给予充分刻画。最后，基础设施供给方面，城市基础实施是建设城市物质文明和精神文明的最重要的物质基础，是保证城市持续发展的支撑体系，能够满足居民生存和社会集聚的需求，促进城市的社会化，因此对围填海工程社会影响评价，基础设施配套是衡量居民生活质量的重要指标，在此指标下选取与居民生活息息相关的交通方面指标，采用乡镇地区的交通便利程度进行量化研究基准，能够直观反映围填海工程对区域内居民生活的影响。

表 6-1　居民生活质量参考指标及指标选取原因

准则层	指标层	子指标	指标选取原因
居民生活质量	人口与就业状况	新增就业量	直观反映围填海工程对地区的人口拉动就业成效
		地区人口增长率	反映工程带动人口和生产要素在沿海地区集聚加快，以及劳动生产率的变化程度
		社会劳动生产率	
	生活水平改善	居民生活水平改善率	项目受益区内居民日常生活和经济生活的影响程度
		居民福利水平	项目受益区内居民享受福利政策的水平
		居民健康水平	项目受益区内居民的健康水平改善程度
	农业发展影响	耕地面积保证率	区域内围填海工程实施前后耕地面积的变化
		农业从业人数调整度	工程实施对于农业从业人员的影响程度
	土地调整情况	土地价格指数	反映工程区域的地价与中心城区地价的比较状况
	基础设施配套	交通便利程度	反映工程实施后对区域内交通环境的改善程度

总之，居民生活质量作为社会影响最主要的一个方面，能够直观的反映围填海工程的社会影响程度。此外，居民生活质量方面研究也与经济影响评价联系密切，对于围填海经济影响评价具有参考和互校价值。

（2）企业发展环境。

围填海工程社会影响评价指标具有"隐形贡献"特点，在企业发展环境与社会环境指标系列表现得尤为明显。例如徐文健认为围填海工程对社会环境的影响体现在工程建成后是否存在影响社会稳定的因素、产业环境是否改善和人口文化素质是否得到提高，因此选择产业结构、人口文化素质和社会稳定作为指标，这三个指标均具有"隐形贡献"属性①。因此，根据已有研究成果总结选取区域投资环境、企业生产环境、科技研发环境建立企业发展环境评价子指标，选取的相关指标如表6-2所示。

表6-2　企业发展环境参考指标及指标选取原因

准则层	指标层	子指标	指标选取原因
企业发展环境	区域投资环境	区域经济水平	反映工程对区域内经济发展的带动作用
		人均纯收入相对增长率	反映项目工程区内居民经济水平状况
	企业生产环境	对工农业等产业促进程度	体现区域内工农业等产业的发展程度
		入驻工业企业数量增幅	反映围填海前后新迁入企业的发展状况
	科技研发环境	产业结构优化率	反映区域内产业间结构优化程度
		人口文化素质贡献率	衡量围填海工程对区域内人口素质的影响

企业发展需要良好的区域投资环境，为了更好的促进围填海地区的企业发展，需要对区内投资环境的优劣程度进行测度。投资环境发育程度，一方面通过区内的经济发展水平表征，另一方面体现在围填海工程对区内居民人均收入水平影响，该指标可以简化为区内就业人员收入水平变化。因此，选择该两项指标测算区域投资环境。

企业生产环境，是区域经济环境的一种细化，主要考量围填海工程实施后区内产业发展的条件、政策、企业数量等方面因素，体现在依托围填海工程发展起来的产业效益一般比较高、能够提高区域收入水平、可带动区域居民生活水平提高的企业数量及其行业构成。该方面与经济影响评价内容类似，

① 徐文健. 潮滩围垦后评估研究——以江苏海门港新区围垦工程为例［D］. 南京师范大学，2014.

但在社会影响评价中对产业发展指标处理则较为简单，在于直观反映围填海对区域社会发展的经济贡献程度。此指标下，选取围填海工程对工农业等产业促进程度、入驻工业企业数量增幅、产业结构优化率三个子指标，作为反映企业生产环境变化的速度及结构特征。

科技研发环境是企业能够得到长远发展的重要保证和主要推动力，因此区内企业发展环境需要综合考虑地区科技发展水平。围填海工程实施对区内科技文化的发展具有重要的推进作用，对区内科教文化事业的影响尤其深远，工程实施增加了关于海洋研究的课题，促进了教育科技的发展，吸引了大批企业入驻，能够在短时间内提高区域人口文化素质，因此选择人口文化素质贡献率子指标进行测算。

（3）社会适应程度。

围填海工程布置于某一区域，社会影响评价应考虑该区域经济能否承载围填海工程及新兴产业的发展。如果不能够承载，围填海工程将缺乏有利的支撑条件[①]。此外，区域居民对工程的态度能够综合反映工程对当地经济、社会和资源环境影响程度，如果区域大多数群众对工程持不支持态度，则会引起上访、集会、游行等活动，这说明工程明显与地方民众心理不适应。因此，需要把工程社会适应程度作为重要的组分分析，选取相关指标如表6-3所示。围填海工程社会适应程度可以分为短期适应、远期适应程度，短期适应程度指在工程实施前即规划期间和实施期间的社会适应程度，可选取规划契合度和群众支持率作为子指标进行测算。规划契合度通过对区内规划区与建成区的比较以此来反映工程实施的影响程度；群众支持率是工程实施区内居民的支持程度，工程顺利实施需要这两项指标。远期适应程度是指工程实施后5—10年甚至20年之后的工程社会适应程度，选取社会稳定度指标测量，社会稳定度主要反映工程实施后区域内的社会治安稳定程度。

表6-3　社会适应程度参考指标及指标选取原因

准则层	指标层	子指标	指标选取原因
社会适应程度	短期适应程度	规划契合度	比较城镇规划区域与项目建成区域的落差程度
		群众支持率	反映区域内居民对项目工程实施的支持程度
	远期适应程度	社会稳定度	反映工程实施后长期社会发展的影响程度

①　朱凌，刘百桥. 围海造地的综合效益评价方法研究［J］. 海洋信息，2009（2）：113-116.

6.3.3　评价指标确定

　　围填海工程对区域影响大、问题复杂，所涉及范围广泛，为了更准确地反映围填海工程对社会的影响程度和广度，建立分类指标是进行判断的有效途径。筛选出每一个指标能够概括系统某一个方面属性，评价结果能够系统、全面、准确地反映实际情况。因此，在选取围填海工程社会影响评价指标时，需要遵循：

　　（1）可持续原则。它是反映系统总体现象的特定概念和具体数值的综合，任何指标都是从数量方面来标定系统的某种属性或特征。可持续发展的核心内容即为可持续性、发展和公平性，同时也是实施可持续发展战略的目标所在，因此，围填海工程社会评价指标体系的设计必须紧密围绕发展的观点、秉承公平性的原则、集成可持续的观点①。

　　（2）独立性原则。社会评价指标体系各评价指标必须保证相互的独立性，并且尽可能排除具有相关联性的一些指标，避免重复、相近或者矛盾，使指标体系简洁易用，否则评价结果无法达到最优。

　　（3）重要性原则。选取评价指标应该是在它所在层次中具有一定的重要性和不可替代性，但同时需注意的是评价指标的选取不能也不可能面面俱到，应避免使用一些对社会影响无关痛痒或者影响较小的指标，只需最能影响围海造地工程社会影响的因素作为评价指标，使指标体系干脆利落、言简意赅②。

　　（4）层次性原则。社会评价体系中的评价指标应当具有一定的层次性，并且各层次之间应具有一定的包容关系。同时，每一层次都要能够构成系统，以全面系统地反映围海造地工程的社会效益。

　　（5）可比、可量、可行原则。对于围海造地工程社会评价时，围填海工程的社会影响评价指标有很多，指标设计应充分考虑到数据可获得性和量化的难易程度，指标存在着可以量化与不可量化之分，可以统计与不可统计之分，也有的指标只能对其进行定性处理，为了保证评价结果的有效性，应本着可比、可量、可行的原则确定指标体系③。

　　（6）简明科学性原则。评价指标的选择必须具备合理性和科学性，即必须立足于对围填海工程的理论研究基础、客观规律、施工技术和管理方法等本质要素的准确把握。同时，评价指标的数量也必须适宜，还应有一定的科

①　李霞. 我国能源综合利用效率评价指标体系及应用研究［D］. 中国地质大学，2013.
②　赵博博. 围填海对海洋资源影响评估方法研究与应用［D］. 中国海洋大学，2013.
③　初超. 围海造地工程的综合效益评价研究［D］. 东北财经大学，2012.

学性，如果评价指标过多，层次过多，划分过细，势必将评价者的注意力吸引到细小的问题上；而评价指标过少，层次过少、划分过粗，势必不能充分反映围填海工程的综合效益。

（7）前瞻性原则。在工程未实施之前对其社会影响做评价，并以此来决策此工程是否可行，这在一定意义上是对未来的事进行预测，因此评价指标选取必须建立在科学基础上，并能够全面地反映围海造地工程的利与弊。在评价过程中要结合实际情况超前考虑这些指标对围海造地工程的社会影响，力求比较准确地反映项目实施后的真实情况。

根据上述围填海工程社会影响评价指标明确的原则，筛选和确定指标是一项复杂的工作，需建立一个能够全面反映围填海工程社会影响程度的指标变量系统。通过对指标概念模型的筛选，确定三个评价层次及下属 19 个变量因素构成围填海工程社会影响评价指标体系。为避免歧义，更为保证指标数值计算口径的一致，对指标筛选原则以及三个评价子系统的 19 个变量因素的概念和作用进行简要说明如表 6-4。

表 6-4　社会效益评价指标体系汇总

准则层	指标层	子指标	调查方法及数据来源
居民生活质量	人口与就业状况	新增就业量	统计年鉴数据
		地区人口增长率	统计年鉴数据
		社会劳动生产率	调查统计，统计年鉴数据
	生活水平改善	居民生活水平改善率	调查，统计年鉴数据
		居民福利水平	访谈，统计年鉴数据
		居民健康水平	访谈，统计年鉴数据
	农业发展影响	耕地面积保证率	区县数据，统计调查
		农业从业人数调整度	区县数据，数理统计处理
	土地调整情况	土地价格指数	调查，地方相关部门公告
	基础设施配套	交通便利程度	调查，实地勘测
企业发展环境	区域投资环境	区域经济水平	统计年鉴数据
		人均纯收入相对增长率	统计年鉴数据，比例计算
	企业生产环境	对工农业等产业促进程度	调查统计，统计年鉴数据
		入驻工业企业数量增幅	调查统计，企业年度报告
		产业结构优化率	统计比例，年鉴数据
	科技研发环境	人口文化素质贡献率	统计年鉴数据

准则层	指标层	子指标	调查方法及数据来源
社会适应程度	短期适应程度	规划契合度	统计年鉴数据，比例计算
		群众支持率	调查问卷
	远期适应程度	社会稳定度	统计年鉴数据

6.4　围填海工程社会影响评价指标的阐释与计量

6.4.1　居民生活质量相关指标解释

6.4.1.1　人口与就业状况

（1）新增就业量。新增就业量具体反映围填海工程为区域带来的就业数量增减状况。因此，为了更为直观地体现围填海工程对区域就业水平的贡献程度，新增就业量的量化采用新增就业率来表示，利用工程建设和运行提供的总就业人数与工程所在县市（影响乡镇）行政区新增总就业人口之比。计算公式如下：$O_k = \dfrac{O_p}{O_d} \times 100\%$，式中，$O_k$ 为新增就业率评估值，单位：%；O_p 为区域内的新增就业人数，单位：人；O_d 为区域总就业人口，单位：人。区域内总就业人数可通过统计年鉴获得[①]，工程所在县市（影响乡镇）行政区新增就业人口可通过历年地方统计年鉴或人口普查或者人口抽样调查数据计算得出。

（2）地区人口增长率。地区人口增长率反映区域内工程实施前后的人口增长变化，具体计算公式为：$P_k = \dfrac{P_m - P_a}{P_m} \times 100\%$，式中，$P_k$ 为地区人口增长率，单位为：%；P_m 为统计前一年区域的年末总人口总数，单位：人；P_a 为工程实施建设后统计年份区域的年末总人口数，单位：人。指标数据可通过各县市统计部门的年鉴中获取。

（3）社会劳动生产率。社会劳动生产率即生产某一种产品在该行业所必

---

① 徐文健. 潮滩围垦后评估研究——以江苏海门港新区围垦工程为例 [D]. 南京师范大学，2014.

需的平均劳动生产时间,是一定时期内创造的劳动成果与其相适应的劳动消耗量的比值。在围填海项目工程社会影响评价中可作为工程实施对社会从业人数和劳动产值的影响测量指标,采用具体计算公式如下: $I_S = \dfrac{I_D}{P_D} \times 100\%$,式中, I_S 为全员劳动生产率,在这里将其表示为社会劳动生产率; I_D 为围填海工程后社会评价年份工业增加值,单位:万元; P_D 为围填海工程后区域内全部从业人数。数据可从各县市地区的统计公报和统计年鉴中获取。

6.4.1.2 生活水平改善

(1) 居民生活水平改善率。居民生活水平能够反映围填海工程对相关区域内居民生活水平的改善程度,采用恩格尔系数作为量化指标,因本书第 7 章案例评价区域均为乡镇,因此选取农村居民恩格尔系数进行测算。居民生活水平改善率按下列公式计算: $L_k = L_o - L_n$,式中, L_k 为居民生活改善率评估值,单位为:%; L_o 为社会效益评价前一年的区域恩格尔系数,单位:%; L_n 为社会效益评价当年的区域恩格尔系数,单位:%,恩格尔系数均通过各市级单位的统计年鉴获得。

(2) 居民福利水平。居民的福利水平一般是指人们由收入状况决定消费所得到的利益,包括了消费水平、收入水平及生活福利水平三个方面[①]。在本篇中,主要选取生活福利水平作为代表,量化的指标为研究区域内养老保险参保数占总人口比重,相对应的计算公式 $W_k = \dfrac{S_c}{P} \times 100\%$,式中 W_k 表示居民福利水平, S_c 表示社会效益评价年份区域内参加养老保险的总人数, P 表示区域内的总人口数。数据可从各县市统计年鉴和相关部门获得。

(3) 居民健康水平。居民的健康水平从一定程度上来说就是区域的医疗服务水平。医疗服务水平的高低直接对广大人民群众的医疗保健需求产生重要影响,同时还影响着区域内社会、经济的和谐发展。参加医疗保险人数的多少反映了区域内的政策惠民程度以及居民对医疗健康的重视程度,因此将参加医疗保险人数占总人口比重作为量化评价因子进行测算 $H_k = \dfrac{M_m}{P} \times 100\%$,式中 H_k 表示居民健康水平, M_m 表示社会效益评价年份参加区域内参加医疗保

[①] 徐晓金. 福建省与浙江省居民经济福利水平比较研究 [D]. 福建师范大学, 2011.

险的总人数，P 表示区域内的总人口数。数据可从各县市的统计年鉴中获得①。

6.4.1.3　农民发展影响

（1）耕地面积保证率。围填海工程实施带来的最为直观的效益就是土地面积的增加，而与当地农业发展相关的则为耕地面积的增减状况，因此需衡量工程的实施对农业耕地面积的变化影响程度，在这里采用耕地面积保证率作为数量化的标准，具体计算按照公式：$C_k = \dfrac{C_G}{C_S} \times 100\%$ ，式中，C_k 为耕地面积保证率评估值；C_G 为社会效益评价年份的耕地面积，单位：公顷；C_S 为研究区域内统计乡镇区的行政区域，单位：公顷。两项数据均可从各县市的统计年鉴中获得。

（2）农业从业人数调整度。除了耕地面积保证率的计算，围填海工程对沿海地区农业发展影响还可采用农业从业人数调整度指标进行辅助计算。农业从业人数调整度为区域内农业从业人数与区域从业总人数之比 $F_k = \dfrac{F_a}{F_A} \times 100\%$ ，式中，F_k 为农业从业人数调整度，单位：%；F_a 为社会效益评价年份区域内农业从业人数，单位：人，F_A 为当年区域内从业总人口数。两项指标均可从市级统计年鉴中获取。

6.4.1.4　土地调整情况

土地价格指数。围填海工程的实施必定会带来土地利用属性的变化，包括已有土地属性的改变以及围填海后新增土地的利用，例如新开的房地产楼盘数量、基础公共设施用地的增减等，因此选择此项指标进行社会分析。主要通过对研究区域的地价和中心城区的地价之比进行测算，对土地价格进行直观反映，具体公式 $S_a = \dfrac{K_S}{K_c}$ ，式中 S_a 为土地价格指数评估值，K_S 为社会效益评价年份研究区内的土地价格均价，单位：元/m²；K_c 为市区中心城区的土地价格均价，单位：元/m²。数据可以当地房产信息网站统计获得。

6.4.1.5　基础设施配套

交通便利度。对于基础设施评价指标的标准国内尚未统一，主要涉及能

---

① 傅雅玲，伍欣叶，张浩敏．我国大陆地区医疗服务水平的综合评价研究［J］．中国卫生产业，2012（29）：132-133.

源、信息、水利、生态环境、防灾减灾等方面。众所周知，基础设施在区域社会发展中起着十分重要的作用，基础设施的完备与否有助于一个地区的长远发展①。区域内基础设施是地区发展和人民生活的物质基础，是区域实现现代化建设的重要内容，其建设对城市社会发展具有重要引导和支撑作用，因此选取基础设施配套建设状况作为评价围填海工程后社会评价的重要度量指标之一。交通的便利程度是实现区域资源开发和建设的必要条件，也是基础设施中的重要一环，对区域经济社会的运营和稳步发展至关重要，其与地区居民的生活息息相关，对地区的发展具有不可替代的作用和意义，因此，将其作为客观评价基础设施配套的衡量指标，选取的二级测量指标为人均道路面积 $T_k = \dfrac{R_P}{P}$，T_k 表示交通便利度得分，用人均道路面积来表示，单位：米/人；R_p 为社会效益评价年份区域内的乡镇公路里程，单位为米，P 表示区域内的总人口数，单位：人。两项数据均可从市级统计年鉴中获取。

6.4.2 企业发展环境相关指标解释

6.4.2.1 区域投资环境

（1）区域经济水平。区域经济水平能够反映社会经济条件对围填海的支持和驱动，是企业进行投资时重要的考量指标之一，因此需对围填海工程区域经济的发展水平进行评价。对这一指标的评价采用人均 GDP 进行测算：$E_m = \dfrac{E_g}{S}$，式中，E_m 为人均 GDP，单位：元；E_g 为社会效益评价年份区域内的地区生产总值（GDP），单位：元；S 为当年区域年末总人口数，单位：人。指标测量数据可以从地区统计年鉴或者统计部门中获取。

（2）人均纯收入相对增长率。人均纯收入相对增长率主要测算围填海工程的实施对区域内居民的收入影响变化，是指围填海工程区域内人均收入的年均增加率 $I_k = (\dfrac{I_N}{I_0} - 1) \times 100\%$，式中，$I_k$ 为人均收入年均增加率评估值，单位：%；I_N 为社会效益评价年份的区域人均收入，单位：元；I_0 为围填海工程建设前一年的人均收入，单位：元。所需数据可从各县市统计年鉴和公报中

---

① 黄金川，黄武强，张煜．中国地级以上城市基础设施评价研究 [J]．经济地理，2011，31 (1)：47-54.

获得。

6.4.2.2　企业生产环境

（1）对工农业等产业促进程度。围填海工程对沿海地区社会经济发展做出了巨大的贡献，对沿海地区工农业发展有极大的促进作用，一方面，围填海工程带动了区域内工农业的产值提升，加快产业调整步伐，另一方面工程的实施能够为社会发展创造更大的贡献。具体测算公式 $D = \frac{(Z_q + A_q) - (Z_d + A_d)}{Z_d + A_d} \times 100\%$ ，式中，D 表示为第一产业和第二产业的产出变化率，这里用第一产业和第二产业的产出变化来表示工农业等产业的发展变化情况。Z_q 和 A_q 分别表示社会效益评价年份第一产业和第二产业的产值，Z_d 和 A_d 分别表示社会效益评价前一年的第一产业和第二产业的产值，单位：元。数据可从各市县的统计年鉴和统计公报中获得。

（2）入驻工业企业数量增幅。区域围填海工程的实施会吸引一批工业企业投资入驻，因此会给区域内带来社会经济效益。因此，选择入驻工业企业单位数作为评价社会环境中的经济环境指标，具体测算方式为统计区域内新入住企业在填海工程实施后平稳运行后的企业数量变化。但由于部分企业刚刚开始投产，享受税收优惠政策，尚未进入稳定运行时期，故需对相关企业进行筛选，数量以 PO 进行表示 $PO = \frac{CO - CP}{CP} \times 100\%$ ，PO 表示入驻企业数量增幅，单位:%；CO 表示社会效益评价年份工业企业单位数量，CP 表示前一年工业企业单位数量。两项指标数据均可从市级统计年鉴中获得。

（3）产业结构优化率。从世界范围看，经济发达地区第三产业比重较高，基本在 60%~70%。第三产业的比重越大，说明产业结构越合理。为此采用第三产业比重作为产业结构优化率的衡量指标，产业结构优化率计算公式 $IOD_k = PTR - FTR$ ，式中，IOD_k 为产业优化度评估值，单位:%；PTR 为社会效益评价年份区域第三产业比重，FTR 为评价前一年第三产业比重。第三产业比重通过区域县市的统计年鉴资料获取①。

6.4.2.3　科技研发环境

人口文化素质贡献率。企业的发展需要高科技作为支撑，而相关方面的

---

① 徐文健. 潮滩围垦后评估研究——以江苏海门港新区围垦工程为例［D］. 南京师范大学，2014.

专业技术人才则是重要的发展依托。因此选取人口文化素质贡献率进行测度。而在此选用教师数与学生数比例作为量化方法。教师与学生比例作为衡量区域科教水平的重要指标之一，可以反映区域内科教水平的发展程度，对区域的科技发展具有前瞻作用，具体计算公式 $Q_k = \dfrac{Q_p}{Q_d} \times 100\%$ ，式中，Q_k 为人口文化素质贡献率的量化值，单位:%，Q_p 为社会效益评价年份中小学教师数，单位：人；Q_d 为社会效益评价年份中小学学生数，单位：人。两项指标均可从统计年鉴中获取。

6.4.3　社会适应程度相关指标解释

6.4.3.1　短期适应程度

（1）规划契合度。规划契合度能够反映区域内各产业所占比例之间的合理程度，评价工程对于社会影响具有非常宝贵的价值。为了衡量产业之间的契合程度，需构造评价模型，各产业之间的契合度采用公式 $v = \dfrac{W_g}{W_j}$ ；$\theta_t = \begin{cases} 1 & 0.8 \leqslant v \leqslant 1.2 \\ 0 & v < 0.8;\ v > 1.2 \end{cases}$ ，式中 θ_t 表示研究区域内规划契合度，W_g 表示城镇规划区面积，W_j 表示城镇建成区面积，v 表示两者的比值，若 $0.8 \leqslant v \leqslant 1.2$，则规划契合度赋值为1；若 $v < 0.8$ 或者 $v > 1.2$，则规划契合度赋值为0。城镇规划区面积和城镇建成区面积可以从市级统计年鉴和相关单位的规划报告中获得。

（2）群众支持率。作为衡量围填海工程社会适应程度的重要指标，群众支持率采取发放调查问卷的方式进行统计。群众支持率可简化为调查样本中对围填海工程持支持态度的人数与调查样本总数之比，计算公式 $P_s = \dfrac{S_p}{S_d} \times 100\%$ ，式中，P_s 为群众支持率指标值，单位:%；S_p 表示样本研究区域内对围填海工程持支持态度人数，单位：个；S_d 为采访样本总人数，单位：个。两项指标数据需通过采访调查统计获得。

6.4.3.2　远期适应程度

由于长期社会适应度下的社会稳定度和社会风气影响等指标均难以量化分析，所以选取问卷调查法或者专家打分法对这三项指标进行评价。

（1）社会稳定度。社会稳定程度是指区域内社会治安安全程度。影响社会稳定的因素很多，围填海工程的实施在能够带来大量土地资源的同时，也会产生一些新的社会问题。因此，需要对社会稳定的状态进行恰当合理的描述、评价，社会稳定度的出发点在于能否给予区域内居民的安全感，所以在此项指标下，选取问卷调查的方式获取人们对围填海工程后社会稳定程度的认知。

（2）社会风气影响。社会风气表现在社会生活的各方面，渗透在人们的言论和活动中，对人们的思想、心理和情感常具有潜移默化的作用，反映在区域内人与人之间关系疏密、人口素质的高低以及文化氛围等方面，同时也是政府对社会管理能力的体现[①]。从社会风气的种种特征中可以看出，居民对其的认知程度对评价社会风气的影响具有较强的说服力，所以选择问卷调查法和专家打分法对此项指标进行合理评估。

综上，对长期社会适应度的评价主要是通过咨询有关专家对社会效益价值进行评估；也可通过对资源使用者或受害者进行问卷调查，结果方式以表6-5为准，最后通过对所得数据汇总，获取人们对长期社会适应程度的评分。

表6-5　长期社会适应度指标评价方法

指标	标准	评价等级	计算方法与依据	评价指数值
社会稳定度	不明显	1	根据具体工程情况，采用问卷调查法或专家评估法确定	A_1
	一般	3		
	明显	5		
社会风气影响	不明显	1		A_2
	一般	3		
	明显	5		

6.5　围填海工程社会影响评价指标集成测算与综合评判

在构建围填海社会影响评价指标体系的基础上，运用标准化方法对各指标因子的属性值进行标准化，同时采用科学赋权方法计算指标权重，最后运

---

① 姚成林，刘尚华. 中国社会稳定评估体系的构建论纲[J]. 法学论坛，2011，26（4）：86-92.

用加权求和法计算社会效益得分，从而实现对围填海社会影响的合理评价，围填海社会影响评价模型框架如图 6-2 所示。

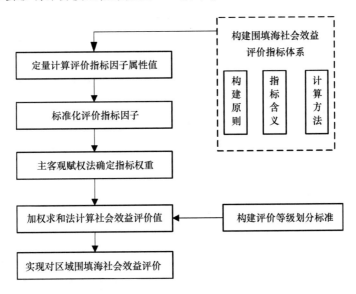

图 6-2 围填海社会影响评价逻辑流程

6.5.1 建立指标权重系统

在围填海工程社会影响评价中，给定评价指标的恰当权重非常重要，因其直接影响到评价结果，它是对围填海社会效益进行量化评价所必须满足的一个条件。通常采用直接打分和间接打分两种形式确定各评价指标权重值。

（1）直接打分法，又可称为主观赋权法，通过邀请围填海工程、社会学、海洋资源等行业的专家，直接征询其各评价指标权重值，然后采用所有专家的平均意见为评价指标权重值，可分为几轮进行，最终得出评价指标赋权结果。

（2）间接打分法，即客观赋权法，不要求专家评定出评价指标的权重值，而要求就相对重要性进行比较，给出定性的结论，然后将结果量化，运用数学方法（层次分析法、模糊综合分析法等）处理后获得各评价指标的权重值。

本书第 7 章案例采用间接打分法的熵权法工具确定各评价指标的权重。熵权法是一种客观赋权方法，在具体使用过程中根据各指标的变异程度，利用信息熵计算出各指标的熵权，再通过熵权对各指标的权重进行修正，从而得出较为客观的指标权重，结果也更具有说服力。

6.5.2 计算评价效益分值

　　围填海社会影响单项评价得分是各单项指标的权重与该项指标的等级分制的乘积，在对选取数据进行标准化处理之后，结合各指标被赋予的权重值，可以计算得出各指标的具体得分。采用线性加权求和法进行计算，即"加法合成法"或"加权算术平均算子法"，是指应用线性模型来进行综合评价的[①]，计算公式如：$y = \sum_{j=1}^{M} \omega_j x_j$，式中，$y$ 为围填海工程社会效益的最终评价值，ω_j 是与评价指标 x_j 对应的权重系数，各单项合计即为评价总分，最后根据总分分值所在类别，对结果进行科学系统分析。

6.5.3 围填海社会影响集成评价

　　在对围填海社会影响评价时，必须遵循一个统一的标准，逐一利用每一个评价指标确定对围填海社会影响程度进行定量或模糊等价划分，采用主观赋权法的指标可以根据极高、很高、较高、一般等级别的不同进行评分。每一等级都有明确的特征，来表示单个指标分值的变化范围。客观赋权法的指标需要结合具体赋权方法，并与指标项融合计算，从而确定该单项指标的得分，最后汇总需要根据评定分级分值进行最终效益评价。

　　如本书第 7 章案例，将杭州湾南岸围填海区内新浦镇、崇寿镇、庵东镇和周巷镇作为研究案例对象，并将宁波市区纳入其中作对比分析，运用上述方法对这些区域内 2005 年、2010 年和 2015 年的社会影响做出评价，得到各个镇区的社会效益量化值，再根据每个时间节点内围填海四镇区相对于宁波市区的增减幅度，以此作为参照，最后得出社会效益增加值汇总得分 S_{OC}，并咨询海洋工程和海洋资源环境领域专家的意见[②]，确定围填海规模的评价等级。

6.6　本章小结

　　中国围填海工程社会影响评价工作尚处于起步阶段，本章从围填海工程

---

　　① 孙玮玮，李雷. 基于线性加权和法的大坝风险后果综合评价模型 [J]. 中国农村水利水电，2011 (7)：88-90.
　　② 刘佰琼，徐敏，刘晴. 港口及临港工业围填海规模综合评价研究 [J]. 海洋科学，2015，39 (6)：81-87.

对影响区域内居民生活质量、企业发展环境和工程社会适应度等方面构建综合评价概念模型，并就具体指标的选取与量化作了探讨，但各具体指标量化方法与数据源，以及全部指标综合集成方法仍有待继续探索。

（1）围填海工程不同于其他陆域工程项目，具有生产方式较为复杂、利用类型综合、地理区位独特等特点，对区域社会发展具有深远影响。通过分析社会发展和工程实施后的紧密程度，以及工程区内各利益主体反馈信息，可以对围填海工程社会影响进行系统客观评估，全面了解工程实施对于区域内社会发展的影响和带来的效益，同时可为后续计划实施围填海工程在项目决策和运行管理上提供科学借鉴。

（2）根据围填海工程的特征，选取围填海社会影响评估的若干评价指标构建评价指标体系。评价指标体系包含居民生活质量、企业发展环境和工程社会适应度三个准则层以及下属多项子指标，由于选取指标中间接指标较多，部分指标存在难以量化问题，因此需要对其进行转换计量工作。此外，尚有部分指标由于衡量标准不一，且无量化指标参考，需要选择专家打分法和问卷调查法进行统计测算。

（3）基于构建的围填海社会影响评价指标概念模型及其优化、筛选，对指标数量化进行标准化，并采用主客观赋权法确定具体权重，指出可通过线性加权求和法确定最终得分，从而建立起围填海社会影响评价综合评判基线，继而评定围填海工程社会影响的波动趋势。

总而言之，各单位指标量化方法与数据源仍有许多需要改进之处，指标体系及其权重的确定，以及间接指标转换等存在较多不足，尚需进一步改善。未来研究需尽可能地增加对社会发展各方面因素的衡量，并在实证分析时结合案例各项条件，综合多项指标因子计算，最终提升围填海工程社会影响评估的科学性。

7 杭州湾南岸围填海工程社会影响评估

本章围填海工程社会影响评估重点聚焦已实施的围填海工程对当地社会影响以及当地社会条件对工程的适应性,具有宏观性和长期性,且社会评估难度较大、要求高,并不是所有围填海项目都能进行社会影响评价。本章以杭州湾南岸围填海工程涉及主要乡镇为研究区,工程涉及慈溪市周巷镇、新浦镇、庵东镇和崇寿镇等镇,针对影响区内 2005 年、2010 年、2015 年三个节点的社会影响做出量化评价,重点评价社会效益,以期为区域社会未来发展及其相关建设项目提出合理化建议。

7.1 研究区背景

7.1.1 研究区概况

7.1.1.1 自然地理区位

杭州湾南岸围填海工程区位于慈溪市域北部,北与嘉兴市隔海相望,宁波杭州湾跨海大桥南岸,居于上海、宁波、杭州等大都市的几何中心,是宁波接轨大上海、融入长三角的门户地区。区域规划陆域面积 353 平方千米,海域面积 350 平方千米,拥有常住人口 17.7 万余人,将建设成为"宁波北翼国际化新城区"。本章以杭州湾新区管辖区域为研究区(表 7-1),区域主要涉及慈溪市下属新浦镇、崇寿镇、周巷镇和庵东镇等区域。

表 7-1 研究镇区概况

研究镇域	乡镇概况	主要研究村落
新浦镇	位于市境北郊，距离市区中心 14 千米。东邻附海镇，南部自东而西分别与桥头、逍林、胜山等镇接壤，西部自南而北与胜山、崇寿、庵东（杭州湾新区）相连，北濒杭州湾。农特产品丰富，工业经济发达	马谭路村、下一灶村、浦东村
崇寿镇	地处市境西北部，距市区中心 12 千米，东部与胜山镇、新浦镇毗邻，南与坎墩街道接壤，西、北与庵东镇相交。浒崇北路纵贯镇境，沈海高速公路斜穿镇东部地区。东、南、西、北分别有四灶浦江、五塘江、陆中湾、七塘江为镇际界江，全境地貌一马平川。镇为新兴集镇	富北村、海南村、三洋村
庵东镇	镇处市境北部，距市中心 13 千米。东接新浦镇，南面自东至西依次与新浦镇、崇寿镇、宗汉街道、长河镇、周巷镇相连，西与周巷镇毗邻，北濒杭州湾。杭州湾跨海大桥南岸桥址和第一个出口处均设在庵东，沈海高速公路贯穿镇区，为宁波杭州湾新区所在地，区位优势凸显，成为投资热土	新东村、新舟村、马中村、兴陆村、富民村、新建村、江南村、海星村、华兴村、虹桥村、桥南村、珠江村、宏兴村、元祥村、镇东村
周巷镇	位于市境西部，镇政府驻地距市政府驻地 15 千米，东面由北至南分别与庵东镇、长河镇、天元镇相接，南、西与余姚市境为邻，北邻杭州湾。329 国道横穿镇境南段，杭州湾跨海大桥与杭甬高速的连接线纵贯其间	路湾村、西三村

7.1.1.2 社会经济环境

2000 年后杭州湾南岸围填海工程区成陆地块，已经拥有国家级经济技术开发区、国家级出口加工区、省级产业集聚区、省级海洋经济集聚区、省级高新技术产业园区等名片。经过 6 年多的开发建设，经济呈现高速增长态势，2015 年实现地区生产总值 246.8 亿元，其中规模以上工业增加值 175.9 亿元；实现工业总产值 1 153.1 亿元；完成固定资产投资 330.3 亿元；实现财政总收入 81.4 亿元，在全市经济发展中的作用进一步凸显。与 2009 年相比较，除工业总产值之外，地区生产总值、固定资产投资、财政总收入实现了六年翻两番。在全省产业集聚区考核中，宁波杭州湾新区五年四夺冠，已经成为省市重要经济增长极。根据《杭州湾新区总体规划》，新区功能定位为国家统筹协调发展的先行区、长三角亚太国际门户的重要节点区、浙江省现代产业基地和宁波大都市北部综合性新城区。

7.1.2　工程概况简介

随着杭州湾经济的发展，土地成为制约经济发展的重要因素。围填海可以用来兴建水库、养殖、建设港口码头、工业仓储用地、发展滨海旅游、兴建城镇以及大型基础设施等，具有巨大的社会效益和经济效益[①]。因此，近年来杭州湾新区涌现了很多围填海项目，吸引了更多的外资，提供了发展空间，但同时也给该区域的社会发展带来了一定程度的影响。围填海项目建设涉及大量劳动力及资金的投入，项目的实施一般工期较长且需要后期维护，可以消化当地剩余的劳动力，也能吸引广大外来劳动力的迁入，并在一定程度上能够振兴当地经济、活跃市场和调整产业结构。外来劳动力的大量涌入给地方发展带来了诸多问题，例如居住问题、社会保障问题等等，这些问题对该地区内的社会结构稳定有着至关重要的作用，因此及时地对于新区内围填海工程实施后的社会效益进行系统评价显得格外重要。

基于此，本章通过研究杭州湾新区围填海区内 2005 年、2010 年、2015年三个年份的围填海效益进行评估与比较，分析区域内围填海社会效益变化趋势，对社会发展的影响程度进行评价，从而对未来的围填海区域发展提供建议，实现区域内社会可持续发展的目标。

7.2　数据的采集与处理

7.2.1　评价指标体系及数据集成

根据第 6 章对围填海工程项目的社会效益研究方面的梳理以及对评价指标的筛选，本节拟定的评价指标体系如表 7-2 所示。

---

① 徐谅慧，杨磊，李加林，等 . 1990—2010 年浙江省围填海空间格局分析 [J] . 海洋通报，2015，34 (6)：688-694.

表 7-2　围填海项目社会效益评价指标体系

准则层	指标层	子指标	调查方法及数据来源
居民生活质量	人口与就业状况	新增就业量	统计年鉴数据
		地区人口增长率	统计年鉴数据
		社会劳动生产率	调查统计，统计年鉴数据
	生活水平改善	居民生活水平改善率	调查，统计年鉴数据
		居民福利水平	访谈，统计年鉴数据
		居民健康水平	访谈，统计年鉴数据
	农业发展影响	耕地面积保证率	区县数据，统计调查
		农业从业人数调整度	区县数据，数理统计处理
	土地调整情况	土地价格指数	调查，地方相关部门公告
	基础设施配套	交通便利程度	调查，实地勘测
企业发展环境	区域投资环境	区域经济水平	统计年鉴数据
		人均纯收入相对增长率	统计年鉴数据，比例计算
	企业生产环境	对工农业等产业促进程度	调查统计，统计年鉴数据
		入驻企业数量增幅	调查统计，企业年度报告
		产业结构优化率	统计比例，年鉴数据
	科技研发环境	人口文化素质贡献率	统计年鉴数据
社会适应程度	短期适应程度	规划契合度	统计年鉴数据，比例计算
		群众支持率	调查
	远期适应程度	社会稳定度	统计年鉴数据

7.2.2　数据标准化处理方法

由于各指标的单位不同、量纲不同、数量级不同，不便于分析，为消除不同指标间量纲的差异，需要对评估模型的评估值进行标准化处理，以消除量纲，将其转化成无量纲、无数量级差异的标准分[①]。指标的标准化，即为将不同量纲的指标，通过适当的变换，化成无量纲的标准化指标[②]。

7.2.2.1　理想值比例推算法

理想值即为某项指标在目前社会经济发展水平、技术水平和研究水平条件下可达到或接近的最值。理想值的确定应当遵循节约集约原则，在符合国

---

① 焦立新. 评价指标标准化处理方法的探讨 [J]. 安徽科技学院学报，1999 (3)：7-10.

② 李美娟，陈国宏，陈衍泰. 综合评价中指标标准化方法研究 [J]. 中国管理科学，2004，12 (s1)：45-48.

家和地方相关法律法规、行业标准及规划等要求的前提下，结合研究区的实际情况确定。理想值理论上应不小于评估值[①]。

对于理想值的确定，本章主要结合专家调查法（德尔菲法）、国家或地方制定的规范标准、国内邻近区域同规模和类型工程的最值、该区域历史发展趋势设置的合理水平值、参照发达国家的相应标准以及参照理论最优值。

采用理想值比例推算法首先遵循指标标准化分值原则。评估指标标准化分值应在 0 到 1 之间，当大于 1 时，该项指标的标准化值记为 1。应用理想值比例推算法进行标准化，需考虑指标的属性，一般分为正向指标和负向指标。记 Y 为某项指标的标准化值，X 为该指标的评估值，D 为该指标的理想值。

正向指标：$Y = \dfrac{X}{D}$

负向指标：$Y = 1 - \dfrac{X}{D}$

7.2.2.2 极值法

极值法的应用避免了理想值的设置，将每个评估指标中的最值作为标准值进行标准化，极值法一般可分为正线性相关变换、负线性相关变换两种方法，分别对应指标的属性为效益型指标和成本型指标[②]。

正线性相关变换（效益型指标）：$y_i = \dfrac{x_i - \min x_i}{\max x_i - \min x_i}$

负线性相关变换（成本型指标）：$y_i = \dfrac{\max x_i - x_i}{\max x_i - \min x_i}$

式中，y_i 为第 i 指标的评估值；x_i 为实际值，$\max x_i$ 和 $\min x_i$ 为实际值的最大值和最小值。

7.2.3 具体指标标准化处理

7.2.3.1 居民生活质量

（1）新增就业量。

按照理想值比例推算法进行标准化，结合围垦工程相关资料和专家经验，

---

① 陈莹，刘康，郑伟元，等. 城市土地集约利用潜力评价的应用研究 [J]. 中国土地科学，2002，16（4）：26-29.

② 王晓惠. 海洋经济规划评估方法与实践 [M]. 海洋出版社，2009：33.

新增就业率的理想值为5%，当$O_k > 5\%$，新增就业率标准化赋值为1，当0% $\leqslant O_k \leqslant 5\%$，为正向指标，新增就业率标准化值$Y_O$的计算公式如下：

$$Y_O = \begin{cases} 1 & O_k > 5\% \\ \dfrac{O_k}{5\%} & 0\% \leqslant O_k \leqslant 5\% \end{cases}$$

（2）地区人口增长率。

根据2015年浙江省统计年鉴，1978—2015年浙江省的地区人口增长率变化范围为3.28%~12.34%，以此为参考对地区人口增长率按照极值法进行标准化，确定地区人口增长率的最大值为12%，最小值为3%，所以当$3\% \leqslant P_k \leqslant 12\%$，可以进行标准化计算，当$P_k < 3\%$时，居民生活水平改善率标准化赋值为0；当$P_k > 12\%$时，居民生活水平改善率标准化赋值为1，地区人口增长率标准化值Y_P按照下列公式计算：

$$Y_P = \begin{cases} 1 & P_k > 12\% \\ 0 & P_k < 3\% \\ \dfrac{P_k - 3\%}{9\%} & 3\% \leqslant P_k \leqslant 12\% \end{cases}$$

（3）社会劳动生产率。

社会劳动生产率原指全员劳动生产率，在此主要通过年份工业增加值和区域从业人数进行计算，可通过计算浙江省1990年至2015年的社会劳动生产率变动范围，作为衡量围填海区域内的标准化参照依据。根据浙江省统计年鉴，1990年至2015年间社会劳动生产率在2.89%~56%之间波动，因此确定居民生活水平改善率指标属性值的最大值为56%，最小值为2.89%，所以当$2\% \leqslant I_s \leqslant 56\%$时，可以进行标准化计算，当$I_s < 2\%$时，居民生活水平改善率标准化赋值为0；当$I_s > 56\%$时，居民生活水平改善率标准化赋值为1，人均收入年均增加率标准化值Y_I按照下列公式计算：

$$Y_I = \begin{cases} 1 & I_s > 56\% \\ 0 & I_s < 2\% \\ \dfrac{I_s - 2\%}{54\%} & 2\% \leqslant I_s \leqslant 56\% \end{cases}$$

（4）居民生活水平改善率。

根据2015年江苏省、浙江省和福建省三个沿海省份统计年鉴，可以看出

1978 年至 2015 年江苏省恩格尔系数变化率范围在 -4.5%~3.6%，浙江省变化范围为 -4.9%~5%，福建省变化范围为 -8.4%~3.8%。居民生活水平改善率按照极值法进行标准化，参考沿海三省恩格尔系数变动范围，确定居民生活水平改善率指标属性值的最大值为 9%，最小值为 -5%，当 $-5\% \leqslant L_k \leqslant 9\%$ 时，居民生活水平改善率为效益型指标，当 $L_k < -5\%$ 时，居民生活水平改善率标准化赋值为 0；当 $L_k > 9\%$ 时，居民生活水平改善率标准化赋值为 1，人均收入年均增加率标准化值 Y_L 按照下列公式计算：

$$Y_L = \begin{cases} 1 & L_k > 9\% \\ 0 & L_k < -5\% \\ \dfrac{L_k + 5\%}{14\%} & -5\% \leqslant L_k \leqslant 9\% \end{cases}$$

（5）居民福利水平。

结合围垦工程相关资料和专家经验，参加养老保险平均人数占总人口比重的理想值为 60%，当 $W_k > 60\%$，居民福利水平标准化赋值为 1，当 $0\% \leqslant W_k \leqslant 60\%$，为正向指标，居民福利水平标准化值 Y_W 具体公式如下：

$$Y_W = \begin{cases} 1 & W_k > 60\% \\ \dfrac{W_k}{60\%} & 0\% \leqslant W_k \leqslant 60\% \end{cases}$$

（6）居民健康水平。

结合围垦工程相关资料和专家经验，参加医疗保险人数占总人口比重的理想值为 95%，当 $H_k > 95\%$，居民福利水平标准化赋值为 1，当 $0\% \leqslant H_k \leqslant 95\%$，为正向指标，居民健康水平标准化值 Y_H 具体公式如下：

$$Y_H = \begin{cases} 1 & H_k > 95\% \\ \dfrac{H_k}{95\%} & 0\% \leqslant H_k \leqslant 95\% \end{cases}$$

（7）耕地面积保证率。

耕地面积保证率为效益型指标，以原值为基准，标准化值即为 Y_C。

（8）农业从业人数调整。

农民利益协调完成度为效益型指标，以原值为基准，标准化值即为 Y_F。

（9）土地价格指数。

土地价格指数为效益型指标，以原值为基准，标准化值即为 Y_S。

（10）交通便利程度。

结合围垦工程相关资料和专家经验，人均乡镇道路里程的理想值为 2 米/人，当 $T_k > 2$，交通便利程度标准化赋值为 1，当 $0 \leqslant T_k \leqslant 2$，为正向指标，交通便利程度标准化值 Y_T 计算公式如下：

$$Y_T = \begin{cases} 1 & T_k > 2 \\ \dfrac{T_k}{2} & 0 \leqslant T_k \leqslant 2 \end{cases}$$

7.2.3.2 企业发展环境

（1）区域经济水平。

根据 2015 年沿海三省的统计年鉴，2000 年至 2015 年间江苏省人均 GDP 变动范围为 11765~81804 元，浙江省人均 GDP 变动范围为 13145~73002 元，福建省人均 GDP 变动范围为 11194~67966 元，参照三省数据确定人均 GDP 的变化范围一般在 11000~82000 元之间变动，当 $11000 \leqslant E_m \leqslant 82000$ 时人均收入年均增加率为效益型指标，当 $E_m < 11000$ 时人均收入年均增加率标准化赋值为 0；当 $E_m > 82000$ 时人均收入年均增加率标准化赋值为 1。区域经济水平标准化值 Y_E 按下列公式计算：

$$Y_E = \begin{cases} 1 & E_m > 82000 \\ 0 & E_m < 11000 \\ \dfrac{E_s - 11000}{71000} & 11000 \leqslant E_m \leqslant 82000 \end{cases}$$

（2）人均纯收入年均增加率。

根据 2015 年沿海三省的统计年鉴，江苏省人均收入年增长率范围为 0.91%~44.59%，浙江省人均收入年增长范围为 1.34%~39.71%，福建省人均收入年增长率范围为 0.44%~34.88%。人均收入年均增加率按照极值法进行标准化，参考沿海三省人均年增长率变动范围，确定人均收入年均增加率一般在 0%到 45%之间变动，当 $0\% \leqslant I_k \leqslant 45\%$ 时，人均收入年均增加率为效益型指标，当 $I_k < 0\%$ 时，人均收入年均增加率标准化赋值为 0；当 $I_k > 45\%$ 时，人均收入年均增加率标准化赋值为 1。人均收入年均增加率标准化值 Y_{IK} 按下列公式计算：

$$Y_{IK} = \begin{cases} 1 & I_k > 45\% \\ 0 & I_k < 0\% \\ \dfrac{I_k}{45\%} & 0\% \leqslant I_k \leqslant 45\% \end{cases}$$

（3）对工农业等产业促进程度。

对工农业等产业的促进程度通过对一二产业的产出变化进行计算，因此可以根据浙江省沿海地区近 15 年的产值变化情况作为参考，通过极值法对产业促进程度这一指标进行标准化。通过查阅 1990 至 2015 年年鉴并统计和计算得，统计和计算，浙江省沿海地区一二产业的增长变化范围为 2.84% ~ 41.90%，当 2% ≤ D ≤ 42% 时，人均收入年均增加率为效益型指标，当 D < 2% 时，人均收入年均增加率标准化赋值为 0；当 D >42%时，人均收入年均增加率标准化赋值为 1。区域经济水平标准化值 Y_D 按下列公式计算：

$$Y_D = \begin{cases} 1 & D > 42\% \\ 0 & D < 2\% \\ \dfrac{D-2\%}{40\%} & 2\% \leqslant D \leqslant 42\% \end{cases}$$

（4）入驻工业企业数量增幅。

根据浙江省沿海地区近 10 年间工业企业单位数量的变化情况作为参考，通过极值法对产业促进程度这一指标进行标准化。查阅 2015 年统计年鉴，2005 至 2015 年浙江省工业企业数量的增减幅度范围为−46.6% ~ 13.97%，因此根据极值法，当 − 47% ≤ PO ≤ 14% 时，人均收入年均增加率为效益型指标，当 PO <-47%时，人均收入年均增加率标准化赋值为 0；当 PO > 14% 时，人均收入年均增加率标准化赋值为 1。区域经济水平标准化值 Y_{PO} 按下列公式计算：

$$Y_{PO} = \begin{cases} 1 & PO > 14\% \\ 0 & PO < -47\% \\ \dfrac{PO+47\%}{61\%} & -47\% \leqslant PO \leqslant 14\% \end{cases}$$

（5）产业结构优化率。

产业结构优化率按极值法进行标准化。根据 2015 年浙江省统计年鉴，1990 年至 2015 年浙江省第三产业比重变化范围为 18.7% ~ 47.9%，以此作为参照划分基准，确定产业结构优化度在 18% ~ 48% 之间变动。当 18% ≤ IOD_k

≤48%，按极值法中效益型指标计算。当 IOD_k >48%时，产业结构优化率为 1；当 IOD_k <18%，产业结构优化率标准化赋值为 0。产业结构优化率标准化值 Y_{IOD} 计算公式如下：

$$Y_{IOD} = \begin{cases} 1 & IOD_k > 48\% \\ 0 & IOD_k < 18\% \\ \dfrac{IOD_k - 18\%}{30\%} & 18\% \leqslant IOD_k \leqslant 48\% \end{cases}$$

（6）人口文化素质贡献率。

人口文化素质提高率按照理想值比例推算法进行标准化，结合围垦工程相关资料和专家经验，教师和学生的比例最佳为 1:18，人口文化素质提高率标准化值 Y_Q 按如下公式计算：

$$Y_Q = \begin{cases} 1 & 0 < Q_k < \dfrac{1}{18} \\ 18Q_k & Q_k \geqslant \dfrac{1}{18} \end{cases}$$

7.2.3.3 社会适应程度

（1）规划契合度。

规划契合度按照极值法中效益型指标计算，指标最大属性值为 1，最小属性值为 0，产业契合度标准化值即为 Y_θ。

（2）群众支持率。

群众支持率 Ps 按极值法标准化中效益型指标计算，指标最大属性值为 100%，最小值为 0%。群众支持率标准化值即为 Y_p。

（3）社会稳定度。

社会稳定度按极值法标准化中效益型指标计算，指标最大属性值为镇区之间的最大值，社会稳定度标准化值即为 Y_{SD}。

$$Y_{SD} = 1 - \dfrac{SD}{SD_{\max}}$$

7.3 社会效益评价等级判定

7.3.1 社会效益值计算方法

熵权法是一种在综合考虑各因素提供信息量的基础上计算一个综合指标

的数学方法。作为客观综合定权法，其主要根据各指标传递给决策者的信息量大小来确定权重①。在信息论的带动下，熵概念逐步在自然科学、社会科学及人体学等领域得到应用。在各种评价研究中，人们常常要考虑每个评价指标的相对重要程度。表示重要程度最直接和简便的方法就是给各指标赋予权重。按照熵思想，人们在决策中获得信息的多少和质量，是决策精度和可靠性大小的决定因素，而熵就是一个理想的尺度②。本节将熵思想引入围填海社会影响评价研究，根据各评价指标提供的信息，客观确定其权重。具体计算过程如下：

（1）计算各指标熵值③：

$$F_{ij} = \frac{\sum_{i=1}^{n} X_{ij}}{X_{ij}}$$

$$K_j = \frac{1}{\ln n} \sum_{i=1}^{n} F_{ij} \ln F_{ij}$$

式中，F_{ij} 为第 j 个指标下第 i 个案例的特征比重，X_{ij} 为第 i 个系统中第 j 项指标的观测数据（$i = 1, 2, \cdots, n$；$j = 1, 2, \cdots, m$）；$\sum_{i=1}^{n} X_{ij}$ 为第 j 项指标所有指标数据之和。

（2）计算各指标熵权：设 D_j 为第 j 个评价指标的熵权，则指标的熵权为：

$$D_j = \frac{1 - K_j}{n - \sum_{i=1}^{n} K_j}, \quad j = 1, 2, \cdots, m$$

式中，K_j 为第 j 个指标的熵值。

（3）综合评价得分：设 G_i 为 i 镇的围填海社会效益的综合评价得分，根据线性加权综合评价公式，则围填海工程社会效益评价得分计算公式为：

$$G_i = \sum_{j=1}^{n} Y_{ij} D_j$$

式中，Y_{ij} 为各指标标准化得分，D_j 为第 j 个评价指标的权重。最后依据该

---

① 李秀霞，张希. 基于熵权法的城市化进程中土地生态安全研究［J］. 干旱区资源与环境，2011，25（9）：13-17.

② 邱菀华. 管理决策与应用熵学［M］. 机械工业出版社，2002：23.

③ 章穗，张梅，迟国泰. 基于熵权法的科学技术评价模型及其实证研究［J］. 管理学报，2010，7（1）：34-42.

模型计算得出的最终数值开展评估。

7.3.2 围填海社会效益集成评价

本节将慈溪市围填海区域内新浦镇、崇寿镇、庵东镇和周巷镇作为研究案例对象，并将宁波市区纳入其中作为对比分析，运用上述方法对这些区域内 2005 年、2010 年和 2015 年的社会效益做出评价，得到各镇的社会效益量化得分，再根据每个时间节点内围填海四镇相对于宁波市区的增减幅度，计算得出各镇区的区域发展速度，以此作为参照，最后得出社会效益增加值 S_{OC}，并确定围填海区域社会效益等级。

7.3.2.1 横向效益

横向上将各镇的得分与宁波市区相应得分进行比较，通过分析其相较于宁波市区的增加幅度，计算得出横向效益值 S_{OCh}。将横向上每一年增加幅度定义 QD_h，2005 年、2010 年和 2015 年的累计增幅为 H，则 QD_h 和 H 的计算公式为：

$$QD_h = \frac{G_x - G_n}{G_n} \times 100\%$$

$$H = \sum_{t=1}^{i} QD_{h\,t}$$

式中 G_x 为四个镇各个对应年份的效益得分，G_n 为宁波市区对应年份的效益得分，QD_h 为每一年对应增幅，H 为累积增幅，如表 7-3 所示，根据各镇区 H 的数值大小，可以得出各个镇区的对应年份横向效益值 S_{OCh}。

表 7-3 横向效益增幅值赋值表

H	$H<0$	$0 \leqslant H <100\%$	$H>100\%$
S_{OCh}	0	$100\,H$	100

7.3.2.2 纵向效益

纵向上以 2005 年的数值为基准，比较 2010 年和 2015 年相对于 2005 年的效益增长幅度，以此确定衡量指标标准，汇总后定义纵向效益值为 S_{OCz}。定义各镇纵向效益增长幅度为 QD_z，各镇纵向累计增幅为 Z，则 QD_z 和 Z 计算公式为：

$$QD_z = \frac{G_x - G_{2005x}}{G_{2005x}} \times 100\%$$

$$Z = \sum_{t=1}^{i} QD_{zt}$$

式中 G_x 为四个镇各个对应年份的效益得分，G_{2005x} 为各镇 2005 年份的效益得分，QD_z 为每年的增长幅度，Z 为纵向累计增加幅度，如表 7-4 所示，根据各镇 Z 的数值大小，可以得出各个镇的对应年份横向效益值 S_{OCZ}。

表 7-4　纵向效益增幅值赋值表

Z	$Z < 0$	$0 \leqslant Z \leqslant 100\%$	$Z > 100\%$
S_{OCZ}	0	100 Z	100

7.3.2.3　汇总效益并判定效益等级

根据赋予相应权重，横向效益值赋权重 25%，纵向效益值赋权重 75%，最后得分 S_{OC} 的计算公式如下：

$$S_{OC} = 25\% \, S_{OCh} + 75\% \, S_{OCZ}$$

如表 7-5 所示，最后根据专家确定的分级标准，确定杭州湾新区围填海工程在 2005 年、2010 年和 2015 年间的社会效益等级。

表 7-5　围填海社会效益等级表

S_{OC}	$S_{OC} < 0$	$0 \leqslant S_{OC} < 25$	$25 \leqslant S_{OC} < 60$	$60 \leqslant S_{OC} < 80$	$80 \leqslant S_{OC} \leqslant 100$	$S_{OC} > 100$
等级	极差	较差	一般	良好	优等	极优

7.4　结果多维度评析

7.4.1　单维度对比分析

7.4.1.1　维度一：居民生活质量

围填海工程实施的起初原因在于人类对土地资源的需求，人口增长是土地资源需求增加的主要因素。由于优越的地理环境，海岸带一直是社会经济发展的黄金地带①。早期由于市区城镇化的进程，人口和劳动力主要集中于慈溪城区，趋缓了周围镇的发展，但随着经济的发展以及围填海工程的实施，城区吸引劳动就业能力下降，越来越多的居民选择在镇内工作，推动了镇的发展。如图 7-1 所示，2005 年至 2010 年，围填海工程给区内居民带来的社会效益上不明显，四镇居民生活质量维度得分甚至出现了下降，但在 2010 年至 2015 年之间迅速提高，这一方面得益于区域经济的发展，另一方面也要归功于围填海工程为镇内的居民提供了更好的个人发展机遇、便利的基础设施以及不断增加的土地面积。

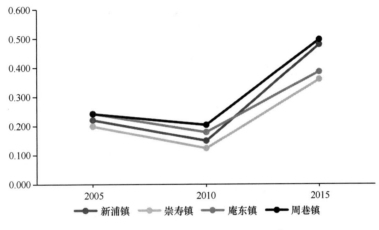

图 7-1 四镇居民生活质量维度得分

7.4.1.2 维度二：企业发展环境

围填海的社会效益受制于区域社会经济总体环境，也直接取决于政府招商引资效率和入驻企业的实际经营情况②。企业发展环境是与区域经济发展密切相关的维度指标，在社会效益方面主要侧重于反映区域对企业发展的吸引程度，在投资、生产和研发三个维度设立相关指标对企业发展环境的良好程度进行打分。可以发现如图 7-2 所示围填海工程实施期间四镇内的企业发展环境经历了倒 "V" 型的变化，在 2005 年早期发展过程是起步较低，对企业发展的吸引力不够强，但随着政策制度的实施，区域填海至一定规模之后，

---

① 蔡悦荫，王伟伟，赵建华. 填海社会经济驱动因素的灰色关联分析——以大连市为例［J］. 海洋开发与管理，2015（1）：79-83.

② 朱康对，罗振玲，郭安托. 江南海涂围填海工程的社会经济效益分析——以苍南县为例［J］. 温州职业技术学院学报，2016，16（2）：1-6.

发展较快，在2010年到达一定顶峰，但在之后出现了滑坡的情况，庵东镇最为明显，新浦镇、崇寿镇、周巷镇的下降幅度较小。这说明在早期的围填海工程中，镇内对于企业的发展上存在较多约束，因周围配套设施较差，入驻的单位和企业较少，在区域投资环境、企业生产环境和科技研发环境方面均处于相对落后的阶段，因此对于企业的发展存在较多不利因素。而在2010年之后却出现了滑坡的情况，说明区域内企业的发展环境尚不稳定，需要建立长期的制度来进行合理规划，以促进区内企业的健康发展。

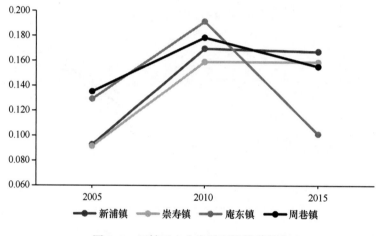

图7-2　四镇区企业发展环境维度得分

7.4.1.3　维度三：社会适应程度

对围填海工程的社会适应程度的评价，需要综合考虑多种因素，才能对工程的社会适应性做出较为科学的评价。社会适应程度分为短期适应程度和远期适应程度，下属指标包括规划契合度、群众支持率以及社会稳定度等。如图7-3所示，四镇在社会适应程度维度方面得分起点较低，但伴随着时间的推移，指标下的社会效益开始显现，效益得分不断攀升，周巷镇上升最快，得分最高，其他三镇也取得了一定程度的提高。一方面是由于围填海工程自身的长期性，工程的实施周期长，另一方面也是由于随着时间线的拉长，区域内的发展已逐步形成体系，相关制度和政策的实施更加合理，促使区域内的社会稳定度、居民的满意度不断提高，达到了短期效益和远期效益共赢的效果。

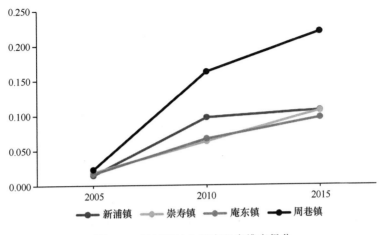

图 7-3　四镇区社会适应程度维度得分

7.4.2　社会效益结果综合评判

7.4.2.1　时间维度：得分变化

围填海是一个综合复杂的项目，因此对其进行评价需要从多方面考虑①。从社会发展角度进行效益分析，不仅需要考虑到其短期内立竿见影的效益，还要关注其远期的效益预测以及与经济、生态效益等方面的集合。杭州湾新区潮滩资源丰富，岸滩宽阔，滩面高程较高，围填海条件优越。自开展围填海工程以来，已取得了大量的土地资源，更是实现了经济再发展的目标，对相关工程的社会效益评价需要将视线拉长，综合多年的研究数据，才能获得较为客观的评价结果。

如表 7-6 所示，2005 年、2010 年、2015 年这三年间四个镇的社会效益得分均表现出良好的上升趋势，在一定程度上说明围填海工程的实施随着时间的推移对镇内社会的良好发展起到了一定的促进作用，对区域内居民的生活、企业的经济活动以及维持社会秩序的稳定提供了积极宽松的环境和优越的发展条件。围填海工程的实施为区域增加了就业机会，解决了部分下岗职工再就业和外来人员就业的难题，减少了大量的待业人口，创造了更多的经济收益，居民的收入也在此背景下得到进一步提高，消费结构优化，从而推动经

① 张明慧，陈昌平，索安宁，等．围填海的海洋环境影响国内外研究进展［J］．生态环境学报，2012（8）：1509-1513.

济繁荣发展。项目的实施一并推动了镇内的一大批基础设施的建设，商务服务水平进而大幅提高，极大地方便了区域内居民出行、公共文化等生活，促进了相关产业的发展；围填海工程的设施也赢得了区域内绝大部分居民的支持，区域社会的发展进入平稳运行状态。

表 7-6　四镇围填海区域 2005 年、2010 年、2015 年社会效益得分

年份	新浦镇	崇寿镇	庵东镇	周巷镇
2005 年	0.328	0.309	0.389	0.400
2010 年	0.415	0.346	0.437	0.545
2015 年	0.580	0.459	0.476	0.709

　　而在镇际之间的比较中，如图 7-4~图 7-6 所示，可以发现在 2005 年，周巷镇和庵东镇得分较高，崇寿镇得分较低，新浦镇处于中游，这种情况维持到了 2010 年。在 2015 年的社会效益得分排名中，四镇的得分均有不少的提高，庵东镇得分与崇寿镇相近，处于三四名，新浦镇得到一定发展，上升至第二，周巷镇发展最为良好，社会效益得分一直位于第一。

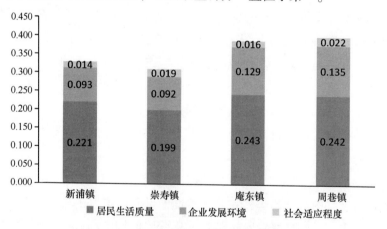

图 7-4　四镇围填海社会效益 2005 年得分

7.4.2.2　空间维度：镇区比较

　　在空间维度上比较四个镇区的社会效益得分，可以发现周巷镇在地域上由于靠近慈溪市中心，受到中心城区的辐射作用与其他三个镇区相比较大，因此社会效益得分起点较高，在分值上一直处于高分段，与之相比庵东镇则

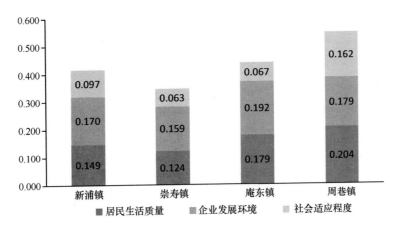

图 7-5　四镇围填海社会效益 2010 年得分

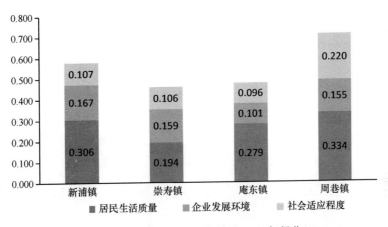

图 7-6　四镇围填海社会效益 2015 年得分

由于处于滨海地区，是围填海工程的集中实施领域，但早期围填海工程实施对于区域的带动作用尚不明显，因此分值较低，但在后期的发展过程中社会效益逐渐开始显现。新浦镇、崇寿镇与庵东镇情况类似，虽然围填海面积与庵东镇相比存在一定差距，但在空间上表现出了较强的发展后劲。

7.4.3　围填海区域社会效益等级判定

7.4.3.1　横向效益

将宁波市区的相应数值纳入镇区之间比较，能够得出四个镇在这三个时间节点内相对于宁波市发展的增幅状况,汇总增幅 QD_h ,可以得到最后的累计增幅 H ,再以此作为参照,计算得出最后杭州湾新区横向层面上的效益值 S_{OC} 。如表7-7所示,观察2005年、2010年和2015年间横向效益的变化,可以发现在这三个时间段内,杭州湾围填海镇的社会效益横向总增幅均超越了宁波市区,说明围填海工程的实施对区域社会环境的友好健康发展具有积极的促进作用。在进一步观察后发现,在围填海工程前期(2005年和2010年),与宁波市区的发展速度相比,虽然四个镇的发展速度较快,但横向效益值并不突出,处于一个相对稳定和缓慢发展的阶段,但到了2015年,在围填海工程达到一定规模且发展至一定阶段后,四个镇的发展速度明显超过宁波城区的发展速度,说明围填海工程的实施对于区域的社会发展起到了相当大的促进作用和带动作用。在时间上由于围填海工程自身具备的长期性特征,这种效益需要较长时间才能够得到显现。在未来的发展过程中,围填海区域的横向社会效益仍将持续增长。

表7-7　围填海横向效益得分表

	新浦镇	崇寿镇	庵东镇	周巷镇	宁波市区	H	S_{OCh}
2005	0.358	0.314	0.410	0.439	0.360		
QD_h	−0.60%	−12.69%	13.86%	21.97%	——	22.55%	22
2010	0.420	0.370	0.468	0.530	0.421		
QD_h	−0.15%	−11.90%	11.28%	26.10%	——	25.34%	25
2015	0.508	0.387	0.420	0.563	0.379		
QD_h	34.08%	2.14%	12.12%	48.56%	——	96.89%	96

7.4.3.2　纵向效益

以2005年的数值为基准,比较2010年和2015年相对于2005年的效益增长幅度,以此确定衡量指标标准,汇总后定义得分为 S_{OCZ} 。将2010年和2015年的数据进行比较(2005年为基准值),结果如表7-8所示,可以发现在纵向上,四个镇在这三个时间段内的发展速度处于高速发展的状态,2005至2010年间发展较快,2010至2015年间速度开始放缓,这说明在围填海工程实施期间区域自身具有较大的发展空间,因此发展速度较快,在社会效益上具体体现为企业的不断入驻和居民生活质量的改善上。在研究后期,随着区域经济环境、社会治安环境等不断改善,区域发展的发展空间不如初期,虽然在发展趋势上看围填海四镇仍然处于一个向上增长的趋势,但是需要管理部门加以合理的指导和管控,牢牢把握区域发展的正确方向,以促进区域发展上的进一步飞跃。

表 7-8　围填海纵向效益得分表

	2005	QD_z	2010	QD_z	2015	QD_z
新浦镇	0.358	0.00%	0.420	17.29%	0.508	42.03%
崇寿镇	0.314	0.00%	0.370	17.81%	0.387	23.18%
庵东镇	0.410	0.00%	0.468	14.11%	0.425	3.68%
周巷镇	0.439	0.00%	0.530	20.71%	0.563	28.25%
Z	——	0.00%	——	69.92%	——	97.14%
S_{OCz}	——	0		69.92		97.14

7.4.3.3　区域围填海社会效益等级判定

通过计算得出围填海四个镇区的横向社会效益 S_{OCh} 和纵向社会效益 S_{OCz},可以得出最终的杭州湾围填海区域的社会效益判定值 S_{OC},进而根据社会效益等级表确定 2005 年、2010 年和 2015 年杭州湾新区的社会效益具体等级,结果如表 7-9 所示。从这三年的等级变化趋势中可以发现围填海社会效益在逐年变好,说明围填海工程的实施对于围填海区域的社会层面的发展具有积极的促进作用,区域的居民生活质量、企业发展环境、社会发展潜力等方面均得到不同程度的提高,未来随着工程实施后年限的延长,区域内的社会效益势必将会有进一步提升。

表 7-9　杭州湾新区围填海社会效益等级

指标	2005	2010	2015
横向效益 S_{OCh}	0	69	97
纵向效益 S_{OCz}	22	25	96
杭州湾新区 S_{OC}	5.5	58	96.75
效益等级	较差	中等	优等

7.5　本章小结

围填海工程对区域的发展具有深远意义,在社会、经济、生态等多方面均有体现。以杭州湾新区内新浦镇、崇寿镇、庵东镇和周巷镇四个镇的社会效益情况做出初步探索，客观评价围填海工程对于社会影响程度，可以发现四镇内从 2005 年、2010 年到 2015 年时间节点之间的发展变化，进而可对各区域内单位面积下社会效益产出状况做出评价，并结合同时期宁波市区的发展，对各镇区的发展速度和质量做出客观分析。当然，研究存在一定的局限性，在指标的选取和测度以及方法的使用上尚存在较多不足，这有待于今后进一步的探索。研究得出如下结论：

（1）通过建立评价指标体系，运用熵值法计算得出 2005 年、2010 年和 2015 年各镇单位面积下区域社会效益的产出状况，发现镇的社会效益得分呈良好上升趋势，而镇之间，周巷镇的效益体现最为良好，其余三镇的效益得分也获得了不同程度的增加。

（2）在单维度效益得分比较中发现，居民生活质量得分在效益总值中占比最高，发展虽有小幅波动，但总体趋势仍为上升；企业发展环境得分波动特征最为明显，需采取相关措施例如制定适合企业发展的规划政策、加强企业产业园的管理，以提升该项指标的稳定性；社会适应程度得分虽然占比最低，但上升势头最为良好。

（3）在计算出效益得分的基础上，通过与宁波市区的社会效益得分比较得出围填海区域横向效益值，通过与 2005 年数据的比较得出围填海区域纵向效益值，汇总后得出围填海区域社会效益总值，以此对围填海区域的社会效益进行判定，发现区域社会效益等级的发展呈现积极的上升趋势且增幅较大，说明围填海工程的实施对于区域社会的发展具有积极的促进作用，并将在未来的发展中将会得到进一步的提升。

第3篇　围填海工程生态价值影响评价

【本篇内容提要】围填海是指人工将天然海域空间转变为陆地的一种不可逆的、彻底改变海域自然属性的用海方式，具备显著的社会和经济效益，但势必对当地生态系统及其服务的数量、构成和质量产生影响。尤其是不合理的围垦活动更将导致围垦区域生态系统功能的严重退化甚至是丧失。本篇从生态系统服务价值的角度切入，系统地梳理了围填海工程生态价值影响的相关研究，构建了围填海工程后生态系统服务价值评价的指标体系、指标评价方法及其主要的数据来源，并以杭州湾南岸围填海工程典型区——宁波杭州湾新区为例进行实证分析，评价了围填海工程的生态价值影响。结果表明：（1）围填海强度与生态系统服务价值变化存在显著的负相关关系，当研究区围填海强度增强时，生态系统服务价值降低。（2）实施围填海工程导致的滩涂和草滩湿地面积急剧萎缩是研究区生态价值总量衰减的主要原因。（3）研究期间，生态服务价值较低的区域范围不断扩大，接连成片；而高值区域范围不断萎缩，由条带状向块状演变，最后转为散点状。（4）2015年，研究区生态系统服务价值赋分下降至50分，说明研究区生态价值急剧缩减，且其衰减程度在加剧。基于此，建议在开展围填海项目时，能够强化环境监管，在保护中匡围；重视湿地保护，建设生态屏障；同时构建生态补偿机制，促进经济发展与生态保护平衡协调，以实现滩涂资源开发的经济、社会和生态综合效益最大化，实现可持续发展的最终目标。

【本篇撰稿人】李加林、姜忆湄、叶梦姚

8　生态系统服务价值评价研究进展

　　生态系统兼具整体性、开放性和动态性，自组织性极强，通过系统内外物质和能量的循环流动以及系统内部各组成要素间的相互作用，不断打破旧有平衡并达到新的平衡，实现系统的进化。自然生态系统为地球生物提供了必不可少的生存空间和物质基础，使人类的生产和生活得以正常进行。人类活动是全球环境变化的重要影响因素，人类社会越发展，其对生态系统改造能力就越强，对生态系统的影响就越大。历史证明，人为合理改造生态系统可以极大地促进社会经济的发展并提高人类福祉[1]。然而，人口的急剧增长、科技的巨大进步和经济的剧烈膨胀使得人类对生态系统的物质和空间需求量骤升，在开发和利用生态系统的过程中片面强调其直接使用价值忽视其间接使用价值[2]，甚至以破坏生态环境为代价谋求利益，打破了生态系统的正常运转，致使全球环境剧烈变动，生态系统各项服务功能出现不同程度的衰退，进而制约社会经济的发展[3]。因此，国外学者率先于 20 世纪 60 年代提出了生态系统服务的概念[4]，为更好地分配自然资源、提高其使用效率并保护生态系统，不少生态经济学家提出采用经济学的手段来干预人类对生态系统的开发和利用[5]，生态系统服务及其价值评估的研究逐渐成为生态学、生态经济学及相关学科的研究前沿和热点。

---

[1]　侯鹏，王桥，申文明，等．生态系统综合评估研究进展：内涵、框架与挑战 [J]．地理研究，2015，34（10）：1809-1823.

[2]　Costanza R，R Darge，R Degroot，et al. The value of the world's ecosystem services and nature capital [J].Nature，1997，387：253-260.

[3]　Millennium Ecosystem Assessment. Ecosystem and human wellbeing：Synthesis [M]．Washington DC：Island Press，2005.

[4]　King R T. Wildlife and Man [J].New York Conservationist，1996，20（6）：8-11. D. R. Helliwell. Valuation of wildlife resources [J]．Regional Studies，2007，3（1）：41-47.

[5]　Daily G C. Developing a Scientific Basis for Managing Earth's Life Support Systems [J]．Conservation Ecology，2001，3（11）：45-49.

8.1　生态系统服务分类

生态系统服务分类是生态系统服务价值评估的基础，影响着价值评估的结果与实际真实值的偏离程度。由于不同研究者对生态系统形成过程认知上的差异，至今学界对生态系统服务的定义尚存分歧[①]，因而对生态服务的分类也不尽相同。最常见的分类方案是基于生态系统本身特性的功能分类和基于系统价值属性的价值分类[②]。MA 提出的生态服务定义将生态系统服务与人类福祉相联系，具有广泛而深远的影响力。此后，学者们逐渐开始重视生态系统对人类福祉的影响以及人类对于生态系统服务的需求[③]，并出现了基于人类需求与福祉的生态系统分类方案。目前，功能分类和价值分类是最主要的生态服务分类方式，其中功能分类的数量更多，基于人类需求与福祉的分类方案仍不多见，但不可否认，生态系统服务对人类福祉的影响及其相互作用的研究具有广泛的社会需求和应用前景。

关于生态系统服务功能分类的研究较多，国际上以 Daily、Costanza 等、Degroot 和 MA 等的研究结果比较具有代表性。Daily 等将生态系统服务功能分为两大类 10 种子类[④]，Costanza 等分为 17 种类型[⑤]，Degroot 等分为 4 大类 23 亚类[⑥]，MA 则分为四大类服务 25 类子服务[⑦]。其中 Costanza 等和 MA 的影响

---

① 李琰，李双成，高阳，等. 连接多层次人类福祉的生态系统服务分类框架 [J]. 地理学报，2013，68（8）：1038-1047.

② 尹小娟，钟方雷. 生态系统服务分类的研究进展 [J]. 安徽农业科学，2011，39（13）：7994-7999+8071.

③ 赵海兰. 生态系统服务分类与价值评估研究进展 [J]. 生态经济，2015，31（8）：27-33.

④ Daily G C. Nature's services：societal dependence on natural ecosystems [M]. Washington DC：Island Press，1997：392.

⑤ Costanza R，R Darge，R Degroot，et al. The value of the world's ecostem services and nature capital [J]. Nature，1997，387：253-260.

⑥ De Groot R S. A typology for the classification and valuation of ecosystem functions，goods and services [J]. Ecological Economics，2002（41）：393-408.

⑦ Millennium Ecosystem Assessment. Ecosystem and human wellbeing：Synthesis [M]. Washington DC：Island Press，2005.

力最大，国内相关研究大多以之为基础提出符合相关实际的分类方案①。
Pearce②、McNeely 等③和 Turner 等④的研究为生态系统服务价值分类理论体系
的构建奠定了坚实的基础。国外主流研究认为使用价值和非使用价值构成生
态服务总经济价值，其中使用价值又分为直接使用价值和间接使用价值，非
使用价值包括遗产价值和存在价值，而选择价值（潜在价值）既可归为使用
价值，也可归为非使用价值⑤。国内基本认可上述分类⑥，但不同学科的学者
侧重点不一样⑦，同一价值类型下的生态服务功能类别存在差异⑧。基于人类
需求和福祉的分类尚处于摸索阶段，成果较前两类少。如 Wallace 按照不同人
类价值属性提出足够的资源、寄生虫等保护、自然和环境、社会文化等 4 大
类别⑨；Fisher 等则基于服务与人类福祉的不同关联程度提出将服务划分为中
间服务、最终服务和收益⑩；张彪等基于人类需求将服务分为物质产品、生态

① 欧阳志云，王如松，赵景柱，等. 生态系统服务功能及其生态经济价值评价 [J]. 应用生态
学报，1999，10 (5)：635-640.

董全. 生态功益：自然生态过程对人类的贡献 [J]. 应用生态学报，1999，10 (2)：233-240.

赵同谦，欧阳志云，郑华，等. 中国森林生态系统服务功能及其价值评价 [J]. 自然资源学报，2004，
19 (4)：480-491.

② Pearce D W, Markanaya A, Barbier B. Blueprint for a green economy [M]. London：
Earthscan, 1989.

Pearce D W. Blueprint 3：Measuring sustainable development [M]. London：Earthscan, 1993.

Pearce D W, Moran D. The economic value of biodiversity [M]. IUCN：Cambridge Press, 1994.

Pearce D W. Blueprint 4：Capturing global environmental value [M]. London：Earthscan, 1995.

③ McNeely J A, Miller K R, Reid W V, et al. Conserving the world's biological diversity [M]. International Union for Conservation of Nature and Natural Resources, 1990.

④ Turner K. Economics and wetland management [J]. Ambio, 1991, 20 (2)：59-63.

⑤ Tietenberg T. Environmental and Natural Resource Economics [M]. Harpers Collins Publishers,
New York, 1992.

⑥ 中国生物多样性国情研究报告编写组. 中国生物多样性国情研究报告 [M]. 北京：中国环
境科学出版社，1998.

⑦ Gollin D, Evenson R. Valuing animal genetic resources：lessons from plant genetic resources [J].
Ecological Economics, 2003, 45 (3)：353-363.

欧阳志云，王效科，苗鸿. 中国陆地生态系统服务功能及其生态经济价值的初步研究 [J]. 生态学
报，1999 (5)：607~613.

⑧ 曾贤刚. 环境影响经济评价 [M]. 北京：化学工业出版社，2003：1-291.

余新晓，鲁绍伟，靳芳，等. 中国森林生态系统服务功能价值评估 [J]. 生态学报，2005, 25 (8)：
2096-2102.

⑨ Wallace K J. Classification of ecosystem services：Problems and solutions. Biological Conservation,
2007, 139 (3-4)：235-246.

⑩ Fisher B, Turner R K, Morling P. Defining and classifying ecosystem services for decision making.
Ecological Economics, 2009, 68 (3)：643-653.

安全维护功能和景观文化承载功能等 3 类 12 项①；李琰等基于前人研究将服务分为福祉构建、福祉维护和福祉提升等 3 类②。

对比发现，这些研究的内容基本相似，但不同研究的名称和所属分类不同，其分歧产生的原因有三：一为对过程/功能与服务是否等价的判断不同，主要矛盾在于不同学者对生态系统过程/功能的价值是否仅在最终服务中体现的看法不一致。部分学者③认为生态系统过程/功能在最终服务中体现，不应算作服务；也有学者④认为能使人类收益的生态系统过程/功能都是服务，划分为中间服务和最终服务即可。二为对服务和收益是否等价的判断不同。一些学者⑤对服务和收益不作区分，认为收益就是服务。支持不等价的学者⑥认为收益情况受非生态系统的影响，生态服务创造的价值仅是收益的一部分。三是从服务的不同属性出发制定分类方案。如基于收益相关属性⑦或空间属性或市场属性⑧进行分类。可见，不同分类方式各有其优缺点，至今并未出现完全合理的分类方案。这主要是因为自然生态系统组成要素多样，不同要素间不断发生着复杂多变的相互作用，因而产生多种多样的生态过程，要想完全独立的分离出不同的生态系统服务在当下几乎是不可能的，因此目前已有的

---

① 张彪，谢高地，肖玉，等．基于人类需求的生态系统服务分类［J］．中国人口·资源与环境，2010，20（6）：64-67.

② Boyd J，Banzhaf S．What are ecosystem services？The need for standardized environmental accounting units. Ecological Economics，2007，63（2-3）：616-626.

③ 欧阳志云，王效科，苗鸿．中国陆地生态系统服务功能及其生态经济价值的初步研究［J］．生态学报，1999（5）：607~613.
Wallace K J．Classification of ecosystem services：Problems and solutions．Biological Conservation，2007，139（3-4）：235-246.

④ Fisher B，Turner R K，Morling P．Defining and classifying ecosystem services for decision making．Ecological Economics，2009，68（3）：643-653.
Fisher B，Turner R K．Ecosystem services：Classification for valuation．Biological Conservation，2008，141（5）：1167-1169.

⑤ Millennium Ecosystem Assessment．Ecosystem and human wellbeing：Synthesis［M］．Washington DC：Island Press，2005.
Wallace K J．Classification of ecosystem services：Problems and solutions．Biological Conservation，2007，139（3-4）：235-246.

⑥ Boyd J，Banzhaf S．What are ecosystem services？The need for standardized environmental accounting units. Ecological Economics，2007，63（2-3）：616-626.

⑦ 张彪，谢高地，肖玉，等．基于人类需求的生态系统服务分类［J］．中国人口·资源与环境，2010，20（6）：64-67.

⑧ Costanza R．Ecosystem services：Multiple classification systems are needed．Biological Conservation，2008，141（2）：350-352.

生态系统分类方式都难免存在或多或少的不合理性。

8.2　生态系统服务价值评价研究概述

　　20 世纪 80 年代以前，生态服务的概念尚未明晰，国际上一般采用费用支出法评估游憩区和野生生物的经济价值。如 1941 年，Dafdon 首次将费用支出法应用于森林和野生生物经济价值的核算；1947 年，Flotting 将通过旅行费用得出的消费者剩余作为游憩价值。1964 年，Davis 首次提出并将条件价值法运用于游憩价值的评估。进入 80 年代以后，自然环境恶化日益严重，引起了政府、学界和各组织的重视。1981 年，Ehrlich 等明确了"生态系统服务"的概念[①]，一些学者开始使用不同的价值评估方法，如损益法[②]和费用—效益法[③]等，但评估对象仍限于野生生物和环境资源价值。Constanza 等[②]首次提出并计算了全球生态系统服务的市场价值和非市场价值，为全面评估生态系统对人类的服务价值提供了可借鉴的新思路。Daily[④]在其著作中较为系统的介绍了生态系统服务功能的概念内涵、研究进展、价值评估、不同生物系统的服务功能以及区域生态系统服务功能等各项专题。Constanza 等[⑤]和 Daily 在生态系统服务功能的研究中取得了较大的进展，其研究成果虽存在不完善和有争议之处，但两者将生态系统服务的价值评估研究推向了生态经济学研究的前沿。《生态经济学》杂志分别在 1998 年、1999 年和 2002 年以论坛或专题形式出版了有关生态系统服务功能及其价值评估研究的专刊，掀起了对生态系统服务价值研究的热潮[⑥]。

　　生态系统服务的概念面世后也引起了国内学者的重视，几十年来也取得了

---

　　① Ehrlich P R, Ehrlich A H, Ehrlich P R, et al. The causes of consequences of the disappearance of species [J]. Bulletin of the Atomic Scientists, 1981 (1): 82.

　　② Kellert S R, Kellert S R. Assessing wildlife and environmental values in cost-benefit analysis [J]. Journal of Environmental Management, 1984, 18 (4): 355-363.

　　③ Loomis J B. Assessing wildlife and environmental values in costbenefit analysis: state of art [J]. Journal of Environmental Management, 1987, 22: 125-131.

　　④ Daily G C. Nature's services: societal dependence on natural ecosystems [M]. Washington DC: Island Press, 1997: 392.

　　⑤ Costanza R, R Darge, R Degroot, et al. The value of the world's ecosystem services and nature capital [J]. Nature, 1997, 387: 253-260.

　　⑥ 虞依娜, 彭少麟. 生态系统服务价值评估的研究进展 [J]. 生态环境学报, 2010, 19 (9): 2246-2252.

相当规模的相关研究成果，在世界生态系统服务主要研究国家中位居第 1 且与前两位德国与澳大利亚差距较小①。尤其在中共十八大提出"五位一体"现代化建设总体布局，将生态文明建设提高到战略地位之后②，生态系统服务价值的评估研究开启了发展的新阶段。90 年代以前国内关于生态服务价值的评估主要围绕各种自然资源，如 1983 年中国林学会开展的森林综合效益评价研究③，1988 年国务院发展研究中心"资源核算纳入国民经济核算体系"课题组开展的水资源、土地资源、森林资源、草地资源、矿产资源等自然资源价值的核算工作④。Costanza 等 13 位科学家的研究成果公布之后，反响强烈，国内生态系统服务价值的理论和实践研究在此后进入快速发展阶段。主要围绕以下几个方面展开：全国尺度的生态系统服务价值评估⑤，区域尺度的生态系统价值评估⑥、

①   马凤娇，刘金铜，A. EgrinyaEneji，等．生态系统服务研究文献现状及不同研究方向评述［J］．生态学报，2013, 33 (19): 5963-5972.

②   胡锦涛．坚定不移沿着中国特色社会主义道路前进为全面建成小康社会而奋斗——在中国共产党第十八次全国代表大会上的报告［J］．求是，2012, 22: 3-25.

③   王浩，陈敏建，唐克旺．水生态环境价值和保护对策［M］．清华大学出版社：北京交通大学出版社，2004: 8.

④   姜文来，龚良发．我国资源核算演变历程问题及展望［J］．国土与自然资源研究，1999 (4): 43-46.

⑤   喻锋，李晓波，王宏，等．基于能值分析和生态用地分类的中国生态系统生产总值核算研究［J］．生态学报，2016, 36 (6): 1663-1675.
蔡中华，王晴，刘广青．中国生态系统服务价值的再计算［J］．生态经济，2014, 30 (2): 16~18.
谢高地，鲁春霞，冷允法，等．青藏高原生态资产的价值评估［J］．自然资源学报，2003, 18 (2): 189-196.
谢高地，甄霖，鲁春霞，等．一个基于专家知识的生态系统服务价值化方法［J］．自然资源学报，2008, 23 (5): 911-919.
谢高地，张彩霞，张雷明，等．基于单位面积价值当量因子的生态系统服务价值化方法改进［J］．自然资源学报，2015 (8): 1243-1254.

⑥   张桂莲．上海市森林生态服务价值评估与分析［J］．中国城市林业，2016, 14 (3): 33-38.
彭文甫，周介铭，杨存建，等．基于土地利用变化的四川省生态系统服务价值研究［J］．长江流域资源与环境，2014, 23 (7): 1011-1020.
肖强，肖洋，欧阳志云，等．重庆市森林生态系统服务功能价值评估［J］．生态学报，2014, 34 (1): 216-223.
曾杰，李江风，姚小薇．武汉城市圈生态系统服务价值时空变化特征［J］．应用生态学报，2014, (3): 883-891.
田甜，韩春兰，王英杰，等．沈阳市土地生态系统服务价值变化研究［J］．土壤通报，2016, (3): 1-7.

流域和地理单元的生态系统价值评估①、单个生态系统的价值评估②及单项生态系统功能的价值评估③。总体来看，国内学者应用多种评价方法较为全面地评价了不同尺度上生态系统服务的价值，研究尺度、研究对象多样化，研究内容更加细致而有针对性，兼顾正向服务和负向服务价值，逐渐从单一系统评价走向复合系统综合评价。但目前对不同生态系统的研究数量差距较大，偏重森林生态系统和湿地生态系统，对复合生态系统的研究数量偏少，尚待深入挖掘。现有文献中虽不乏有价值的研究成果，如谢高地几经修改的中国

① 陈希，王克林，祁向坤，等.湘江流域景观格局变化及生态服务价值响应 [J].经济地理，2016，36 (5)：175-181.

张瑞明，伊爱金.环巢湖流域土地利用变化对生态服务价值的影响 [J].生态经济，2013 (11)：173-176.

段锦，康慕谊，江源.东江流域生态系统服务价值变化研究 [J].自然资源学报，2012 (1)：90-103.

胡和兵，刘红玉，郝敬锋，等.城市化流域生态系统服务价值时空分异特征及其对土地利用程度的响应 [J].生态学报，2013，33 (8)：2565-2576.

史恒通，赵敏娟.基于选择试验模型的生态系统服务支付意愿差异及全价值评估 [J].资源科学，2015，37 (2)：351-359.

② 国常宁，杨建州，冯祥锦.基于边际机会成本的森林环境资源价值评估研究 [J].生态经济，2013 (5)：61-65.

李琳，林慧龙，高雅.三江源草原生态系统生态服务价值的能值评价 [J].草业学报，2016，25 (6)：34-41.

刘利花，尹昌斌，钱小平.稻田生态系统服务价值测算方法与应用 [J].地理科学进展，2015，34 (1)：92-99.

张翼然，周德民，刘苗，等.中国内陆湿地生态系统服务价值评估 [J].生态学报，2015，35 (13)：4279-4286.

李青，王娇，李博，等.荒漠生态系统服务功能货币化评估 [J].干旱区资源与环境，2016，30 (7).

③ 秦嘉励，杨万勤，张健.岷江上游典型生态系统水源涵养量及价值评估 [J].应用与环境生物学报，2009，15 (4)：453-458.

孔东升，张灏.张掖黑河湿地国家级自然保护区固碳价值评估 [J].湿地科学，2014 (1)：29-34.

彭文静，姚顺波，冯颖.基于TCIA与CVM的游憩资源价值评估 [J].经济地理，2014，34 (9)：186-192.

李婷，刘康，胡胜，等.基于InVEST模型的秦岭山地土壤流失及土壤保持生态效益评价 [J].长江流域资源与环境，2014，23 (9)：1242-1250.

杨文艳，周忠学.西安都市圈农业生态系统水土保持价值估算 [J].应用生态学报，2014，25 (12)：3637-3644.

单位面积生态系统服务价值当量表[①]，但大部分成果仍是基于国外学者的相关研究取得的，缺乏创新，在国际上的影响力也有待提高。

8.3 生态系统服务价值评价方法

物质量评价法、价值量评价法和能值分析法是三种传统的生态服务评价方法。三种方法分别从物质量、价值量以及能量归一三个不同角度来评价生态系统服务价值。

8.3.1 物质量评价法

物质量评价法是通过统计数据、问卷调查、实验测定等途径[②]，确定生态系统服务所形成或所提供的各种物质数量，定量评价生态系统提供给人类的服务的方法。如水源涵养服务就直接利用提供多少水量来定量描述[③]。

从物质量的角度评价生态系统服务时，如果某一生态系统服务提供的物质量随时间的推进并无减少或是增加了一定数量，则可以认为该生态系统服务在该时间段内处于较理想的状态；反之若某一生态系统服务提供的物质量随时间的推进而减少，则认为该生态系统服务在该时间段内处于不甚理想的状态。设 t 为时间，$\triangle t$ 为时间增量，则生态系统在 t 时刻提供的 n 种服务分别为 Q_1（t），Q_2（t），…，Q_n（t），Q（t）=（Q_1（t），Q_2（t），…，Q_n（t））为生态系统在 t 时刻提供的服务向量，故可将上述文字叙述表达为[⑥]：

若 Q（t+$\triangle t$）≥Q（t）（$\triangle t$≥0），则该生态系统在$\triangle t$时间段内处于比较理想的状态；

若 Q（t+$\triangle t$）<Q（t）（$\triangle t$≥0），则该生态系统在$\triangle t$时间段内处于不甚理想的状态。

① 谢高地，鲁春霞，冷允法，等．青藏高原生态资产的价值评估［J］．自然资源学报，2003，18（2）：189-196.
谢高地，甄霖，鲁春霞，等．一个基于专家知识的生态系统服务价值化方法［J］．自然资源学报，2008，23（5）：911-919.
谢高地，张彩霞，张雷明，等．基于单位面积价值当量因子的生态系统服务价值化方法改进［J］．自然资源学报，2015（8）：1243-1254.
② 马凤娇，刘金铜，A. EgrinyaEneji，等．生态系统服务研究文献现状及不同研究方向评述［J］．生态学报，2013，33（19）：5963-5972.
③ 侯鹏，王桥，申文明，等．生态系统综合评估研究进展：内涵、框架与挑战［J］．地理研究，2015，34（10）：1809-1823.

　　显然，物质量评价法可以客观评估区域生态系统所提供的某一项服务的大小和资源的数量多少，加之反映的主要是生态系统的结构/功能及生态过程，因此适用于以分析生态系统服务的可持续性为目的的生态系统服务评价和较大尺度的生态系统服务评价①。前者是由于生态系统的生态过程决定了生态系统服务是否具有可持续性，而生态系统服务物质量变化是生态系统的生态过程变化的主要结果，因而在一定程度上可以较为客观地反映生态系统服务的可持续性。后者是因为空间尺度比较小的生态系统用于某种目的的交换易于观察和测量，而空间尺度较大的区域生态系统结构复杂，各组成部分之间相互影响，其交换难于观察和测量。

　　物质量评价法最突出的问题在于不同生态系统服务的量纲不同，难以比较不同类型的服务大小和资源多少，以至不同类型的服务和资源价值难于汇总，也无法确定区域生态系统的主导服务和优势资源，进而导致区域生态系统服务价值综合评估困难。可见，物质量评价法的应用范围比较狭窄，目前国内外学者极少有单独使用物质量评价法评价生态系统的服务价值。但物质量仍是生态系统服务价值评价中的重要指标，大量应用于价值量评价法中。

8.3.2　价值量评价法

　　价值量评价法是将生态系统提供的服务所产生的价值货币化，用货币数量多少来衡量价值大小的一种定量评价方法。该方法克服了物质量评价法量纲不同的重大缺陷，可以实现区域生态系统内部不同服务和区际不同生态系统价值的比较和汇总，有利于区域生态系统服务价值的综合评价。由于价值量法是基于价值的评估，所以将生态系统服务与资产和社会经济、人类支付意愿紧密联系在一起，更容易让人们有直观感受②。价值量评价法目前广泛用于生态系统服务价值评价中，主要有两种方式：①依据环境经济学理论，为不同生态服务功能赋予市场价值；②根据前人估算或基于前人研究结果进行修正的各项生态系统单位面积服务价值综合得到总价值。

---

　　①　赵景柱，肖寒. 生态系统服务的物质量与价值量评价方法的比较分析［J］. 应用生态学报，2000，11（2）：290-292.
　　②　侯鹏，王桥，申文明，等. 生态系统综合评估研究进展：内涵、框架与挑战［J］. 地理研究，2015，34（10）：1809-1823.

8.3.3 市场价值法

市场价值法来源于环境经济学评价方法，基于不同的市场基础进行价值评价，可分为：直接市场法、替代市场法以及模拟市场法[①]。

8.3.3.1 直接市场法

（1）市场价格法。

市场价格法是指对生态系统服务提供的部分有交易市场和价格的产品和功能，将市场交易总额直接作为生态系统某项服务价值的一种方法，主要用于生态系统产出的物质产品的价值评价。市场价格法操作简单，只要获取产品的单位价格和总产量，即可较准确地核算该产品的价值。使用此法的关键在于获得可信的单位价格和总产量，而产量不仅受限于自然条件，同时也受限于人类获取产品的强度，通常人类活动强度越大产量越高。此外，同一生态系统物质产品多样，实际研究时不可能囊括所有物质产品，一般选取其中比较有代表性的一种或几种产品计算价值，用上述产品价值的总和等同于生态服务的价值显然是偏低于实际值的，且不同研究者选取的产品类型可能不同，而不同产品的数量和价格也不同，那么最终得到的相同服务功能的价值量就很可能不同。

（2）碳税法和造林成本法。

碳税法和造林成本法用碳税和人工造林成本分别代替生态系统中绿色植物固定二氧化碳释放氧气功能的价值，是核算生态系统气体调节这项间接使用价值的经典手段。在核算湿地气体调节服务价值时，还需要用到生产函数法，即根据投入与产出的固定比例核算价值。碳税法一般是采用国际通用的瑞典碳税率150＄/t（C）计算二氧化碳的排放费以得出固碳价值。碳税法和造林成本法核算公式简洁，易于计算，核算的关键在于得出较准确的植物净初级生产力。净初级生产力是植被总初级生产力与自养呼吸消耗有机质之差，但植物净初级生产力的计算模型复杂，数据繁杂，难于计算。且区域生态系统植被的总量难以精确统计，也会在一定程度上影响生态系统服务价值的计算的准确度。

---

① Chee Y E. An ecological perspective on the valuation of ecosystem services ［J］. Biological Conservation, 2004, 120（4）：549-565.

（3）影子工程法。

影子工程法本意是指当生态环境受到污染或破坏后，人工建造一个提供与原环境相同服务的工程，并用工程费用来估算原有生态环境的价值。在生态系统服务价值的评价中，影子工程法不仅用于上述情况，也用于一些难以直接估算的服务的价值估计，如涵养水源、调节小气候等。生态系统涵养水源的年价值量通常以单位水库库容年投入成本与生态系统年蓄水量之积计算得到，调节小气候的价值一般以一定数量和功率的空调达到相似制冷效果所消耗的费用估计。其优点在于为某些人们已知但难以量化的生态系统服务提供了较为简便的核算方法。缺点在于其模拟的功能仅是生态系统某项服务能够达到的效果的一部分，无法完全替代生态系统服务。另外，影子工程选取合适与否也会影响最终价值的评估。

（4）机会成本法。

机会成本是指在其他条件相同时，把一定的资源用于某种用途时所放弃的最大替代选择价值。如计算游客的时间成本，就可以用游客旅行的时间用于工作时所获得的收益来估计[①]。自然资源和生态资源由于其稀缺性，其价格不是由平均机会成本决定，而是由边际机会成本（由边际生产成本、边际使用成本和边际外部成本组成）决定的，在理论上反映了收获或使用一单位自然和生态资源时全社会付出的代价[②]。使用机会成本法时，最大的问题在于被当做机会成本的其他用途的不确定性，从而导致高估或者低估想要估算的生态系统服务的价值。

（5）恢复和防护费法。

全面评价生态系统服务环境质量改善的效益，在各种情况下都比较困难，但对环境破坏带来的经济损失的最低估计的获得就相对简单些，可以从人们为了减少或消除生态环境恶化、生态系统服务功能退化，所采用的各种措施需要的经济费用中获取。恢复和防护费用法就是把恢复或防护一种资源不受污染所需的费用，作为环境资源破坏带来的最低经济损失，用以估计原生态系统服务的最低经济价值。如辛琨等[③]先对部分可再生资源进行生产成本定

---

① 崔丽娟. 扎龙湿地价值货币化评价 [J]. 自然资源学报, 2002, 17 (4)：451-456.

② 刘玉龙, 马俊杰, 金学林, 等. 生态系统服务功能价值评估方法综述 [J]. 中国人口：资源与环境, 2005, 15 (1)：91-95.

③ 辛琨, 肖笃宁. 盘锦地区湿地生态系统服务功能价值估算 [J]. 生态学报, 2002, 22 (8)：1345-1349.

价，再对洪水造成的农田损失以粮食减产进行估算，同时用搬迁费计算因湿地蓄洪而不必搬迁居民所节省的开支。恢复和防护费用法依据人类的行为进行估价，相较其他估价方法更为直接。但人类行为受多种因素的制约，会影响该方法在实际中的使用。另外，该方法仅考察了生态系统资源的使用价值，无法合理评估生态系统资源的非使用价值。

（6）人力资本法。

经济学将人视为创造财富的资本，通过市场价格和个人工资（即个人创造的财富总和）来确定个人对社会的贡献，人力资本法以此为依据估算生态系统服务退化对人类健康造成的损失。环境恶化主要从三方面对人体健康造成损失：因污染致病、致残或早逝而减少本人和社会的收入；医疗费用的增加；精神和心理上的代价。如赵晓丽等[1]应用修正人力资本法估算出 2011 年北京市空气污染物排放导致的健康损害经济价值为 60 394.55 万元。但人力资本法本身也存在诸多缺陷：选取静态工资作为个人价值的衡量一则没有考虑社会发展带来的工资动态变化，二则个人工资往往低于个人财富价值的创造。此外，实际运用时指标多样，详尽收集难度大。

8.3.3.2 替代市场法

（1）旅行费用法。

旅行费用法（Travel Cost Method）简称：TCM，通过人们的旅游消费行为间接对生态系统的产品或服务进行价值评估，并把旅行过程中产生的费用与消费者剩余之和作为该生态系统服务的价值。旅行中的费用一般产生于交通、住宿、餐饮、景点门票、商品购买和旅行时间成本等，消费者剩余是指游客除了已花费的资金外还愿意支付的金额，两者实际上反映了消费者对旅游景点的支付意愿。旅行费用法的优势在于数据的可获得性和可信程度高，使用统计年鉴或调查问卷就能获取大量数据，能较便捷地计算出生态系统的游憩价值。但不同交通工具和不同等级的住宿条件价格相差较大，不同游客在交通和住宿费方面差异显著。

（2）享乐价格法。

享乐价格法提出伊始是为了给房地产赋以额外的环境附加价值，使房地产增值以获得更好的收益，该法基于人们认识到某一财产的价值包含其周边

① 赵晓丽，范春阳，王予希. 基于修正人力资本法的北京市空气污染物健康损失评价 [J]. 中国人口·资源与环境，2014，24（3）：169-176.

环境的价值，并将同一产品在不同环境下愿意支付的价格差额作为环境差别的价值。享乐价格法在生态系统服务评估中是以超出某一财产本身价值的额外价值来衡量生态系统的环境影响价值，国外学者研究发现：树木可以使房地产的价格增加5%~10%；环境污染物每增加一个百分点，房地产价格将下降0.05%~1%[①]。但该法仍停留在理论阶段，主要原因有三：其一，享乐价值法建立在大量实际市场数据的基础上，需要研究者有专业的统计知识；房地产市场的运作情况和透明程度以及买主是否清楚房地产价格包含环境价值直接影响享乐价值法的使用，使用难度高；其二，该法计算结果易受估算程序和函数形式等其他因素影响；其三，将使用价值直接作为环境总价值，评价结果偏低。

（3）生态价值法。

生态价值法是指将皮尔斯生长曲线与社会发展水平以及人们生活水平相结合，根据人们对某种生态功能的实际社会支付来估算生态服务价值的方法[②]，常用于生态系统提供物种栖息地服务的价值。生态价值法优点在于有现成数据，避免了复杂的数据调差与统计过程，从宏观上确定了被调查者的收入和支付意愿。如在计算湿地生态系统的栖息地价值时，只需将湿地的实际投资与生态价值系数（恩格尔系数的倒数）相乘即可获得[③]。但其缺点在于所得出的结果过于宏观，容易忽略相同生态系统在不同区域间的细微差别。且该法的关键是通过恩格尔系数求得发展阶段系数，并将恩格尔系数作为人们支付意愿的唯一因素，问题在于恩格尔系数不一定是唯一的影响因素，这势必影响评估结果的准确性。

8.3.3.3　模拟市场法

条件价值评估法（contingent valuation method，CVM）是在假想市场条件下，通过问卷调查的方式直接获取人们对某项生态系统服务功能改善或资源保护的支付意愿（willingness to pay，WTP）、或者对服务或资源质量损失的接受赔偿意愿（willingness to accept compensation，WTA），以人们的WTP或

---

① 刘玉龙，马俊杰，金学林，等. 生态系统服务功能价值评估方法综述 [J]. 中国人口：资源与环境，2005，15（1）：88-92.

② 傅娇艳，丁振华. 湿地生态系统服务、功能和价值评价研究进展 [J]. 应用生态学报，2007，18（3）：681-686.

③ 辛琨，肖笃宁. 盘锦地区湿地生态系统服务功能价值估算 [J]. 生态学报，2002，22（8）：1345-1349. 刘飞. 淮北市南湖湿地生态系统服务及价值评估 [J]. 自然资源学报，2009（10）：1818-1828.

WTA 来估计生态系统服务的改善或服务损失的经济价值，可用于评估环境物品的使用价值和非使用价值，是国际上关于公共物品价值评估应用最为广泛的一种方法①。条件价值评估法的核心是直接询问被调查者以确定其 WTP 或 WTA，这既是优点也是缺点。优点在于它是一种相对直接的评估公共物品价值的方法，且易于应用。缺点在于该法基于假想市场，计算结果无法进行实证检验，且方法本身导致的影响研究结果的可能偏差较多②，其评价结果的准确性和可靠性易遭受质疑。

8.3.4 参数法

参数法是指直接采用前人研究成果或采用基于前人研究自行修正后的不同生态系统或者各项生态系统服务单位面积的价值对研究区生态系统服务价值进行综合评估的定量评估方法。Costanza 等③研究出的全球生态系统价值系数在全球范围内有着广泛的影响，国内除 Costanza 等以外，谢高地等④基于 Costanza 等对其进行修正提出的较符合我国实际的中国单位面积生态系统服务价值当量和中国生态系统服务价值系数的应用也较广。

8.3.4.1 当量因子法

当量因子法的原理是，定义 1 公顷研究区农田生态系统年均粮食自然产出经济价值为 1，其他生态系统服务价值当量因子根据其相对于农田粮食生产服务贡献的大小确定。计算时，先求得 1 个标准单位生态系统服务价值当量因子的价值量（指 1 公顷全国平均产量的农田每年自然粮食产量的经济价值⑤），考虑生态系统自然产出的经济价值应为现有农田单位面积粮食产出价值的 1/7，故取上述计算结果的 1/7 作为单位当量因子的价值量。并据此计算

① 张志强，徐中民，程国栋．条件价值评估法的发展与应用［J］．地球科学进展，2003，18（3）：454-463.
② 陈琳，欧阳志云，王效科，等．条件价值评估法在非市场价值评估中的应用［J］．生态学报，2006，26（2）：610-619.
③ Costanza R，R Darge，R Degroot，et al. The value of the world's ecosystem services and nature capital［J］．Nature，1997，387：253-260.
④ 谢高地，鲁春霞，冷允法，等．青藏高原生态资产的价值评估［J］．自然资源学报，2003，18（2）：189-196.
谢高地，甄霖，鲁春霞，等．一个基于专家知识的生态系统服务价值化方法［J］．自然资源学报，2008，23（5）：911-919.
⑤ 谢高地，张彩霞，张雷明，等．基于单位面积价值当量因子的生态系统服务价值化方法改进［J］．自然资源学报，2015（8）：1243-1254.

出不同生态系统类型及其各项服务的价值系数，生态系统服务的价值系数与相应面积之积即为生态系统的价值。通常情况下，将单位面积农田生态系统单位面积粮食生产的净利润（单位面积总收益−粮食生产的影子地租−单位面积总投入）作为1个标准当量因子的生态系统服务价值量，农田生态系统的粮食产量价值依据我国三大主要粮食作物：稻谷、小麦和玉米的产量价值计算[1]。计算公式如下：

$$E_n = p_i \times q_i \times s_i / 7S \qquad (8-1)$$

式（8-1）中：E_n表示单位面积农田生态系统提供食物生产服务功能的经济价值，元/hm²；i表示作物种类；p_i表示i种作物价格，元/kg；q_i表示i种粮食作物单产，kg/hm²；s_i表示i种粮食作物面积，hm²；S表示粮食作物总面积，hm²。

$$E_{ij} = e_{ij} \times E_n \qquad (8-2)$$

式（8-2）中：i表示生态系统服务功能种类；j表示生态系统类型，E_{ij}表示j种生态系统i种生态服务功能的系数，元/hm²；e_{ij}表示j种生态系统i种生态服务功能的当量因子；E_n表示单位面积农田生态系统提供食物生产服务功能的经济价值，元/hm²。

$$E = E_{ij} \times A_j \qquad (8-3)$$

式（8-3）中：E表示区域生态系统服务总价值；E_{ij}表示j种生态系统i种生态服务功能的系数，元/hm²；A_j表示j类生态系统的面积。

8.3.4.2　价值系数法

直接采用价值系数的计算方式最简单，只要应用式（8-3），将价值系数乘以研究区相应生态系统的面积即可求得生态系统的价值。

在具体研究中，为了尽量接近研究区生态系统服务价值的真实值，大多数研究者会修正谢高地等[2]得出的单位当量因子的价值量，一般有两种方式：

① 谢高地，张彩霞，张雷明，等．基于单位面积价值当量因子的生态系统服务价值化方法改进[J]．自然资源学报，2015（8）：1243-1254.
胡瑞法，冷燕．中国主要粮食作物的投入与产出研究[J]．农业技术经济，2006（3）：2-8.
② 谢高地，鲁春霞，冷允法，等．青藏高原生态资产的价值评估[J]．自然资源学报，2003，18（2）：189-196.
谢高地，甄霖，鲁春霞，等．一个基于专家知识的生态系统服务价值化方法[J]．自然资源学报，2008，23（5）：911-919.
谢高地，张彩霞，张雷明，等．基于单位面积价值当量因子的生态系统服务价值化方法改进[J]．自然资源学报，2015（8）：1243-1254.

一是采取相同的计算方法，但是将数据转换为研究区当地粮食产出、收益和投入的数据。二是将谢高地等得出的单位当量因子的价值量与我国不同省份农田生态系统的修正系数相乘得到研究区单位当量因子的价值量。

　　参数法计算过程简单，数据容易获取，可操作性强，因此在实际中应用广泛，但其缺陷也是显而易见的，前文已述。Costanza 等[1]和谢高地等的研究对象分别为全球和中国的生态系统，均为大尺度研究，由于不同区域生态系统和经济发展水平的差异性，其他学者研究具体案例时若直接借鉴两者的研究成果，有可能造成研究结果与实际情况偏离程度较大的情况，影响研究的价值。Costanza 等的方法本身存在缺陷，如过高估计湿地生态系统的价值，严重低估耕地的生态价值，其是否适用于中国生态系统服务价值的计算仍存在争议。谢高地等的研究结果为全国平均值，即使采用了修正后的生态系统服务价值系数，仍不可避免区域生态系统服务价值的差异特征被削弱，影响评价结果的准确性。此外，以农田生态系统的粮食产出价值作为单位当量因子的价值量，在粮食产出量低、投入大的地区显然会使得生态系统服务价值被低估，反之则会使得生态系统服务价值被高估。

8.3.5　能值分析法

　　Odum 综合系统生态、能量生态和生态经济原理，经过长期研究于 20 世纪 80 年代后期创立了能值理论和分析方法[2]，其最初将能值定义为"一流动或储存的能量所包含另一种类别能量的数量"[3]，该定义基本通用于国内外有关能值的研究。在实际应用中，学者们普遍认为太阳能是其他能量之源，因此可以用太阳能来衡量其他形式的能量，只要运用能值转换率将流动和贮存在生态系统中不同能量等级上不同质和量的能量转化为统一标准的太阳能值，就能反映和比较生态系统中不同能量的真实价值与贡献，能值转换率的大小也从本质上揭示了不同资源能量、商品劳务和技术信息等存在价值差别的根本原因[4]。此法按照生态学价值和经济学价值，将生态系统价值重新分类为生

---

①　Costanza R，R Darge，R Degroot，et al. The value of the world's ecosystem services and nature capital [J]. Nature，1997，387：253-260.

②　蓝盛芳，钦佩，路宏芳. 生态经济系统能值分析 [M]. 北京：化学工业出版社，2002：2~4.

③　Jansson A M，Hammer M，Falke C，et al. Investing in natural capital [M]. Covelo：Island Press，1994：200-213.

④　张颖. 基于能值理论的福建省森林资源系统能值及价值评估 [D]. 福建师范大学，2008.

态系统资源功能价值（直接价值，主要指生态系统资源的供给，包括食物、原材料以及能源资源等）和生态系统生态服务价值（间接价值，主要指生态系统的社会和环境生态功能价值，包括生态系统的文化价值、生态价值及环境支持价值等）。表8-1给出了能值理论的相关概念。

表8-1　能值理论的相关概念

术语	含义
太阳能值	资源、产品或服务形成所需要直接或间接投入的太阳能总量（单位：sej）
有效能	具有做功能力的潜能，其数量在转化过程中减少（单位：J，kcal等）
能值转换率	单位某种类别的能量（单位：J）或物质（单位：g）所含能值的量（单位：sej/J或sej/g）
太阳能值转换率	形成单位能量（物质）直接或间接需要的太阳能值的量（单位：sej/J或sej/g）
能值功率	单位时间内的能值流量（单位：emjoules/a）
太阳能值功率	单位时间内的太阳能值流量（单位：sej/a）
能值/货币比率	与单位货币相当的能值量；由一个国家年能值总量除以当年GDP而得（单位：sej/$）
能值-货币价值	能值相当的市场货币价值，即以能值来衡量财富的价值，又称宏观经济价值
能量转化等级	宇宙中的能量组织呈能量转化等级关系。各种能量所处的级别位置由能值转换率多少而定

　　能值分析法使用时首先应确定研究的系统边界，根据系统特性构建合适的评价指标体系后通过文献查找和实地考察获得研究区生态系统能量和服务功能的基础数据。按照指标体系中各项指标的具体计算方式求得各项生态服务功能总量（g）后将之折算为能量（J），再通过各生态系统的能值转化率（sej/J或sej/g）折算成能值，最后依据能值货币转换率转换为货币价值，从而实现对生态系统资源功能和生态系统服务价值的定量评价。目前能值分析法并非国内外生态系统价值评估的主流，国外主要利用该法评测各类生态系统的资源存量和能值流量[①]。我国虽在20世纪90年代就引入了能值分析理论，也陆续展开了基于能值分析法的生态系统服务价值评估，逐渐从生态系统资源功能转向生态系统服务的综合评估，但总体来看数量较少，且偏重于

---

① 王玲，何青. 基于能值理论的生态系统价值研究综述［J］. 生态经济，2015, 31（4）：133-136+155.

森林、湿地和海岸带生态系统服务价值的研究。

　　能值分析法通过能值这个统一的量纲能有效衔接能量流、物质流和货币流等各种流，并构建出一套反映生态-经济复合系统的能值综合指标体系，进而实现对生态系统服务价值的综合评估。该方法充分考虑了不同等级能量之间质和量的差异性和价格易受人类支付意愿和通货膨胀影响而波动等问题，相对客观、合理地评估了难以货币化的自然生态资源和服务的价值，且能值指标能同时反映生态效益和经济效益，这种应用统一标准得出的价值量有利于研究系统真实的服务价值变化，避免了替代市场法对象不明而导致的价值量不确定问题。能值分析法中生态系统能值转换率的计算是关键，但能值转换率的分析和计算极其复杂、难度很大，且有些物质本身与太阳能的关系微弱难以转换为太阳能值。其次，该方法建立在大量、全面、持续的数据基础上，若非如此则评价结果容易存在片面性且总价值偏小，缺乏合理性。再者，相对于价值量法采用市场价格计算生态系统服务价值具有强主观性而言，能值分析法计算的太阳能值显然更注重生态系统服务的客观价值，忽视了人类的主观能动性及认知能力，不能反映人类对生态系统资源和服务的需求，也无法体现某些生态系统资源和服务的稀缺性。

　　不同的评价方法各有优缺点，运算简便的容易出现重复计算，计算复杂可操作性不强，难以实施。由于现有生态系统分类方案本身存在交叉重复的问题，基于分类进行的评价就势必导致价格的重复计算，导致评价结果偏高；而人类认识上的局限性，完全有可能存在未被察觉的生态系统服务，这样又低估了总体价值，到底有多少生态系统服务被重复计算，又有多少生态系统服务未被察觉，其价值量各为多少完全无从得知，也就无法客观评价生态系统服务价值的真实变化。因此，在实际评估过程中，应事先查阅大量相关文献，根据研究区特性制定适用于研究区生态系统的评价原则，参照原则对功能分类中的指标以及具体评价方法择优选用，这样得出的评价结果相对客观，准确度也更高。

8.4　生态服务价值评价指标体系

　　定量评估生态系统服务价值的基础和前提是筛选评估指标和构建指标体系。指标体系建立就是根据评估框架和评估内容，结合生态系统本质特征及其与人类社会的互动关系，将生态系统综合评估内容分解为具有可操作性、可度量的构成要素的过程①。根据指标对某类生态系统服务价值的体现程度以及数据的可获得性等方面筛选出评估指标后，依照相关生态学原理和经济学的计量方法，针对不同的生态系统服务设计相应的评价方法，最终获得区域生态系统服务价值的评价结果。可见，区域生态系统评价指标体系的构建以及对应指标的内涵界定是否合理是客观真实评价生态系统服务价值的核心，而每个指标相应的评价方法直接影响评估结果的准确性，是生态系统服务价值评估的关键。理论上，生态系统每个指标只有一个真值，但生态系统服务价值的定量评价方法多样且不同学者对指标的内涵界定不同，即使对同一指标体系下的同一评价指标，从不同角度出发选用的评估方法、不同学者所做的评价结果都存在差异。因此，评价指标的选择及其内涵界定以及指标评估方法的选取的合理性与评估指标的估算结果是否最大限度地接近生态系统服务价值的真实值是直接相关的，也影响最终整个指标体系对生态系统真实特征的反映。基于不同的评价方法，目前最常用的指标体系有三种，分别是基于经济学方法的指标体系、基于参数法的指标体系和基于能值分析法的指标体系。

8.4.1　基于经济学方法的指标体系

基于经济学方法的指标体系是指采用经济学的方法计算评价指标价值的方法。但限于数据的可获得性，也有小部分指标的评价采用了成果参照法。该种指标体系是以现有不同生态系统服务分类方法为基础，根据研究区域特点对其进行删减、归类及修正后得到的。查阅基于经济学方法构建指标体系的现有文献后，选取具有代表性的几个分类体系、主要采用的指标和计算方法呈现如表 8-2。

---

① 侯鹏，王桥，申文明，等. 生态系统综合评估研究进展：内涵、框架与挑战［J］. 地理研究，2015，34（10）：1809-1823.

表 8-2　基于经济学方法的几种指标体系

	分类体系	指标	指标计算评估方法
海岸带	供给功能	食品生产	市场价值法
		基因资源	成果参照法
	调节功能	气体调节	影子工程法、碳税法、替代成本法
		干扰调节	影子工程法
		生物控制	成果参照法
		废弃物处理	替代成本法
	支持功能	初级生产	市场价值法
		养分循环	替代成本法
	文化功能	科研文化	成果参照法
	Costanza	气体调节	碳税法、造林成本法
		稳点岸线与洪水防护营	成果参照法
		养调节	影子工程法
		废物处理	影子工程法
		繁殖与栖息地	市场价值法
		海水养殖	市场价值法
		生物多样性维护	成果参照法
		旅游娱乐	成果参照法
海岛	供给服务	海水养殖	市场价值法
		海洋生物价值	市场价值法
		基因资源供给	成果参照法
	调节服务	气体调节	碳税法、造林成本法
		废弃物处理	影子工程法
	支持服务	营养物质循环	影子工程法
		生物多样性维持	成果参照法
	文化服务	科研文化	成果参照法

续表

	分类体系	指标	指标计算评估方法
流域	Costanza	有机物质生产	市场价值法
		水资源供给	市场价值法
		水力发电	市场价值法
		内陆航运	市场价值法
		气体调节	碳税法、造林成本法
		水源涵养	影子工程法
		空气净化	影子工程法
		水文调节	影子工程法
		河流输沙	影子工程法
		土壤保持	机会成本法和市场价值法
		营养循环	市场价值法
		生物多样性保护	成果参照法
		美学景观	成果参照法
内陆湿地	最终服务供给功能	物质生产	市场价值法
		提供水源	影子工程法和市场价值法
		净化水质	影子工程法和市场价值法
	调节功能	气候调节	成果参照法及市场价值法
		固碳释氧	碳税法
		土壤保持	影子工程法
	文化娱乐功能	文化科研	专家调查法及市场价值法
		旅游休闲	旅行费用法
	中间服务支持功能	水源涵养	影子工程法
		净初级生产力	影子工程法
		养分循环	影子工程法
		物种栖息地	发展阶段系数法及防护费用法
	直接使用价值	生产有机质	市场价值法
		旅游和娱乐	费用支出法
		蓄水和供水	影子工程法
		教育和科研	成果参照法
	间接使用价值	调节气候	替代市场法
		调节大气成分	碳税法和工业制氧法
		净化水质	替代市场法
		栖息地	生态价值法
	非使用价值	存在价值和遗产价值	条件价值法

由表 8-2 可知，基于经济学方法的评价指标体系大多数是在 Costanza 等[1]
和 MA[2] 的生态服务功能分类的基础上修改而成的，不区分中间服务和最终服
务，多用于海岸带、海岛和流域生态系统服务价值的评估。而内陆湿地则多
基于价值分类构建生态系统服务价值的评价指标体系，区分直接使用价值、
间接使用价值和非使用价值。

　　虽然不同学者采用的分类体系不同，所选取的指标名称各异，但大部分
指标的内涵界定是相似的。构建海岸带和海岛的生态系统服务价值评价指标
体系时多参照 Costanza 等和 MA 的分类方案，经过修正后两种评价体系选取的
主要指标及内涵基本一致，以基于 MA 的评价指标体系为例简单说明指标内
涵及其主要采用的价值计算方法。供给服务下属指标一半都含有研究区食品
供给和资源供给两项。食品供给服务价值采用市场价值法计算，在实际操作
中选取研究区主要食品产出进行计算。资源供给包括水资源和基因资源供给，
水资源供给用生态系统提供研究区的生态用水、工业用水和生活用水的经济
价值估算，基因资源供给服务价值的实测难度大，一般采用前人的研究成果
进行计算，即成果参照法。气体调节、干扰调节和废弃物处理是调节服务中
认可度较高的三种服务。其中，气体调节主要计算研究区生态系统地表植被
与水下浮游植物固定二氧化碳释放氧气的价值，多采用碳税法和造林成本法
进行估算；干扰调节主要计算生态系统消浪护堤、稳定岸线的功能，多采用
影子工程法计算，一般以海堤造价和维护成本作为其干扰调节的价值，也有
学者采用成果参照法计算；废弃物处理是指生态系统净化人类排放的多种废
弃物，实际计算中多计算生态系统净化废水和废气的价值，采用影子工程法
或替代成本法计算。支持服务包括养分循环服务和生物多样性维持服务。养
分循环价值是指生态系统支持氮、磷、钾等营养元素参与全球化学循环中所
体现的价值，替代成本法是最常用的方法；生物多样性维持服务的价值一般
基于研究区生态系统的初级生产力或是采用成果参照法计算。文化服务价值
包括科研价值和休闲娱乐价值两部分，多采用成果参照法估算，条件价值法
在休闲娱乐价值的计算中也较为常见。

　　流域生态系统与海岛和海岸带生态系统自然条件的差异，导致两者生态

---

①　Costanza R，R Darge，R Degroot，et al. The value of the world's ecosystem services and nature capital
［J］. Nature，1997，387：253-260.

②　Millennium Ecosystem Assessment. Ecosystem and human wellbeing：Synthesis［M］. Washington
DC：Island Press，2005.

系统服务功能的差异，因此在生态系统服务评价体系指标的选取方面有所不同。流域生态系统水资源充足，可以提供水力发电和内陆航运两项服务，采用市场价值法计算，将水力发电和航运的经济效益作为研究区提供水力发电和内陆航运服务的价值。内陆湿地生态系统评价指标体系的构建基础虽与海岛、海岸带和流域生态系统不同，但四者的评价指标以及指标对应的评价方法是基本一致的。由于价值分类是湿地生态系统服务功能分类中最常见的分类方式，条件价值法又广泛应用于非使用价值的评估，因此相比其他生态系统，基于价值分类方案构建的湿地生态系统评价指标体系中条件价值法出现的概率很高。

　　基于 Costanza 等①和 MA②的分类方案构建的评价指标体系是目前最常见的生态系统服务价值评估指标体系，与 Costanza 等和 MA 研究结果的巨大影响力不无关系。而 MA 的分类方案较 Costanza 等更为清晰，认可度更高。利用经济学计算方法能有效避免复杂的数据获得和处理过程、简化计算，在实际操作中可行性更高。且其利用各种计算方法通过研究区市场价格计算出研究区生态系统服务的市场价值，其准确度较成果参照法更高，也更适用于项目生态效益的评估。但基于这两种分类方案的评价指标体系的缺陷也是显而易见的。评价指标体系能否客观评价生态系统服务价值并反映生态系统的特征基础在于构建合理的指标体系并筛选出能够有效反映生态系统服务功能的指标。而 MA 和 Costanza 等的分类方案都存在功能重叠的现象，因而基于这两类分类方案构建的指标体系也不可避免的带有指标内涵重复的问题，致使指标价值重复计算，影响最终评价结果的准确性。此外，在使用经济学方法计算生态系统服务评价指标体系中的各项指标价值时，已经默认将服务与效益等同看待，但事实上，在目前绝大多数人类既得效益中均包含人类劳动价值，若将服务与效益等同即否认了人类劳动价值，高估了生态系统服务价值。为了解决上述矛盾，许多基于这两类分类方案构建指标体系的学者采用明确规定指标内涵的方法以避免指标价值的重复计算，并采用价值调整系数以最大限度地接近生态系统服务价值的真实值。虽然实际应用中仍存在各种问题，但这种评价指标体系已经逐渐完善。

　　① Costanza R, R Darge, R Degroot, et al. The value of the world's ecosystem services and nature capital [J]. Nature, 1997, 387: 253-260.

　　② Millennium Ecosystem Assessment. Ecosystem and human wellbeing: Synthesis [M]. Washington DC: Island Press, 2005.

8.4.2　基于参数法的指标体系

1997 年 Costanza 等提出基于生态系统土地覆盖面积及其服务单位面积价值核算区域生态服务价值后国际反响强烈，其价值指标体系在国内外应用广泛。我国学者谢高地以 MA 的生态系统服务分类方案为基础，提出了中国生态系统服务价值当量、系数和地区修正系数等①，进一步推动了我国基于参数法的生态服务价值指标体系在实践中的应用。目前国内基于参数法的指标体系主要参照 Costanza 和谢高地的研究成果，故而将之分为 Costanza 指标体系和谢高地指标体系。

8.4.2.1　Costanza 指标体系

Costanza 等②对全球 17 种生态系统服务进行评估后，提出了生态系统服务价值评估的新模式，即将生态系统土地覆盖面积与其单位面积价值之积作为研究区生态系统服务总价值。此法大大简化了生态系统服务价值的核算过程，其得出的全球生态系统服务价值如表 8-3 所示。

表 8-3　Costanza 等全球生态系统价值系数 [$/ (hm² · a)]

生态系统类型	远洋	河口	海草/海藻	珊瑚礁	大陆架	热带雨林	温带/北方林	草地/牧场
生态价值系数	252	22832	19004	6075	1610	2007	302	232
生态系统类型	海涂/红树林	沼泽/河漫滩	湖泊/河流	荒漠	苔原	冰川	农田	城市
生态价值系数	9990	19580	8498	0	0	0	92	0

8.4.2.2　谢高地指标体系

由于 Costanza 等的研究成果是全球尺度的，直接套用其结果估算中国生

---

①　谢高地，鲁春霞，冷允法，等. 青藏高原生态资产的价值评估 [J]. 自然资源学报，2003，18（2）：189-196.

谢高地，甄霖，鲁春霞，等. 一个基于专家知识的生态系统服务价值化方法 [J]. 自然资源学报，2008，23（5）：911-919.

谢高地，张彩霞，张雷明，等. 基于单位面积价值当量因子的生态系统服务价值化方法改进 [J]. 自然资源学报，2015（8）：1243-1254.

②　Costanza R，R Darge，R Degroot，et al. The value of the world's ecosystem services and nature capital [J]. Nature，1997，387：253-260.

态系统服务价值恐有失偏颇。谢高地等参考 Costanza 等和 MA① 提出的生态系统服务分类方案，提出基于专家知识的生态系统服务价值化方法，并构建了相对客观、准确的中国生态系统价值当量因子表（表 8-4）、生态服务价值系数（表 8-5）和全国不同省份价值量修正系数（表 8-6）。但上述当量因子仅是一种静态的评估方法，缺乏对生态系统类型、质量状况的时空差异的深入考虑。为此，谢高地等以上述静态评估方法为基础，依据各类文献资料和生物量时空分布数据对原有生态系统服务价值当量因子表进行修订和补充后，获得新的基础当量表（表 8-7），并引入植物净初级生产力、降水和土壤保持调节因子构建动态当量表，实现了全国 14 种生态系统类型及其 11 类生态服务功能价值在时间和空间上的综合动态评估。总体而言，已有文献中，引用谢高地 2002 年提出的当量因子以及价值系数的文献较 2007 年多，直接引用价值系数的文献数量很少，大多采用经过区域修正后的价值系数。由于谢高地对原有静态评估改进后的方法发表时间较新，知网上尚未出现引用其当量因子表或价值系数的文献。下文将谢高地 2002 年、2007 年以及 2014 年提出的价值当量因子或价值系数分别称为 2002 版、2007 版和 2010 版。

表 8-4　中国生态系统单位面积生态服务价值当量因子

一级类型	二级类型	森林		草地		农田		湿地		河流/湖泊		荒漠	
		2002	2007	2002	2007	2002	2007	2002	2007	2002	2007	2002	2007
供给服务	食物生产	0.1	0.33	0.3	0.43	1.00	1.00	0.3	0.36	0.1	0.53	0.01	0.02
	原材料生产	2.6	2.98	0.05	0.36	0.10	0.39	0.07	0.24	0.01	0.35	0	0.04
调节服务	气体调节	3.5	4.32	0.8	1.50	0.5	0.72	1.8	2.41	0	0.51	0	0.06
	气候调节	2.7	4.07	0.9	1.56	0.89	0.97	17.10	13.55	0.46	2.06	0	0.13
	水文调节	3.2	4.09	0.8	1052	0.6	0.77	15.50	13.44	20.38	18.77	0.03	0.07
	废物处理	1.31	1.72	1.31	1.32	1.64	1.39	18.18	14.40	18.18	14.85	0.01	0.26
支持服务	保持土壤	3.9	4.02	1.95	2.24	1.46	1.47	1.71	1.99	0.01	0.41	0.02	0.17
	维持生物多样性	3.26	4.51	1.09	1.87	0.71	1.02	2.50	3.69	2.49	3.43	0.34	0.40
文化服务	提供美学景观	1.28	2.08	0.04	0.87	0.01	0.17	5.55	4.69	4.34	4.44	0.01	0.24
	合计	21.85	28.12	7.24	11.67	6.91	7.9	62.71	54.77	45.97	45.35	0.42	1.39

---

① Millennium Ecosystem Assessment. Ecosystem and human wellbeing：Synthesis［M］. Washington DC：Island Press, 2005.

表8-5　中国生态系统单位面积生态服务价值系数

一级类型	二级类型	森林		草地		农田		湿地		河流/湖泊		荒漠	
		2002	2007	2002	2007	2002	2007	2002	2007	2002	2007	2002	2007
供给服务	食物生产	88.5	148.20	265.5	193.11	884.9	449.10	265.5	161.68	88.5	238.02	8.8	9.98
	原材料生产	2300.6	1338.32	44.2	161.68	88.5	175.15	61.9	107.78	8.8	157.19	0	17.96
调节服务	气体调节	3097	1940.11	707.9	673.65	442.4	323.35	1592.7	1082.33	0	229.04	0	26.95
	气候调节	2389.1	1827.84	796.4	700.60	787.5	435.63	15130.9	6085.31	407	925.15	0	58.38
	水文调节	2831.5	1836.82	707.9	682.63	530.9	345.81	13715.2	603.90	18033.2	8429.61	26.5	31.44
	废物处理	1159.2	772.45	1159.2	592.81	1451.2	624.25	16086.6	6467.04	16086.6	6669.14	8.8	116.77
支持服务	保持土壤	3450.9	1805.38	1725.5	1005.98	1291.9	660.18	1513.1	893.71	8.8	184.13	17.7	76.35
	维持生物多样性	2884.6	2025.44	964.5	839.82	628.2	458.088	2212.2	1657.18	2203.3	1540.41	300.8	179.64
文化服务	提供美学景观	1132.6	934.13	35.4	390.72	8.8	76.35	4910.9	2106.28	3840.2	1994.00	8.8	107.64
	合计	19334	12628.69	6406.5	5241.00	6114.3	3547.89	55489	24597.21	40676.4	20366.69	371.4	624.25

表 8-6　中国不同省份农田生态系统生物量因子

区域	生物量因子	区域	生物量因子	区域	生物量因子
北京市	1.04	安徽省	1.17	四川省	1.35
天津市	0.85	福建省	1.56	贵州省	0.63
河北省	1.02	江西省	1.51	云南省	0.64
山西省	0.46	山东省	1.38	西藏（区）	0.75
内蒙（区）	0.44	河南省	1.39	陕西省	0.51
辽宁省	0.90	湖北省	1.27	甘肃省	0.42
吉林省	0.96	湖南省	1.95	青海省	0.40
黑龙江省	0.66	广东省	1.40	宁夏（区）	0.61
上海市	1.44	广西（区）	0.98	新疆（区）	0.58
江苏省	1.74	海南省	0.72	全国	1
浙江省	1.76	重庆市	1.21		

注：不含港澳台地区

表 8-7　单位面积生态服务价值当量

一级类型	二级类型	供给服务			调节服务				支持服务			文化服务
		食物生产	原材料生产	水资源供给	气体调节	气候调节	净化环境	水文调节	土壤保持	维持养分循环	生物多样性	美学景观
农田	旱地	0.85	0.40	0.02	0.67	0.36	0.10	0.27	1.03	0.12	0.13	0.06
	水田	1.36	0.09	-2.63	1.11	0.57	0.17	2.72	0.01	0.19	0.21	0.09
森林	针叶	0.22	0.52	0.27	1.70	5.07	1.49	3.34	2.06	0.16	1.88	0.82
	针阔混交	0.31	0.71	0.37	2.35	7.03	1.99	3.51	2.86	0.22	2.60	1.14
	阔叶	0.29	0.66	0.34	2.17	6.50	1.93	4.74	2.65	0.20	2.41	1.06
	灌木	0.19	0.43	0.22	1.41	4.23	1.28	3.35	1.72	0.13	1.57	0.69
草地	草原	0.10	0.14	0.08	0.51	1.34	0.44	0.98	0.62	0.05	0.56	0.25
	灌草丛	0.38	0.56	0.31	1.97	5.21	1.72	3.82	2.40	0.18	2.18	0.96
	草甸	0.22	0.33	0.18	1.14	3.02	1.00	2.21	1.39	0.11	1.27	0.56
湿地	湿地	0.51	0.50	2.59	1.90	3.60	3.60	24.23	2.31	0.18	7.87	4.73
荒漠	荒漠	0.01	0.03	0.02	0.11	0.10	0.31	0.21	0.13	0.01	0.12	0.05
	裸地	0.00	0.00	0.00	0.02	0.00	0.10	0.03	0.02	0.00	0.02	0.01
水域	水系	0.80	0.23	8.29	0.77	2.29	5.55	102.24	0.93	0.07	2.55	1.89
	冰川积雪	0.00	0.00	2.16	0.18	0.54	0.16	7.13	0.00	0.00	0.01	0.09

　　2002 版和 2007 版所采用的指标体系是一致的，但 1 个标准生态系统服务价值当量因子的价值量以及不同生态系统各项服务功能的当量因子大小发生了变化，进而引发各服务功能价值系数的变化。2002 年到 2007 年，1 单位生态服务价值当量因子的价值量从 884.9 元/hm² 减少至 449.1 元/hm²。与 2002 年相比，2007 年森林、草地和农田单位面积生态系统服务价值当量分别提高了 28.7%、61.2% 和 14.3%，这与经济快速发展占据自然资产引发生态服务功能衰退的趋势是一致的，但其提高的幅度与实际情况的符合程度还有待商榷。而河流与湖泊和湿地单位面积生态系统服务价值当量却分别降低了 1.3% 和 12.7%，但并不等于 5 年间两类生态系统的实际价值降低，因为在谢高地两个年份的专家问卷调查中，以 Costanza 等的研究结果作为参考值，而 Costanza 等的结果过分高估了湖泊、河流与湿地相对于其他生态系统的价值，受其影响，2002 年对于河流、湖泊和湿地的价值当量也存在高估的问题。与此同时，荒漠的单位面积价值当量却显著提高了，一方面 2002 年专家学者可能低估了荒漠的各项生态服务功能，另外近年来越来越多的荒漠被开发为旅游娱乐场所，与荒漠美学观景服务的价值当量提升幅度最大的趋势一致。有学者以辽宁省为研究案例，分别用 Costanza 等的价值系数、2002 版的当量因子、2002 版经过区域修正的价值系数、2007 版的当量因子以及 2007 版经过区域修正的价值系数分别对辽宁省 2005 年和 2010 年的生态系统服务价值和 2005—2010 年的变化值进行估算并比较各评估结果与其均值的差值率，得到 2002 版的价值当量法最为可取，其次为 2002 版价值系数修正法，而 2007 版两种方法与 Costanza 等价值系数法偏差较大，以 Costanza 等的评估结果偏差最大，是较不可取的结论①。

　　在前两版生态服务价值评价体系中，仅将生态系统分为森林、草地、农田、湿地、河流/湖泊和荒漠六大类，未考虑同一大类生态系统的内部差异，不适用于范围较小需要更为精细的生态系统分类的研究区的生态系统服务价值的评估，也掩盖了不同区域同一生态系统服务功能间的细微差异，仅以面积大小论短长的方式消除了区域生态系统的特征。2010 版在前两版的基础上，不仅增加了各生态系统的亚类，还进一步将生态系统服务划分为 11 种类型，并修正了调整后的生态系统服务的含义。如考虑到我国水资源缺乏的现状，

①　赵小汍. 土地利用生态服务价值指标体系评估结果比较研究 [J]. 长江流域资源与环境，2016，01：98-105.

2010 版将水资源供给从水文调节功能中分离出来单独列为一个二级分类，归属于供给服务，指生态系统提供人类社会的生活用水、工业用水和生态用水；支持服务中进一步考虑了养分循环服务在生态系统各项服务中的相对重要性；将河流/湖泊大类改为水域，下属水系和冰川积雪两个亚类。可见，相对于前两版，2010 版对生态系统服务功能的划分更为全面和细致，对各项功能的内涵界定也更为清晰，生态系统评价的指标体系更加完善，实现了对我国 14 类生态系统 11 种生态系统服务功能类型的综合评估。由于前两版的生态系统分类不含亚类，且 2002 版与 2007 版已有比较，故仅比较 2007 版和 2010 版生态系统的一级分类单位生态系统服务价值当量的差异。与 2007 版相比，2010 版森林和草地的单位价值当量继续大幅提升，农田未有变动，湿地和荒漠小幅下降。水系的水文调节功能的单位面积价值当量提升至 102.24，与 2007 版的 18.77 相差巨大。由于尚未有其他学者采用 2010 版的当量表和价值系数进行实践，故而 2010 版当量和价值系数的准确性还有待考察。但 2010 版的生态系统服务价值评价体系较前两个版本更为完善，构建当量因子表时充分借鉴了基于实物量方法的评价结果，较前两个版本仅基于专家知识的评价方法更为客观。且 2010 版构建了年内逐月和空间上分省的时空动态当量因子表，评价结果的可信度有所提高。

8.4.3　基于能值分析指标体系

近年来，越来越多的学者开始应用能值分析法估算生态系统服务价值，研究对象也逐渐多样化，不再仅限于对红树林和浅海滩涂系统的研究，对草原[①]、人工湿地[②]、湖泊湿地[③]、森林[④]和农田生态系统[⑤]等也有所研究，但滨海湿地生态系统服务仍是主要研究对象。目前，能值在生态系统服务价值定量估算中的研究尚处于摸索阶段，偏重宏观评价生态效益与经济可持续发展，

①　李琳，林慧龙，高雅.三江源草原生态系统生态服务价值的能值评价［J］.草业学报，2016，25（6）：34-41.

②　周林飞，武祎，闫功双.石佛寺人工湿地生态系统能值分析与发展评价［J］.生态经济，2014，30（4）：149-152+157.

③　毛德华，胡光伟，刘慧杰，等.基于能值分析的洞庭湖区退田还湖生态补偿标准［J］.应用生态学报，2014，25（2）：106-107.

④　汤萃文，杨莎莎，刘丽娟，等.基于能值理论的东祁连山森林生态系统服务功能价值评价［J］.生态学杂志，2012，31（2）：433-439.

⑤　马凤娇，刘金铜.基于能值分析的农田生态系统服务评估［J］.资源科学，2014，36（9）：1949-1957.

将生态效益转化为经济价值的文献数量总体较少①。

应用能值分析法进行生态系统服务价值定量化评估的评价指标体系一般基于联合国千年生态系统评价的框架②,将其分为供给、调节、文化和支持四大类服务功能。研究者根据研究区生态环境特点等因素确定每大类服务功能下属的各项子功能,因此不同研究者最终构建的指标体系是有差异的。在仔细比较基于能值分析的滨海湿地生态系统服务功能价值定量评估的相关文献后,发现差异确实存在,但由于研究区生态系统的主要功能类似,其评价指标体系的共性也比较突出,就此整理出一套典型的评价指标体系、具体指标以及指标的计算方式,如表8-8所示。

8.4.3.1　滨海湿地供给服务价值

滨海湿地生态系统的供给服务主要是提供海水产品以及海草、鱼粉和木材等原材料。海水产品经过加工利用和销售后营养物质便转化为人类所需能量,而各种原材料则通过生态系统和经济系统间的能量流动实现原材料供给服务功能。应当强调,这类滨海湿地供给的原材料不包括石油或碎石,因为它们不受海洋生物活体的支持。某产品的能值一般按其发热量与其能值转换率的乘积计算。具体计算过程见表8-9。不同海洋生物的能值转换率有很大不同,每增加一个营养级能值转换率约提高10倍③,见表8-8。

表8-8　一个海洋生态系统中的能值转换率汇总

生物类别	能值转换率(sej/J)
浮游植物	1.84×10^4
浮游动物	1.68×10^5
小型游泳生物(软体动物、节肢动物、小型鱼)	1.84×10^6
小型食肉游泳生物(鱼类)	1.63×10^7
哺乳动物(海豹、海豚、鲸等)	6.42×10^7
顶层食肉动物(鲸)	2.85×10^8

---

① 王玲,何青.基于能值理论的生态系统价值研究综述[J].生态经济,2015,31(4):133-136+155.

② Millennium Ecosystem Assessment. Ecosystem and human wellbeing: Synthesis [M]. Washington DC: Island Press, 2005.

③ 孟范平,李睿倩.基于能值分析的滨海湿地生态系统服务价值定量化研究进展[J].长江流域资源与环境,2011(S1):74-80.

8.4.3.2 滨海湿地调节服务价值

滨海湿地调节服务包括气候调节、干扰调节、废弃物处理和生物控制等方面。

气候调节服务价值是指生态系统通过以光合作用为主的各种生态过程吸收二氧化碳释放氧气，并通过食物链进行物质循环和能量流动，进而起到调节大气组分影响气候变化的作用。计算时，首先通过经济学方法得到生态系统固碳释氧的货币价值并通过能值和货币的比率将其转为能值，然后计算气候调节服务的价值，详见表8-9。此法默认固碳释氧服务为生态系统原材料生产过程中的副产品，其价值随社会经济发展水平的波动而波动。

干扰调节功能主要表现在生态系统促淤造陆和抗风消浪两方面。促淤造陆服务功能的能值收益是通过滨海湿地植被根系对底泥的粘结稳固以及植株对地表径流的阻挡过程消耗径流能量，使其携带的泥粒沉积后将泥粒中有机质的能量转化为贮存能值保留在土壤库中（即形成沉积物）实现的。因此一般采用土壤库能值产出表示评价滨海湿地促淤造陆的能值，详见表8-9。抗风消浪生态服务功能主要通过红树林、盐沼米草、珊瑚礁等植被消耗高潮位波浪的波能实现，能有效降低台风等自然气象造成的海岸侵蚀和破坏程度。详细计算过程见表8-9。现有研究在评价滨海湿地生态系统抗风消浪的能值时默认研究区生态系统能完全消解吸纳该区海浪能，但事实上不同类型滨海湿地对海浪能的消纳能力存在差异，应根据生态系统特点采用相应的系数加以修正。

废弃物处理服务功能是通过生态系统中的生物的同化作用和分解作用直接或间接贮存并转化进入生态系统中的各种废弃物中所含的能量实现的。上述生态过程主要使水质得以净化，有效减少人工除废的经济损失，因而实际计算生态系统废弃物的能值时常用生态系统水质净化的能值替代。水质净化能值的计算方式很多，可以通过影子工程法以人工去除相同数量污染物所耗费的能值表示[①]，可以根据湿地植物对污水中重要污染物的吸收能力计算净化

---

① Liu J, Zhou H X, Pei Q, et al. Comparisons of ecosystem services among three conversion systems in Yancheng National Nature Reserve. [J]. Ecological Engineering, 2009, 35 (5): 609-629.

水质的能值①，也可以根据生态系统对 COD 物理自净功能损失的能值计算②。比较多个方法后，发现根据生态系统植物对污染物的吸收能力计算净化水质的能值最能体现能值分析法的优势，故采用该方法，详见表 8-9。

　　生物控制价值主要体现在生态系统对赤潮的抑制作用。生态系统中物质和能量是循环流动的，各营养级生物存在"上行效应"和"下行效应"，故可利用较低营养级生物对渔业资源发挥的调控作用（最低为潜在渔业的资源量的 30%），来评估整个海域生态系统的生物控制服务价值③，详见表 8-9。

8.4.3.3　滨海湿地支持服务价值

　　支持服务主要包括营养物质循环和维持生物多样性等。营养物质循环价值的能值估算可通过估算营养物质在食物链（网）中各级生物间的循环引发的能量流动实现。实际应用中常估算生态系统中生物对氮、磷、钾三种主要营养物质的贮存量的能值计算生态系统营养物质循环的价值。生物多样性维持价值主要体现在滨海湿地能为生态系统中各种生物提供产卵、越冬和避难的场所，保证生物的正常繁殖。传统的计算方法比较简单，只需将生态系统中生存的物种数目乘以相应的能值转换率即可，但此法忽略了不同生物类群的差异性。有学者提出④用生态系统对某物种的支持率乘以平均每个物种的太阳能值来修正传统方法，有的学者⑤利用反映系统生物多样性的香农-威纳指数（H′）计算生物多样性能值，还有学者⑥在 Liu 等⑦的基础上引用并改进生物多样性因子（FD）计算生物多样性的能值等。考虑到香农-威纳指数不能

　　① 赵晟，洪华生，张珞平，等. 中国红树林生态系统服务的能值价值 [J]. 资源科学，2007，29（1）：147~154.

　　② 李睿倩，孟范平. 填海造地导致海湾生态系统服务损失的能值评估——以套子湾为例 [J]. 生态学报，2012，32（18）：5825-5835.

　　③ 赵晟，李梦娜，吴常文. 舟山海域生态系统服务能值价值评估 [J]. 生态学报，2015，35（3）：678-685.

　　④ Odum H T. Environmental Accounting--EMERGY and Environmental Decision Making [J]. Child Development，1996，42（4）：1187-201.

　　⑤ 朱洪光，钦佩，万树文，等. 江苏海涂两种水生利用值分析 [J]. 生态学杂志，2001，20（1）：38~44.

　　⑥ 李睿倩，孟范平. 填海造地导致海湾生态系统服务损失的能值评估——以套子湾为例 [J]. 生态学报，2012，32（18）：5825-5835.

　　⑦ Liu J，Zhou H X，Pei Q，et al. Comparisons of ecosystem services among three conversion systems in Yancheng National Nature Reserve. [J]. Ecological Engineering，2009，35（5）：609-629.

有效评价系统的生态特征[①]，支持率的数据获得困难较大等问题，本研究采用基于 Liu 等方法的改进法，详见表8-9。

8.4.3.4 滨海湿地文化服务价值

滨海湿地文化服务主要包括科研、教育、旅游、娱乐等服务，可归为科研教育和旅游娱乐两类。滨海湿地生态系统为人类社会经济活动提供了多种物质载体，在人类活动过程中生态系统的能量流向社会经济系统，体现出巨大的能值货币价值。

滨海湿地科研教育服务的价值主要体现在生态系统为人类进行与海洋相关的科学研究以及开展海洋教育提供了丰富的材料和良好的场所，其价值可根据以研究区生态经济系统为研究对象的现有文献数量进行估算。滨海湿地旅游娱乐功能的能值计算方法多样，可利用游客人数与门票费之积计算[②]，也可利用游客人数与通过问卷调查获得的游客人均支付意愿之积计算，或是用研究区旅游收入计算[③]。除游客支付意愿的获取过程较复杂外，其他两种方法的计算都非常简便，游客人数与门票之积的计算方式使用频率最高，详见表 8-9。

表 8-9 基于能值分析法的生态系统服务价值评估指标体系

评价项目	评价指标	指标计算公式	参数说明
供给服务	食品生产	$E_1 = Q \cdot k \cdot u \cdot 4186 \cdot T_r$	Q 为单位面积水产品产量（m^2）；k 为干重比例取 0.2；u 为动物的标准热值取 4kcal/g[④]；4168 为能量单位转换系数，1kcal = 4168J；Tr 为水产品的能值转换率（sej/J）

① Brown M T, Cohen M J, Bardi E, et al. Species diversity in the Florida Everglades, USA: A systems approach to calculating biodiversity [J]. Aquatic Sciences, 2006, 68 (3): 254–277.

② Qin P, Wong Y S, Tam N F Y. Emergy evaluation of Mai Po mangrove marshes. [J]. Ecological Engineering, 2000, 16 (16): 271–280.

③ 秦传新，陈丕茂，张安凯，等. 珠海万山海域生态系统服务价值与能值评估 [J]. 应用生态学报，2015, 26 (6): 1847–1853.

④ Zuo P, Wan S W, Qin P, et al. A comparison of the sustainability of original and constructed wetlands in Yancheng Biosphere Reserve, China: implications from emergy evaluation [J]. Environmental Science & Policy, 2004, 7 (4): 329–343.

评价项目	评价指标	指标计算公式	参数说明
	原材料供给	$E_2 = A \cdot Q \cdot k \cdot u \cdot 4186 \cdot T_r$	A 为生态系统的总面积（m^2）（下同）；Q 为水生植物的总初级生产力（g/m^2），一般可以通过实测得到；k 为 C 的含量（%）；u 为 C 的标准热值，取 8kcal/g[②]；Tr 为水生植物的能值转换率（sej/J）
调节服务	气候调节	$E_3 = A \cdot NPP/0.614 \cdot (P_C + P_O \cdot 34/24) \cdot R$	NPP 为净初级生产力（g 干重/（$m^2 \cdot a$））；0.614 为 CO_2 变为净初级生产力的转化系数；R 为能值/货币比率（sej/\$）；P_C 为 CO_2 排放费用（\$/g）；P_O 为 O_2 的价格（\$/g）；32 为 O_2 分子量；44 为 CO_2 分子量
	干扰调节	$E_4 = E_{4A} + E_{4B}$； $E_{4A} = \Sigma (A \cdot v \cdot q \cdot r_i \cdot T_{ri})$ $E_{4B} = 0.125 \cdot L \cdot \rho \cdot g \cdot v \cdot h^2 \cdot t \cdot Tr$	E_{4A} 为促淤造陆能值（sej）；E_{4B} 为抗风消浪能值（sej）；v 为沉积速率（m/a）；q 为土壤容积密度（g/m^3）；r_i 为沉积物中某物质含量（g/kg）；T_{ri} 为某物质的能值转换率（sej/g）；L 为岸线长度（m）；ρ 为海水密度（kg/m^3）；g 为重力加速度（m/s^2）；v 为流速（m/s）；h 为平均浪高（m）；t 为时间，即 $3.15 \times 10^7 s/a$；Tr 为波浪能的能值转换率（sej/J）。
	废弃物处理	$E_5 = A \cdot \Sigma (W_i \cdot T_{ri})$	W_i 为湿地对某种污染物的年吸收量（g/a）；Tri 为某污染物的能值转换率（sej/g）
	生物控制	$E_6 = Q_{pc} \cdot T_{ri} \cdot 0.3$	Q_{pc} 为研究海域潜在渔业资源量；T_{ri} 为渔获物的能值转换率（sej/g）；0.3 是较低营养级生物对渔业资源所发挥的调控作用价值的最低比例

评价项目	评价指标	指标计算公式	参数说明
支持服务	营养物质循环	$E_7 = \Sigma (M_i \cdot k_i \cdot T_{ri})$	M_i 为某种植物的年平均净生物量（g）；k_i 为植株中某营养物质（N、P、K）的含量（%）；T_{ri} 为某物质的能值转换率（sej/g）
	生物多样性维持	$E_8 = \Sigma (A \cdot BM_i \cdot FD_i \cdot T_{ri})$ $FD = (H' + J + M + D^{1-d}) \cdot S$	BM_i 为某类群的平均生物量（g 干重/（$m^2 \cdot a$））；FD_i 为系统中该类群的生物多样性因子；T_{ri} 为该类群生物的能值转换率（sej/g）；H' 为香农−威纳指数；J 为 Pielou 均匀度指数；M 为 Margalef 丰富度指数；D^{1-d} 为 Simpson 多样性指数；S 为物种丰度（即总的生物个体数）
文化服务	科研教育	$E_9 = P \cdot T_r$	P 为平均每年发表的涉及所研究系统的学术论文页数；T_r 为论文能值转换率（sej/页）
	旅游娱乐	$E_{10} = N \cdot P_f \cdot R$	N 为来湿地区域旅游的人数；P_f 为门票费（\$/人）；R 为当时当地的能值/货币比率（sej/\$）

　　上述三种生态系统服务功能评价指标体系基于不同分类方案和评价方法建立，侧重点各有不同，各有其优势与不足。基于经济学评价方法的指标体系中每个指标都有相应的经济学方法用于评价其价值，将生态系统服务的非货币价值通过市场价格转换货币价值，有利于反映人们对生态系统服务的实际需求。但有些生态系统服务功能的价值难以用经济学方法衡量，且很多没有明确市场价格的指标在实际计算中都有不止一种的经济学方法，即使采用同种方法只要选取的参照物不同，其最终计算结果也不同。基于参数法的指标体系在实际应用中所需数据少且容易获得，可操作性强，能够快速核算某区域不同生态系统各生态服务功能的价值，大量运用于案例实践中。但目前两种应用最广的指标体系均基于大尺度研究，体现的是全球或全国范围的平均值，实际应用时即使经过区域修正，也不可避免的会消除部分区域特征，不利于不同区域相同生态系统之间的比较。基于能值分析法的指标体系贵在

用太阳能值统一了不同能量等级上不同质和量的能量，有利于衡量生态系统服务价值的真实值，由于能值分析法中获取能值的转换率是关键，而某些物质的能值转换率很难获得，有时不得不先利用经济学方法获得某服务功能的货币价值再利用能值货币比率将其转化为能值，这就难以避免经济学方法的一些弊病，因此目前能值分析法在生态系统服务功能价值定量评价中的应用尚不成熟。

9 围填海工程生态影响后评价的指标遴选与方法构建

对生态系统服务进行分类是进行生态系统服务价值评估的基础。评价指标体系的构建与评价指标的选取合理与否是指标体系能否比较客观、正确地综合评价生态系统服务价值的重要因素，而指标评价方法的选择将直接影响到最终评价结果与实际价值的偏离程度。因此，实际应用时，应基于合适的生态系统服务分类方案，根据研究区的实际情况筛选出相应的评估要素和评估指标，用于生态系统服务价值评价指标体系的构建，并选择适用于研究区指标价值评估的方法。本研究通读并梳理了现有生态系统服务价值评价的相关理论研究与案例实践的文献，提出了构建生态系统服务价值评价指标体系应遵循的五大原则，对以滨海湿地生态系统为研究对象的文献中各指标体系的构建以及指标选取进行了对比，并在此基础上结合研究区生态系统特点，筛选出用于评价的四项总指标以及 10 项子指标，构建了宁波杭州湾新区生态系统服务价值评估指标体系，并为每项子指标选用了合理的价值评估方法。

9.1 构建生态系统服务价值评价指标体系的原则

在查阅大量国内外生态系统服务价值评价理论研究与案例实践文献的基础上，提出以下建立研究区生态系统服务价值评价体系的原则。

（1）系统性和整体性原则。

生态系统是一个组成要素类型多样，要素与要素之间、系统与系统之间相互作用、相互制约，时刻进行着复杂多变的生态过程的整体。因此，要想客观、正确的评价生态系统服务的价值，必须综合考虑生态系统的生态、经济和社会价值，建立全面的、系统的、能够反映和测度被评估系统的主要特征和状况的评价指标体系。

（2）科学性原则。

构建的评价指标体系应该能够准确反映评价对象的本质内涵，因此在确定评价内容和范围、选择评价指标以及建立评价体系时必须坚持科学性原则。评价内容和范围关系到是否能够全面囊括研究区生态系统的各项服务以及服务的数量和质量，所选择的各项评价指标应具有简洁明确、各自独立的内涵，尽量能真实反映研究区生态系统提供的各种服务。

（3）可操作性原则。

评价指标体系最终是要用于指标的价值量化，若所选指标的定量化数据凭借研究人员持有的经济和技术条件难以获得或无法获得，那么即使有些指标对生态系统价值有极佳的表征作用，也会因为数据缺失或不全而无法纳入评价指标体系。因此所选指标须有较强的可操作性，一般选择易测易得、有数据量且便于统计和计算的指标。

（4）可比性原则。

所构建的评价体系中各种指标，要具有统一的量纲，一则便于生态系统内部不同服务之间的价值量比较，以确定研究区生态系统提供的主导服务功能，二则便于不同时间段内研究区生态系统服务价值价值量的比较，实现对研究区生态系统服务价值的长时段监测；三则便于研究区生态系统与不同区域的同种生态系统价值的横向和纵向的比较。

（5）普遍性原则。

构建的指标体系应尽可能的涵盖各种普遍性问题，对某种生态系统服务价值评价应具有普世性价值，即使在不同的空间尺度和时间范围内都能运用所选择的指标对该类生态系统的服务做出科学客观的评价。

选择评价体系的指标时，应注意综合考虑评价指标的科学性、合理性、完备性和独立性，不能简单的凭借一个原则来确定指标的取舍，同时应结合研究区生态系统的实际情况，充分考虑区域生态系统所提供的服务类型和数量上的特点，灵活把握和使用各项原则。

9.2　滨海湿地生态系统服务价值指标体系的对比

滨海湿地是海岸带附近由海洋与陆地相互作用形成的生态交错带，大致可分为浅海滩涂生态系统、河口湾生态系统、海岸湿地生态系统、红树林生态系统、珊瑚礁生态系统和海岛生态系统等6大类①，它们具有支持和保护自然生态系统与生态过程以及人类活动与财产的生态功能，从而能有力地推动沿海地区经济建设。围填海是人类寻求生存和发展空间的一种有效且重要的方式，随着沿海地区经济的快速发展，出现了越来越多的围填海项目，对滨海湿地生态系统的负面影响愈加明显。为保证沿海地区经济的可持续发展，开发利用滨海湿地既要考虑经济效益输出，还要保持其生态系统服务价值的稳定，因此需要对滨海湿地生态系统服务价值进行科学、全面的定量评价。研究区宁波杭州湾新区属于滨海湿地生态系统，本文对现存评价滨海湿地生态服务价值的文献进行梳理，对比不同指标体系，提炼出共性指标与差异性指标，以期构建适合研究区生态系统服务价值评估的指标体系。

查阅相关文献后，发现由于生态系统内部复杂的生态过程，不同构成要素间相互影响相互作用，各项生态系统服务之间存在着此消彼长的权衡关系或彼此增益的协同关系②，研究者不能也无法将生态系统各项服务完全割裂开来，再加上不同学者对生态系统形成过程的认知差异，导致至今学术界仍对生态系统服务的定义和分类存在分歧。目前，主要的生态系统服务分类方案有三种，分别是基于系统本身特性的功能分类、基于系统价值属性的价值分类以及基于需求和人类福祉的分类，其中功能分类方案在案例实践中应用最多。在一众功能分类方案中，继 Costanza 等③提出 17 类生态系统服务之后，MA④ 提出的供给、调节、支持和文化四大类服务以及 25 类子服务的分类方案，在国际上的影响力最为广泛而深远。因此，应用基于 Costanza 等的研究成果以及基于 MA 框架的在生态系统服务评价指标体系进行区域生态系统服务价值评价的实践研究是最多的。可将滨海湿地生态系统服务价值评价指标体系分为基于 MA 框架的指标体系和基于 Costanza 等的指标体系两种类型（还有少量其他评价体系与以上两种体系差别不大，故未单独列出）。基于 MA 框架的指标体系将生态系统服务分为供给、调节、支持和文化服务四大类，每大类服务再细分成若干子功能。基于 Costanza 等进行生态系统服务功

---

① 国家林业局. 中国湿地保护行动计划 [M]. 北京：中国林业出版社，2000：1~5.

② 戴尔阜，王晓莉，朱建佳，等. 生态系统服务权衡：方法、模型与研究框架 [J]. 地理研究，2016，06：1005-1016.

③ Costanza R, R Darge, R Degroot et al. The value of the world's ecosystem services and nature capital [J]. Nature, 1997, 387, 253-260.

④ Millennium Ecosystem Assessment. Ecosystem and human wellbeing: Synthesis [M]. Washington DC: Island Press, 2005.

能评价的指标体系有两个方向，一是以 Costanza 等的生态系统服务分类方案为基础，结合研究区生态系统特点对其进行修正；二是按照生态系统的土地覆盖类型划分，将其不同土地覆盖类型的面积作为核算生态系统服务功能价值的具体指标。基于 MA 框架的指标体系与第一类基于 Costanza 等的指标体系都是以生态系统服务分类方案为基础的，便于生态系统不同服务功能类型、数量和价值量的综合比较，而第二类基于 Costanza 等的指标体系重点关注不同土地利用类型所能提供的生态系统的服务功能类型和数量的差异导致的价值差异，可以得到区域生态系统服务的总体价值，有利于对生态系统中不同土地覆盖类型的价值评价，但难以比较各项服务间的差异。现将具有代表性的几篇文献所选用的具体指标列出，以比较两种指标体系中指标选取的共性和差异性，见表 9-1。

　　由表 9-1 可知，各项指标的采用率可大致分为四个梯度。食物生产、废物处理和科研文化是滨海湿地生态系统服务价值评估中采用最多的指标，在各种研究中的采用率均达到 90% 以上，可归为第一梯度。其中食物生产和废物处理两项指标的采用率达 100%，科研文化指标仅有 1 篇文献未采用，与前两者差距很小。说明研究人员对滨海湿地生态系统提供食物生产、废物处理和科研文化的服务认识比较一致，也意味着这三项服务是滨海湿地生态系统普遍能够提供的。这是因为滨海湿地生态系统能够向人类社会提供丰富的食物如海水产品和各种原材料，如木材、纤维等，但并不是所有的滨海湿地生态系统都能提供原材料，因此原材料指标未能进入第一梯度。作为一个整体，生态系统本身具有一定的自净能力，能够容纳和处理大量废弃物中的污染物。滨海生态系统具有复杂的生态过程，能够提供各种类型的生态服务，为了更好地认识和利用生态系统以满足人类需求，人们不断开展以滨海湿地生态系统为研究对象的科学研究，体现了滨海生态系统的科研文化价值。值得注意的是废物处理指标与位于第二梯度的养分循环指标之间的关系。在表 9-1 选用的 14 篇参考文献中，有一半的文献同时采用了废物处理和养分循环指标，另外 7 篇文献全部选取废物处理指标，舍弃了养分循环指标。大部分文献将废物处理定义为生态系统对人类排放的各种废弃物中的以氮磷为主的营养物质和各种有毒有害物质的净化作用，将养分循环定义为氮磷等营养物质通过各种生态过程在生态系统各组成分之间循环流动维持生态系统正常运转的作用。从定义上来看，这两项指标存在部分重叠，而废物处理的内涵更丰富一些，

表 9-1　滨海湿地生态系统服务价值评估代表文献指标选取

	江苏	海门	盐城	洞头县	长三角	杭州湾	厦门	天津	条子泥	奎子湾	浙南红树林	盘锦	舟山	珠海	合计
食物生产	+	+	+	+	+	+	+	+	+	+	+	+	+	+	14
原材料	+	+	+	+	+	+	+	+	+	+	+	+	+	+	10
气体调节	+	+	+	+			+		+				+		8
固碳释氧						+				+	+				2
气候调节			+		+	+		+		+		+	+	+	5
水分调节		+	+		+	+		+							5
土壤保持					+	+		+							3
废物处理	+	+	+	+	+	+	+	+	+	+	+	+	+	+	14
生物多样性	+	+	+		+	+	+	+	+	+	+	+	+	+	9
初级生产	+			+											2
养分循环	+	+	+	+	+	+	+		+	+	+			+	8
干扰调节	+	+	+	+	+	+	+	+	+	+	+		+	+	9
生物控制	+								+				+	+	3
栖息地				+		+	+		+			+			3
基因资源	+											+			2
旅游娱乐	+	+	+	+	+	+	+	+	+	+	+		+	+	8
科研文化	+	+	+	+	+	+	+	+	+	+	+		+	+	13

注：为了使表格内容更加明确清晰，本文在比较各参考文献所选取的指标含义之后，对部分定义相同但表述不同的少量指标进行了合并（选用文献详见本章末尾）。具体有：文献中出现的大气组分调节、气体交换、调节空气和气体这几类都是描述生态系统对以二氧化碳和氧气为主的各种气体的调节，故将这几类统一称为气体调节；将污染物的净化、废弃物中污染物的净化、水质净化、空气净化、废物处理和环境净化等归为废物处理，因为这几类都是描述生态系统通过自净功能对各种废弃物中的污染物的净化；将休闲旅游、旅游娱乐、旅游娱乐统一为旅游娱乐，娱乐和旅游都是提供给人类的放松身心的服务，稳定岸线、防风消浪、灾害防御、干扰调节等归为干扰调节，这是因为出现干扰调节之解释为将干扰调节之解释为生态系统本身具有的抵御灾害的能力，促淤造陆，稳定岸线、防风消浪都是指生态系统干扰调节的体现；文献中科研文化是指生态系统为人们进行教育、科学研究，文学和艺术创作提供场所和灵感的服务，因此可将精神文化、文化教育，科研教育科研文化归为科研文化一类。

可以解释研究者选择废物处理指标舍弃养分循环指标的原因。同时选用这两项指标的文献主要是出于这两项指标仅是部分重叠，但无法相互包含，两者任选其一均无法全面评价生态系统服务价值的考虑，为了避免价值重复计算，一般为两项指标选用不同的评估指标参数。

第二梯度的采用率大于60%，包括原材料、生物多样性和干扰调节三项指标，其中原材料有10篇文献采纳，生物多样性和干扰调节各有9篇文献采纳。生物多样性、基因资源和栖息地三项指标是息息相关的，生物是基因的携带者，是天然的基因库，而栖息地是指生态系统为系统中的各种生物提供的产卵、越冬和避难的场所，可见没有栖息地也就没有生物，也就没有基因资源。在选取的14篇文献中，有1篇文献同时采用了生物多样性指标和基因资源指标，还有1篇同时采用了生物多样性指标和栖息地指标，其他文献在三者中选择一种采用，其中生物多样性被选择的频率最高。干扰调节指标是指生态系统保持内部相对稳定的功能，滨海湿地生态系统干扰调节服务主要包括抗风消浪、稳定岸线和洪水防护等。

第三梯度的指标包括气体调节、养分循环、旅游娱乐、水分调节和气候调节，这五项指标的采用率位于35%~60%之间。其中，气体调节、养分循环和旅游娱乐指标各有8篇文献选用，有2篇文献采用了水分调节和气候调节指标。需要注意的是，在表9-1选用的14篇参考文献中，均有涉及生态系统固定二氧化碳释放氧气的服务，但气体调节指标却仅有8篇文献采纳，而未采用气体调节指标的5篇文献中，有3篇采用了气候调节指标，2篇采用了固碳释氧指标。这2篇采用固碳释氧指标的文献均未选用气体调节和气候调节指标，主要是为了防止分类交叉重复的情况，进而避免价值的重复计算。因为大部分研究者均采用对生态系统固定二氧化碳释放氧气的价值评估生态系统气候调节或气体调节服务的价值，但不同学者对生态系统固定二氧化碳的归属认定不一。对于生态系统固定二氧化碳的服务，有些学者认为生态系统通过固定二氧化碳达到了减缓温室效应、调节气候的效用，应该将其视之为气候调节服务，有的学者认为二氧化碳也是气体的一种，应将之归为气体调节服务。旅游娱乐指标的重点在于旅游，有些滨海湿地生态系统所在区域尚未开发旅游景区，因此未选取旅游娱乐指标。采用水分调节指标的文献中，水分调节服务主要包括水供给和蓄水项子服务，以蓄水服务为主。

第四梯度的指标采用率均低于30%，土壤保持、生物控制和提供栖息地服务指标各有3篇文献采用，固碳释氧、初级生产和基因资源三项指标仅被2

篇文献采用。初级生产指标的采用率低主要是因为初级生产服务是生态系统正常提供其他服务的基础，其价值势必已体现在其他服务的价值之中，单独计算其价值未免有价值重复计算之嫌。生物控制是指生态系统通过生物之间的相互作用控制灾害和疾病的功能，多数学者认为其价值在其他服务如生物多样性和食物生产的数量和质量中已有体现故无需单独列出。土壤保持指标位于第四梯度是由于不同生态系统的植被数量和类型不同，而不同植被保持土壤的能力不同。

9.3 研究区生态系统服务价值评价指标体系的构建

MA 和 Costanza 等提出的生态系统服务功能分类方案各有其优势和不足，但都存在部分服务的内涵界定有所重叠的问题。总体而言，MA 提出的分类方案更为清晰，采用了生态系统服务范式，改进了生态系统服务价值的衡量方法，更易于大众的理解和接受，且只要对其进行修正，选用适合研究区生态系统的指标就能在很大程度上避免指标内涵界定交叉重复问题。故本研究决定借鉴 MA 提出的生态系统服务分类方案，参考国家《海洋生态资本评估技术导则》，根据上文对现有文献中各指标体系构建以及指标选取的对比结果，结合研究区滩涂围垦的工程特点和所在海域生态系统的特点，遵循系统和整体性、科学性、可操作性、可比性和普遍性等原则，最终筛选出供给服务、调节服务、支持服务和文化服务四项总指标以及 10 项子指标，构建了宁波杭州湾新区生态系统服务价值评估指标体系（表9-2）。

表9-2 宁波杭州湾新区生态系统服务价值评估指标体系

一级指标	二级指标	三级指标
供给服务	食品生产	粮食作物、油料、蔬菜、甘蔗、果用瓜、海水产品、淡水产品、猪肉和禽肉的产量和单价
	原料生产	纤维、木材等原材料的产量和单价
	水资源供给	农业用水、工业用水、生活用水各自的用水量和单价
调节服务	气体调节	固碳释氧、旱地作物排放 N_2O
	干扰调节	抗风消浪和稳定岸线
	净化环境	净化水体、净化空气
	水文调节	森林、水田、滩涂湿地和水体涵养水源

续表

一级指标	二级指标	三级指标
支持服务	土壤保持	减少土地废弃、减轻江河湖泊和水库泥沙淤积
	营养调节	作为氮磷等营养盐的汇
	维持生物多样性	物种栖息地
文化服务	文化科研	影视、文学创作以及教育产出和科研经费的投入
	休闲娱乐	旅游业产值

9.3.1　供给服务

供给服务是指生态系统为人类社会提供各种产品的服务，包括食物、燃料、纤维、水以及各类原料。宁波杭州湾新区（下文简称"新区"）地处中纬度亚热带季节性气候区的滨海地带，气候温和湿润，四季分明，有明显的雨季和旱季，降雨量充沛，日照充足。研究区的主要土壤类型是滨海盐土，经多年生物脱盐处理后成为肥沃的耕地，农作物品种丰富，长势良好，区内下辖的庵东镇更是名噪浙东的著名产棉区。研究区位于杭州湾南岸，滩涂发育，近海生物种类丰富，是浙江省重要的水产基地之一。新区水系纵横贯通，但可利用的淡水资源偏少，社会经济的快速发展致使供需矛盾日益加剧，企业纷纷开采地下水以补充水源。2004年以后，新区地下水开采总量逐年增加，至2011年累计开采量在1310万立方米以上[①]。可见，研究区生态系统为研究区提供了丰富的物质产品，其中食品供给、原料供给和水资源供给在供给服务中贡献最大，因此选用食品供给、原料供给和水资源供给三项指标用于研究区生态系统供给服务价值的评价。

9.3.1.1　食品供给

食品供给是指研究区生态系统为人类生活提供各种农畜产品和海水产品的服务。在研究区生态系统中，水田和旱地用地总体面积占研究区的比例较大，农产品产量大，主要有以豆类为主的粮食作物、以油菜籽为主的油料、蔬菜、甘蔗和果用瓜等；水体和滩涂用地的总面积占研究区比例最大，海水产品和淡水产品产出量大。养殖用地面积不大，主要物质产品为猪肉和禽肉。在核算生态系统食品供给服务的价值时，很难将研究区生态系统提供的全部

---

① 慈溪市地方志编纂委员会编.慈溪市志［M］.杭州：浙江人民出版社，2015.227.

食品的价值——计算，考虑到数据可获得性和可操作性，仅将上述主要食品的产值作为食品供给的价值。

9.3.1.2　原材料供给

原材料供给是指研究区生态系统为人类的造纸、化工、加工等生产活动提供各种原料和材料的服务。部分农产品如油料和甘蔗等也是食品加工的原料，但其价值在食品供给服务一项中已经计算在内，为避免重复计算，仅考虑棉花作为原料和木材作为原材料的价值作为研究区生态系统原料供给服务的价值。

9.3.1.3　水资源供给

水资源供给是指由研究区生态系统为居民生活、农业灌溉、工业生产过程提供水资源的服务。因此，可将研究区生活用水、生态用水和工业用水的总价值作为生态系统水资源供给服务的价值。

9.3.2　调节服务

调节服务是指人类从生态系统自我调节过程中间接获得的利益，如通过控制以二氧化碳为主的温室气体来调节局地气候的作用、通过水体的自净作用净化水质、吸收有害气体维持空气质量、涵养水源、调蓄洪水等等。研究区生态系统植被覆盖面积较大，水系发达，水下广布各种浮游植物，对研究区水体和空气净化、大气组分调节以及涵养水源、调蓄洪水的贡献突出，可将上述服务总结为净化环境、气体调节和水文调节。需要说明的是，由于研究者阅读大量文献后发现两者的价值的主要构成部分都是生态系统固碳释氧的价值，出于避免价值重复计算的考虑，本研究未将气候调节纳入评价指标体系。此外，研究区濒临海洋，滩涂生态系统的存在大大降低了研究区受海洋气象和水文动力因素的影响程度，起到了抗风消浪、稳定岸线的作用，可将其概括为干扰调节服务。综上，研究区生态系统调节服务主要包含气体调节、干扰调节、水文调节和净化环境四项。

9.3.2.1　气体调节

气体调节服务主要是指研究区生态系统中植被与水生浮游植物通过光合作用吸收二氧化碳释放氧气以保持大气稳定、减缓温室效应等。由于水田和旱地农作物以及森林和湿地植被在生长过程中会排放一定数量的 CH_4、N_2O 等温室气体[1]，

---

[1]　李加林 . 杭州湾南岸滨海平原土地利用/覆被变化研究［D］. 南京师范大学，2004.

故在进行价值评估时应该考虑研究区生态系统因排放 CH_4、N_2O 等温室气体造成的价值损失，以得出合理的生态系统气体调节服务的价值。考虑到研究区森林、湿地和水田的面积很小，其排放的 CH_4、N_2O 等温室气体忽略不计。而旱地农作物 N_2O 的排放量较明显，CH_4 排放的源和汇的作用不甚明显[①]，因此本研究中仅考虑旱地农作物排放 N_2O 产生的价值损失。

9.3.2.2　干扰调节

干扰调节是指生态系统对环境波动的生态容纳、延迟和整合能力，在研究区生态系统中主要表现为沿海滩涂湿地及其植被作为海洋向陆地过渡的第一道天然屏障所起到的减轻风暴潮、海浪等对近岸的冲击，削弱其对近岸工程设施的破坏程度，减少经济损失的作用[②]。因此，可用抗风消浪和稳定岸线两项子指标衡量研究区生态系统干扰调节服务价值。

9.3.2.3　净化环境

净化环境服务是指研究区生态系统通过生物作用、化学作用与物理作用去除和降解环境中多余的有毒有害物质，包括废水净化、滞留灰尘、降低噪声和吸收二氧化硫、氮氧化物等气体污染物等，起到净化水体和空气的作用，有助于人类的身体健康和生态系统的健康运行，还能在一定程度上降低废水处理的人工成本。

9.3.2.4　水文调节

水文调节是自然生态系统的重要服务功能之一，主要是指生态系统通过截留、吸收和贮存降水来涵养水源，在丰水期调蓄洪水、在枯水期调节径流的方式起到降低旱涝灾的作用[③]。研究区生态系统的水文调节服务功能主要体现在森林涵养水源以及水田、滩涂湿地和水体水分调节方面。

9.3.3　支持服务

支持服务是指生态系统保障其他服务正常发挥效用所提供的一些基础功能，主要包括土壤形成、养分循环和初级生产。初级生产是指生态系统中绿

---

① 黄国宏，陈冠雄，吴杰，等. 东北典型旱作农田 N_2O 和 CH_4 排放通量研究［J］. 应用生态学报，1995，04：383-386.

② 王静，徐敏，张益民，等. 围填海的滨海湿地生态服务功能价值损失的评估——以海门市滨海新区围填海为例［J］. 南京师大学报（自然科学版），2009，04：134-138.

③ 谢高地，张彩霞，张雷明，等. 基于单位面积价值当量因子的生态系统服务价值化方法改进［J］. 自然资源学报，2015，08：1243-1254.

色植物通过光合作用生产有机物质，固定和积累能量的过程，是生态系统中能量流动和物质循环的基础①。由于初级生产在其他各项服务中均有所体现，为避免重复计算，不将初级生产单独列为支持服务的子功能。研究区生态系统地表植被和水生植物分布广，大大减少了土壤侵蚀并实现了营养元素的固定和循环。研究区生态系统物种丰富，尤其是身为国家湿地公园的宁波杭州湾湿地公园内有多类近危鸟种和脆弱鸟种，还有多种动物被列入国家重点保护野生动物名录②，是各种生物繁衍生息的重要栖息地。因此，将土壤保持、营养调节和生物多样性作为衡量生态系统支持服务价值的三项子指标。

9.3.3.1 土壤保持

土壤保持服务功能是指生态系统通过植被茎叶层截留、根系吸收和下渗等作用大大削弱雨水和地表径流对土壤表面的直接冲刷力，有效降低土壤侵蚀程度、减少土地废弃，同时减轻泥沙对河流、湖泊和水库的淤积，保护土地资源的作用。由于土壤侵蚀流失的泥沙在江河湖泊及水库中淤积导致其蓄水量的下降，在一定程度上增加了干旱、洪涝灾害发生的机率。因此，可将减少土地废弃和减少泥沙在水体中淤积作为衡量生态系统土壤保持服务的两项子指标。

9.3.3.2 营养调节

适当数量的是维持区域生态系统良性的必备条件。区域生态系统未受破坏正常运转时，系统各组分如土壤、水体和生物体等能不断处理和获取氮、磷、钾为主的营养元素并储存下来，通过系统各生态过程实现内部循环，即生态系统的营养调节服务。可见营养调节服务包括两个方面，一是通过营养循环，提供生物所需养分；二是作为氮磷等营养盐的汇。考虑到第一种服务在供给服务中已有体现，故此处仅将第二种服务作为衡量生态系统营养调节价值的子指标。

9.3.3.3 生物多样性

动植物以及微生物是生态系统的重要组成部分，是生态系统各项服务功能得以正常发挥的内在动力，物种多样性是生物多样性的基础。在研究区生态系统中生活着丰富的生物种群，区内面积广大的滩涂湿地为其提供了产卵、越冬以及避难的重要场所，也是生物基因资源重要储存库。因此可将生态系

---

① 农业大词典编辑委员会编. 农业大词典 [M]. 北京：中国农业出版社. 1998：213.
② 慈溪市地方志编纂委员会编. 慈溪市志 [M]. 杭州：浙江人民出版社，2015. 461.

统为物种提供栖息地的价值作为衡量生态系统维持生物多样性价值的子指标。

9.3.4　文化服务

生态系统的文化服务功能是指生态系统为人类提供的感受与生态系统有关的美学与娱乐、文化与精神价值的机会以及观测、研究和认识生态系统的机会，即人类从生态系统获得的非物质效用与收益①。生态系统本身就是一种景观，给人以美学方面的享受与精神的激励，一些具有特殊景观的生态系统被人类开发出来作为旅游娱乐、放松身心的场所。研究区内滩涂湿地面积广大，建有杭州湾国家湿地公园，既可用于生态旅游的场所，也可作为研究人员进行科学研究和环境教育的基地。可见，生态系统的文化服务功能主要包括文化科研和休闲娱乐两方面，可将之作为衡量文化服务价值的两项子指标。

9.3.4.1　文化科研

文化科研服务功能主要是指生态系统为人类提供影视剧创作、文学创作、教育、美学、音乐等的场所和灵感的功能，以及为研究者和学生提供科学研究、野外实践等活动的场所、内容和对象的功能，使人们对大自然的认识和了解更加深刻的服务②。可用以研究区生态系统为对象的影视、文学创作以及教育产出和科研经费的投入作为文化科研价值衡量的子指标。

9.3.4.2　休闲娱乐

休闲娱乐服务是指生态系统提供美学景观，使人们得到美学体验和精神享受的服务，具体体现在生态系统为人类提供旅游、观赏、摄影、垂钓和体育等休闲娱乐活动的场所、机会和条件③。因此，可将研究区旅游业的产值作为衡量研究区生态系统休闲娱乐服务价值的子指标。

9.4　生态系统服务价值损失赋分

为了评价研究区生态系统服务价值在 2005 到 2015 年间的损失情况，需

---

① Millennium Ecosystem Assessment. Ecosystem and human wellbeing：Synthesis ［M］. Washington DC：Island Press, 2005.

② 王静，徐敏，张益民，等. 围填海的滨海湿地生态服务功能价值损失的评估——以海门市滨海新区围填海为例 ［J］. 南京师大学报（自然科学版），2009, 04：134-138.

③ 李加林，童亿勤，许继琴，等. 杭州湾南岸生态系统服务功能及其经济价值研究 ［J］. 地理与地理信息科学, 2004, 06：104-108.

要对三年间研究区生态系统服务价值损失进行赋分。在构建生态系统服务价值评价指标体系的基础上，根据生态系统服务价值评估的经济学方法估算出宁波杭州湾新区 2005 年、2010 年和 2015 年的生态系统服务价值，最后为各年份的生态系统服务价值损失赋分。考虑到裸地生态系统的价值量在各类生态系统中排名最末，故以 2005 年与宁波杭州湾新区同等面积的裸地生态系统服务价值量［根据谢高地（2015）改进的当量法估算］为下限，以 2005 年宁波杭州湾新区生态系统服务实际价值为上限，并以两者之间的差值作为生态系统服务价值损失分级赋分的基础，用于评价十年间宁波杭州湾新区生态系统服务价值损失等级，具体如表 9-3 所示。

表 9-3　宁波杭州湾新区生态系统服务价值损失赋分表

生态系统服务价值损失区间（元）	分值
$\geqslant 0$	100
$-4.00\times10^8 \sim 0$	75
$-8.00\times10^8 \sim -4.00\times10^8$	50
$-1.20\times10^9 \sim -8.00\times10^8$	25
$\leqslant -1.20\times10^9$	0

9.5　生态系统服务价值评价指标估算方法

确定生态系统服务价值评价的指标体系后，能否为各项指标选取合适的价值评估方法直接影响评估结果是否贴近实际。目前，生态系统服务功能价值评价的方法可分为四类：参数法、经济学评价法、能值分析法和模型法。

参数法是指根据评估区域各种土地利用类型面积乘以其单位面积生态系统服务的物质量或价值量参数，来计算各土地利用类型和区域生态系统服务物质量和价值量[1]。Costanza 等（1997）的研究成果在国际上具有显著影响，国内学者谢高地等（2003，2008，2015）也在其基础上应用专家知识法建立了中国生态系统服务价值当量及价值系数表，被国内相当数量的学者应用于实践案例研究。参数法简单易行、数据可获得性强，能快速将区域生态系统

---

① 吕一河，张立伟，王江磊. 生态系统及其服务保护评估：指标与方法 ［J］. 应用生态学报，2013，05：1237-1243.

服务价值量化，是目前应用最多的评价方法。但参数法的缺点也是显而易见的，Costanza 等的研究对区域生态系统服务的空间差异以及对其所在地的社会经济环境的依赖性缺乏考虑，而谢高地等虽在 Costanza 等的基础上进行了修正和改进，但其在 2002 和 2007 年两次通过邮寄和直接访问的调查方式的问卷回收率均不高，且两次调查的所得价值当量差距较大，其结果的可信度还有待考究。

经济学评价法是指针对不同的生态系统服务，应用经济学方法设计相应的简要算法以确定其量值的评价方式，强调方法在表达空间单元生态系统服务能力的准确性和实用性而不以生态系统服务的精确估算和模拟为目的。运用经济学评价方法得出的生态系统服务价值结果都是基于市场价格和人们的支付意愿的货币值，从某种程度上来说更能反映人们对生态系统服务的需求程度，且其能够定量辨识空间单元生态系统服务提供能力的强弱，满足空间区划和规划任务的需求。但同时，生态系统提供的很多服务都没有市场价格，而人类对生态系统服务的支付意愿主观性较强，易受被调查者所处的社会、经济和环境状况等因素的影响，影响评价结果的真实性。

能值分析法是指先将生态系统为人类提供的各项服务统一成太阳能值，再利用能值与货币的转换率将能值转换为货币值。能值分析法利用了所有生态系统服务在形成过程中都会消耗能量的特性，将不同能量等级上不同质和量的能量转化为统一标准的太阳能值，既有利于衡量不同服务的真实价值与贡献，又能通过能量流动链接生态系统与人类社会经济系统，有助于两者的协调发展。但能值分析法应用的关键能值转换率计算极其复杂，难度系数很高，且有些物质与太阳能关系很弱，难以转化为太阳能值。再者，能值将服务统一成太阳能值后既无法体现人类对生态系统服务的需求性，也不能反映生态系统服务的稀缺性。

模型法是一种利用模型模拟生态系统服务机制并对其进行价值量化的一种综合性的生态系统服务评估方法，可分为生产功能模型、价值转移模型、生态系统服务和交易的综合评估模型（InVEST）和强调社会偏好和优先的生态系统服务管理模型。其中，生态系统服务和交易的综合评估模型（InVEST）被广泛认可和推广，目前已成功应用于战略性环境评估、海洋空间规划、流域生态补偿、减贫战略文件、减排和碳补偿①。综合评估模型从理论上照顾到了生态系统服务的部分内在机制，但为了能让模型运转起来，不得不做大量的简化。尽管如此，在生态系统服务评估和模拟时仍然需要众多参数，而这些参数在实际运用中很难充分获得，所以，模型评估中的不确定性和误差也在所难免，现阶段仍然无法精确计算和模拟生态系统服务的物质量和价值量②。

　　显然，上述四种价值评价方法各有其优点与不足，仍需不断地完善与发展。参数法计算过程简单，数据容易获取，能快速估算某区域生态系统服务的价值，但应用此方法评价生态系统服务价值的不确定性最高。经济学方法针对不同的生态系统服务设计相应的简要算法，实用性和针对性强，可以满足空间区划和规划任务的需求，但有些经济学方法在实际中难以运用，且不同方法的计算结果差距大。能值分析方法具有统一的量纲，有利于计算生态系统服务的真实贡献，但能值转换率计算复杂难以获得，此法在生态系统价值评价中的应用尚未成熟。综合模型法的优势在于其综合性，但运算过程复杂、所需参数量大，且参数的可获得性差。

　　价值的哲学概念是指客体能够满足主体需要的效益关系，表示客体的属性和功能与主体需要间的一种效用、效益或效应关系。从这个意义上来讲，生态系统服务价值就是指生态系统提供的各项服务与人类需求之间的效用关系，即生态系统服务对人类需求的满足程度。市场价格是反映人类需求程度最直观的一种价值形式，通过市场价格计算出的生态系统服务价值可以认为是最符合当前人类实际需求的评价结果。综合以上考虑，本研究采用经济学方法与参数法相结合、经济学方法为主参数法为辅的方式评估生态系统各项服务的价值。主要是考虑到有些经济学方法在实践应用中的难度较高，而参数法可以快速估算生态系统各项服务的价值，虽然其评价结果的精度比较低，但在数据严重缺乏、时间和经费十分有限的情况下，可以考虑使用该法。此外，本文在阅读大量相关文献的基础上综合现有经济学评价方法，改造出适宜于研究区生态系统服务功能价值的评估模型，尽量凸显经济学方法的优势，避免经济学方法的各种弊端。

---

　　① 马凤娇，刘金铜，A. Egrinya Eneji. 生态系统服务研究文献现状及不同研究方向评述 [J]. 生态学报，2013，19：5963-5972.
　　② 吕一河，张立伟，王江磊. 生态系统及其服务保护评估：指标与方法 [J]. 应用生态学报，2013，05：1237-1243.

9.6 生态系统服务功能评价方法、原理及其数据来源

为研究区生态系统服务价值构建了评价指标体系之后，上文通过比较四大类可用于生态系统服务价值量评价方法的优缺点后，认为经济学方法的针对性更强，更能反映人类对研究区生态系统提供的各项服务的需求，适合用于所构建的评价指标的评价。本文在确定生态系统服务功能监测指标的基础上，对比了可用于生态系统服务功能评价的各种经济学方法，并为研究区生态系统服务功能评价指标体系中的各项指标选取了适宜的经济学方法。

9.6.1 生态系统服务功能监测指标

生态系统结构复杂，具有多变的生态过程，监测指标可以在很大程度上简化生态系统的复杂性，有效反映生态系统服务的变化情况和演变趋势，为生态系统各项服务功能的价值评价提供必要的数据支撑。生态系统服务功能监测指标应选取能显著体现生态特征、能直接用于生态系统服务功能价值评估、具有可行性的经济价值评估方法、可操作性强（数据容易获得，而且监测人员容易理解）、可重复、可尺度扩展（可以用于生态系统最终服务动态分析和效益转换）以及监测成本低（监测指标对于生态系统管理的价值要高于监测成本）的指标。根据上文确定的宁波杭州湾新区生态系统服务功能价值评估指标体系以及经济评估方法可行性及数据的可获得性初步确定了适宜于宁波杭州湾新区生态系统服务功能的监测指标及数据来源（表9-4）。

表9-4 宁波杭州湾新区生态系统服务功能监测指标及数据来源

生态系统服务功能类型		生态系统服务功能监测指标	数据来源
供给服务	食品生产	非经济植物、水产、畜牧的产量	社会经济统计数据
	原料生产	纤维、木材等原材料的产量	社会经济统计数据
	水资源供给	农业用水、工业用水、生活用水的用水量	社会经济统计数据
调节服务	气体调节	CO_2吸收量、O_2产生量、N_2O排放量	生物监测数据
	干扰调节	抗风消浪和稳定岸线	水文监测数据
	净化环境	粉尘、SO_2、NO_x等有害气体去除量；TN、TP、COD等污染物去除量	大气环境、水环境监测数据
	水文调节	涵养水源、汛期削减洪峰量	水文监测数据

生态系统服务功能类型		生态系统服务功能监测指标	数据来源
支持服务	土壤保持	土壤保持量	土壤环境监测数据
	营养调节	氮、磷、钾等养分含量	土壤环境监测数据
	维持生物多样性	被调查者物种保护的平均支付意愿、支付率、人口总数	社会调查、社会经济统计数据
文化服务	文化科研	影视、文学作品数量，科研论文数量等	互联网检索、科技文献检索引擎
	休闲娱乐	旅游人数、年旅行次数（个体）、费用支出（个体）、时间成本（个体）、常住地（出发地）、年收入（个体）、区域总人口数等	社会调查、社会经济统计数据

主要的监测方法有地面监测、空中监测和卫星监测三种①。地面监测是指在监测区建立固定监测站，由人徒步或车、船等交通工具按规定的路线进行定期测量和收集数据，数据收集范围相对小且费用较高，但其数据为"直接数据"，可与空中和卫星监测进行比较，是最基本也是必不可少的手段。空中监测由观察记录员搭乘单引擎轻型飞机记录地面数据完成。卫星监测是一种利用地球资源卫星获取照片或影像，并通过对其解析获得所需资料的手段，卫星监测覆盖面广，获取信息量大，可获得难以进行地面观测和空中观测的区域的资料。显然，应综合地面监测、空中监测和卫星监测三种手段才能获取某区域的完整资料。随着技术的发展，尤其是"3S"（遥感、全球定位系统和地理信息系统）技术的发展，卫星监测的应用面越来越广。其中，遥感能够提供监测区的土地利用与土地覆盖信息、生物量信息和气象信息等，具有观测范围广、获取信息量大、速度快、实用性好以及动态性强等特点，广泛应用于区域生态系统服务功能价值评估的研究中。因此，目前生态系统服务数据主要来源于国家或区域统计数据、定量模型、遥感监测和定位监测等不同空间尺度和分辨率的数据。

本研究根据美国地质勘探局（USGS）提供的宁波杭州湾新区围垦前后遥感影像，通过遥感解译获得新区围垦前后土地利用类型及其面积的变化。供给服务下属的各项子服务的具体监测指标数据一般取自研究区的统计年鉴（报表），若研究区未编纂统计年鉴（报表），可查找研究区所在区域的统计

---

① 奚旦立，孙裕生主编．环境监测［M］．北京：高等教育出版社．2010：344-345.

年鉴（报表）或者咨询研究区相关部门。调节服务和支持服务除维持生物多样性服务外的各项子服务的监测数据最好通过对研究区进行生态监测获得。气体调节服务氧气和二氧化碳的产量和吸收量一般根据研究区植物净初级生产力的实测数据或推算数据（应取自相关调查报告），运用光合作用方程式计算获得。净化环境服务包括水体和空气净化服务，数据来自大气监测和水环境监测获得的研究区域实际接纳的各种污染物和废弃物的数量，也可采用相关研究报告（论文）确定的值。干扰调节和水文调节服务的监测指标数据来源于研究区的水文监测。支持服务中的土壤保持服务和营养调节服务的各项监测指标的数据来源于土壤环境监测，即通过采集与制备土壤样品后对其进行分析与测试，获取各监测指标数据。文化科研服务的监测数据主要包括影视文学作品和科研论文的数量，可以利用视频、书目和科技文献检索引擎以关键词检索获得。维持生物多样性服务和文化休闲娱乐服务主要通过社会调查和社会经济统计获取监测数据，主要是因为以上两种服务的价值皆属于非使用价值，而社会调查是目前评估非使用价值认可度最高的方法。

9.6.2　生态系统服务功能经济学评价方法及其对比

经济学中可用于生态系统服务价值定量评价的方法有很多，经过几十年的发展已经形成了一些公认的方法，可将其划分为三大类：直接市场法、替代市场法和模拟市场法。

生态系统可以为人类社会提供丰富的物质产品，这些产品大多具有市场价格，因此可以根据直接的市场交易数据进行价值评估，这种评估方法称为直接市场法，具体包括市场价格法、费用支出法、人力资本法等。生态系统的大部分服务都是没有市场价格的，但某些服务虽然没有直接的市场交易和市场价格，但具有这些服务的替代品有市场和价格，因此可以根据替代品的市场交易数据来估算某些生态服务的经济价值，这种以使用技术手段获得与某种生态系统服务相同的结果所需的生产费用为依据，间接估算生态系统服务的价值的方法就称为替代市场法。包括影子工程法、防护费用法、恢复费用法、旅行费用法和享乐价格法等。模拟市场法是指当缺乏价格数据或相关数据而无法采用直接市场法或替代市场法时，基于一个假想的市场调查人们对某一物品或服务的估价的方法。该方法最常用的技术是条件价值法（contingent value Method，CVM）。CVM通过直接调查和询问人们对某一环境效益改善或资源保护的措施的支付意愿（willingness to pay，WTP）、或者对环境或资源质量损失的接受赔偿意愿（willingness to accept compensation，WTA），即以人们的 WTP 或 WTA 来估计环境的非使用价值①。

　　直接市场法和替代市场法侧重生态学理论，结合生态系统的结构、功能和生态过程，基于生态系统服务的物质量评估生态系统价值，因此它们主要评价生态系统服务的使用价值尤其是大部分间接使用价值，对非使用价值涉及较少，对区域环境与自然资源的经济稀缺性的反映能力较弱，但可以反映区域生态系统服务的可持续性，并具有连续动态评价的技术基础。模拟市场法侧重经济学理论，基于支付意愿，以研究样本的环境偏好反映研究区域对所评价的生态系统服务的资源稀缺性，对评价生态系统服务的非使用价值具有优势，进而能评估生态系统服务的总经济价值。但这种基于假想市场通过直接调查获取评价结果的方式与生态系统服务的物质基础关系不够明显，且其基于研究区域的支付意愿，研究结果与区域经济水平显著相关，评价结论区域适用性高同时也存在可比性问题。可见，上述方法各有其优势和局限（见表9-5），适用于不同情况下的生态系统服务价值的评估，通过比较分析可知，评估方法的选择的优先顺序应该是先直接市场法，后替代市场法，最后模拟市场法。

表9-5　生态系统服务功能价值主要经济学评估方法的比较

分类	评估方法	内涵	优点	缺点
直接市场法	市场价格法	对有实际市场价格的生态系统服务（提供的物质产品和功能）进行价值评估	结果比较可靠，争议最少	评价对象与可市场化商品的联系认识不足，数据需要足够全面
	费用支出法	从消费者的角度出发，以消费者为享受某种生态服务所支出的费用来衡量生态系统服务价值，包括总支出法、区内支出法和部分费用法	价值可以得到一个估计的量化值	没有计算消费者剩余，且费用统计可能存在困难，评价结果与实际价值可能偏差较大

① 张志强，徐中民，程国栋．条件价值评估法的发展与应用［J］．地球科学进展，2003，03：454-463.

续表

分类	评估方法	内涵	优点	缺点
	人力资本法	经济学将人视为创造财富的资本，通过市场价格和个人工资确定个人对社会的贡献，并将之作为生态系统服务的价值	数据可获得性强，计算过程简单	工资不能完全代表个人对社会的贡献，评价结果可信度低
替代市场法	机会成本法	以保护某种生态系统服务的最大机会成本（放弃替代用途的最大收益）估算该生态系统服务的价值	简单易懂，能够为决策者提供有价值的信息，可较为全面地体现生态系统的价值	需要资源具有一定的稀缺性
	恢复和防护费用法	根据保护某些生态系统服务功能或恢复被破坏后的生态系统服务功能所需费用估算生态系统服务价值	数据较易获得，用于对环境质量改善的效益评价	评价结果只是对生态系统服务的经济价值的最低估价
	替代成本法	通过人造系统代替生态系统服务所产生的花费	可为有些没有市场价格的因素定价	有些功能无法代替
	影子工程法	恢复费用的一种特殊形式，以人工建造一个具有与生态系统提供的服务相同功能的工程所需要的费用来估算生态系统服务价值	可以估算难以直接计算的生态系统服务价值	不同替代工程的造价和成本不一，因此选择不同工程的评价结果相差大
	旅行费用法	由旅行而体现出来的一些生态系统服务，旅行的费用可以看作生态系统服务内在价值的体现	可以估算生态系统游憩的使用价值	无法核算非使用价值
	享乐价格法	利用物品特性的潜在价值估计环境因素对房地产价格的影响	可以侧面比较得出生态系统的价值	主观性强，受干扰因素大
模拟市场法	条件价值法	利用问卷调查方式直接考察受访者在假设性市场里的经济行为得到的消费者支付意愿来估算	可以评估没有实际市场和替代市场的生态系统服务	支付意愿的主观性强，易受其他因素影响，需要有效性检验，另需要大样本的数据调查，费时费力
	联合分析法	对不同的服务情景进行选择或评级，从而反映其支付意愿	比较全面地反映支付意愿	不能单一使用，一般与条件价值法综合使用

9.6.3　货币化评估模型的构建及其数据来源

根据研究区生态系统评价指标体系，研究区提供的生态系统分为供给服务、调节服务、支持服务和文化服务，其中供给服务含有食品生产和原材料生产两个子类，调节服务含有气体调节、干扰调节、净化环境和水文调节四个子类，支持服务含有土壤保持、营养调节、维持生物多样性三个子类，文化服务下分文化科研和休闲娱乐两类。在此框架下，遵循科学性和可操作性原则，根据各项服务自身的特点为其选择合理的评估方法，并建立相应的估算模型（见图9-1）。

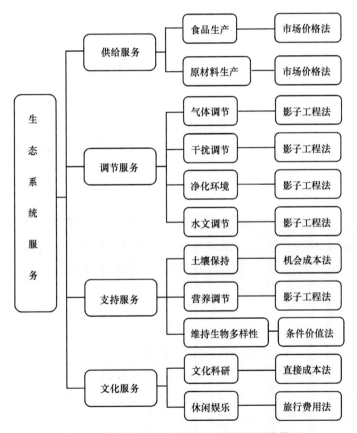

图9-1　杭州湾生态系统服务功能价值评估模型

研究区生态系统提供的供给服务均在人类社会中存在交易市场，如食品生产服务提供的粮食、水果和海水产品，原材料生产服务提供的原木和棉花等都有市场价格，因此首选的也是最简便的评估方法为市场价格法。数据主要来源于研究区及其附近行政区的统计年鉴和杭州湾新区管委会社会与经济发展部门（统计局）。参考研究区附近行政区的统计年鉴是因为研究区海域中可以提供的海水产品可能不仅提供给研究区的海水市场，也会运输到周边行政区的水产品市场，为了更准确的估计食品生产服务的价值，故将周边市场来自研究区海域的海水产品的捕捞量也计入在内。

对于那些目前尚未直接参与市场交易、没有市场价格，但在市场中可以找到替代品的生态系统服务的价值，可以根据替代品的市场交易数据来估算。研究区生态系统提供的大部分服务都是没有直接交易市场的，但基本上可以在市场中找到替代品，可以用替代市场法计算其价值。如研究区生态系统提供的调节服务下属的干扰调节、环境净化等，支持服务下属的营养调节等，虽无法直接进行市场交易，但往往可找到提供类似功能的影子工程，抑或是恢复该功能或者避免该功能丧失的替代措施，可采用替代市场法的影子工程法或恢复费用法或防护费用法等进行评估；研究区生态系统的文化服务如科研文化、旅游娱乐等，其价值在市场交易中可能未直接或完全体现，但可获得间接的市场信息，此时可运用替代市场法的享乐价格法、旅行费用法等进行评估。其中，旅行费用法是用于旅游娱乐服务价值评价最常用的方法。

但有少量研究区生态系统提供的服务（如支持服务中的维持生物多样性）不仅没有交易市场，甚至难以获取间接的市场信息，此时只能借助于模拟市场法（条件价值法是最常用的）通过对利益相关者进行调查，进行数据处理后获得评估结果。此外，生态系统的各项服务价值均可以用参数法进行货币量化，考虑到其评价结果的精度较低，仅在数据严重缺乏时考虑使用。

9.6.3.1　供给服务

（1）食品供给。

研究区生态系统食品供给服务功能的价值可用研究区内不同生态系统所能提供的食品的价值计算。生态系统所提供的食品均有市场价格，其价值的估算方法比较一致，市场价格法是目前比较通用的评估方法。将生态系统当年提供的某食品总产量与该食品的市场均价以及平均销售利润率相乘，并将全部食品的价值求和即可得到生态系统食品供给服务的价值。计算公式如下：

$$V_1 = R \times \sum_{i=1}^{n} (S_i \times Y_i \times P_a) \tag{9-1}$$

式（9-1）中，V_1 为食品供给生态服务价值（元）；i 为研究区提供的食品种类；R 为食品销售平均利润率，取 25%[1]；S_i 为研究区 2015 年提供食品服务的生态系统的面积（hm^2）；Y_i 为研究区 2015 年食品的平均单产（kg/hm^2）；P_a 为 2015 年研究区食品的平均市场价格（元/kg）。

数据来源：研究区各生态系统的面积来源于美国地质勘探局提供的研究区 2015 年 TM 遥感影像的解译（下同）。生态系统提供的某食品总产量可用研究区当年该食品的平均单位面积产量与研究区提供该食品的生态系统面积之积获得，食品的市场平均价格取该食品的商品产值与总产量之商，研究区相关数据全部来源于《慈溪统计年鉴》。其中，海水产品的养殖和捕捞生产数据可根据研究区海域毗邻行政区（县）"渔业统计年鉴（报表）"确定，也可通过现场调访获得，应注意"渔业统计年鉴（报表）"所统计的海水产品的捕捞量不一定全部来自研究区海域，需剥离剔除，养殖和捕捞的海水产品平均市场价格应采用研究区海域临近的海产品批发市场的同类海产品批发价格进行计算获得[2]。

（2）原材料供给。

评价研究区生态系统原材料供给服务价值可用其预期经济效益为基础用市场价格法计算，计算公式如下：

$$V_2 = \sum_{i=1}^{n} (P_i - E_i - T_i) \times S_i \times Y_i \times r \qquad (9-2)$$

式（9-2）中，V_2 为原材料供给生态服务价值（元）；i 为研究区提供的原材料种类，P_i 为研究区原材料的平均市场价格（元/kg）；E_i 为研究区原材料的合理开采加工成本（不含固定资产折旧费用）（元/t）；T_i 为研究区各种原材料产品的合理运费（元/t）；S_i 为研究区提供原材料供给服务的生态系统的面积（hm^2）；Y_i 为研究区各种原材料的平均单产（kg/hm^2）；r 为原材料开采规定的回收率。

数据来源：研究区提供的原材料市场价格、平均单产、加工成本以及运费取自《慈溪统计年鉴》、《慈溪市志》和宁波杭州湾新区经济发展局（统计局）。

9.6.3.2 调节服务

（1）气体调节。

研究区生态系统气体调节服务价值评估的子指标是生态系统固碳释氧的

---

① 彭本荣，洪华生，陈伟琪，等. 填海造地生态损害评估：理论、方法及应用研究 [J]. 自然资源学报，2005，05：714-726.

② 海洋生态资本评估技术导则（GB/T28058-2011）

价值以及旱地生态系统排放 N_2O 造成的损失。植物是生态系统中固碳释氧服务功能的主要提供者，通过光合作用吸收 CO_2 释放 O_2。根据光合作用的化学方程式：

$$6CO_2（264g）+6H_2O（108g）\longrightarrow C_6H_{12}O_6（180g）+6O_2（193g）$$

多糖（162g）

可推算出植物每生产 1g 干物质，可固定 CO_2 1.63g，同时释放 $1.19gO_2$，因此只要计算出研究区不同植物的总初级生产力或生物量，就能获得由研究区植物每年固定的 CO_2 和释放 O_2 的总量。水田和旱地的植物净初级生产力的计算公式如式（9-3）：

$$NPP = \frac{\sum_{i=1}^{n} \dfrac{Y_i \times (1 - W_i) \times 0.45}{R_i \times 0.9}}{\sum_{i=1}^{n} A_i} \tag{9-3}$$

式（9-3）中，Y_i 表示研究区第 i 种作物的总产量；W_i 表示第 i 种作物的含水量；R_i 表示第 i 种作物的收获指数；A_i 表示第 i 种作物的种植面积；0.45 为作物碳的转换系数，即单位质量作物中 C 的质量；0.9 为作物收获指数的调整系数。

碳税法和造林成本法是我国目前最常用于估算植被固定 CO_2 的经济价值的方法。碳税法是一种许多国家制定的旨在限制向大气中排放 CO_2 数量而征收向大气中排放 CO_2 的税费的税收制度；造林成本法是指利用可以吸收（或释放）同等数量的 CO_2（或 O_2）的林地的成本来代替其他途径吸收（或释放）同等数量的 CO_2（或 O_2）的功能价值。工业氧价格替代法常用于估算植被释放 O_2 的经济价值，是一种用等量的工业氧的生产价格代替森林释放氧气的功能价值的方法。研究区生态系统固碳释氧的价值计算公式为：

$$V_{3a} = \sum_{i=1}^{n} NPP_i \times S_i \times (1.63 C_{CO_2} + 1.19 C_{O_2}) \tag{9-4}$$

式（9-4）中，V_{3a} 为生态系统固碳释氧服务价值（元）；NPP_i 表示研究区不同植物的净初级生产力（$t/hm^2 a$）；S_i 为研究区当年旱地、水田、草地、滩涂、湿地和林地的面积（hm^2）；C_{CO_2} 为固定 CO_2 的成本；C_{O_2} 为人工制氧的成本。

计算旱地作物排放 N_2O 造成损失的经济价值，可先将研究区旱地生态系统年内 N_2O 单位面积排放量与研究区旱地总面积相乘获得旱地年内排放的

N_2O 总量，N_2O 总量与单位质量 N_2O 的排放造成的经济损失之积即为旱地作物排放 N_2O 造成的损失，如式（9-5）所示：

$$V_{3b} = \sum_{i=1}^{n} D_i \times S_i \times P_i \qquad (9-5)$$

式（9-5）中，V_{3b} 为旱地作物排放 N_2O 造成损失的经济价值（元）；D_i 表示研究区 i 种旱地作物年内 N_2O 单位面积排放量（kg/hm²a）；S_i 为研究区 i 种旱地作物的面积（hm²）；P_i 表示单位质量 N_2O 的排放造成的经济损失（元/kg）。

综上，研究区生态系统气体调节服务价值即为生态系统固碳释氧的总价值与旱地作物排放 N_2O 造成的经济损失之差，如式（9-6）所示：

$$V_3 = V_{3a} - V_{3b} \qquad (9-6)$$

式（9-6）中，V_3 为研究区生态系统气体调节服务价值（元）；V_{3a} 为生态系统固碳释氧服务价值（元）；V_{3b} 为旱地作物排放 N_2O 造成损失的经济价值（元）。

数据来源：式（9-4）中各作物的收获指数和含水率采用国志兴（2009）的研究成果，各种作物的产量和种植面积来源于《慈溪统计年鉴 2015》。林地、草地、滩涂和湿地的净初级生产力来源于相关文献。式（9-5）中固定 CO_2 的成本应采用我国环境交易所或类似机构二氧化碳排放权的平均交易价格；人工制氧的成本宜采用钢铁业液化空气法制造氧气的平均成本，主要包括设备折旧费用、动力费用和人工费用等，可根据实际情况进行调整。式（9-6）中，各种旱地作物的面积来源于《慈溪统计年鉴 2015》，年内 N_2O 单位面积排放量和单位质量 N_2O 的排放造成的经济损失来源于相关文献。

（2）干扰调节。

干扰调节主要是研究区滩涂和草滩湿地生态系统通过保滩促淤与消浪护岸达到保护区内的生产活动安全的作用，具体计算公式如下：

$$V_{4a} = \sum_{i=1}^{n} P \times S_i \times V_i / \alpha \qquad (9-7)$$

式（9-7）中，V_{4a} 为保滩促淤服务价值（元）；P 为研究区 2005 年粮食自然产出的平均收益（元/hm²）；S_i 为研究区当年滩涂或草滩湿地的面积（hm²）；V_i 表示研究区滩涂和草滩湿地的促淤速度（cm/a）；α 表示我国耕作土壤的平均厚度（m）。

$$V_{4b} = L \times W \times H \times V \times P \qquad (9-8)$$

式（9-8）中，V_{4b} 为消浪护岸服务价值（元）；L 为研究区当年海堤长度（m）；W 为研究区海堤的宽度（m）；H 表示研究区草滩湿地消浪护岸效果使海堤（20 年一遇）安全高度可降低值（m）；P 表示石方价格（元/m³）。

综上，研究区生态系统干扰调节服务价值即为生态系统保滩促淤服务与消浪护岸服务的价值之和，如式（9-9）所示：

$$V_4 = V_{4a} + V_{4b} \qquad (9-9)$$

式（9-9）中，V_4 为研究区干扰调节价值（元）；V_{4a} 为保滩促淤服务价值（元）；V_{4b} 为消浪护岸服务价值（元）。

数据来源：式（9-7）中，研究区 2005 年粮食自然产出的平均收益来源于《慈溪统计年鉴》；研究区当年滩涂或草滩湿地的面积来源于研究区遥感影像解译；研究区滩涂和草滩湿地的促淤速度以及我国耕作土壤的平均厚度来源于文献。式（9-8）中，研究区当年海堤长度来源于研究区遥感影像解译；研究区海堤的宽度、研究区草滩湿地消浪护岸效果使海堤（20 年一遇）安全高度可降低值以及石方价格来源于参考文献。

（3）净化环境。

研究区生态系统净化环境的价值评估子指标是水质净化服务和空气净化服务，因此水质净化与空气净化价值之和即为研究区生态系统净化环境的价值。

研究区生态系统水质净化的价值可用污水治理成本法计算，只要将研究区生态系统通过自净作用能够净化的污水总量乘以人工处理污水所需要的成本即可。研究区内滩涂、湿地、水田和水体都能够起到净化污水的作用。各地类截留 N、P 的总量除以污水厂单位体积去除 N、P 的浓度就是人工去除相同质量 N、P 的污水总体积，再乘以单位体积污水人工处理成本就是人工处理污水的总成本，即生态系统水质净化的价值。无法获取截留氮磷浓度的地类可用生态系统生物需氧量和化学需氧量的去除量来估算生态系统水质净化的价值，如式（9-10）：

$$V_{5a} = \sum_{i=1}^{n} S_i \times C_i \times \left[(H_N/T_N + H_P/T_P) \times 1000 + P_{BOD} + P_{COD} \right] \quad (9-10)$$

式（9-10）中，V_{5a} 为研究区水质净化服务价值（元）；S_i 为第 i 种生态系统的面积（hm²）；C_i 表示污水人工处理成本（元/t）；H_N 和 H_P 分别代表湿地和滩涂单位面积截留 N、P 的能力（kg/hm²），；T_N 和 T_P 分别代表污水厂单位体积去除 N、P 的浓度（mg/L）；P_{BOD} 和 P_{COD} 分别代表水田单位面积消纳

BOD 和 COD 的能力（kg/hm^2）。

研究区生态系统能够通过吸收空气中的有害物质来净化空气，其价值可用大气污染治理成本法计算。通常情况下，生态系统能够吸收的大气中的有害物质有粉尘、二氧化硫和氮氧化物等。因此，只要计算出人工治理由粉尘、二氧化硫和氮氧化物等有害物质引起的大气污染的成本，就可以得到研究区生态系统净化空气的价值。计算公式如下：

$$V_{5b} = \sum_{i=1}^{n} S_i \times (A_d \times C_d + A_{SO_2} \times C_{SO_2} + A_{NO_x} \times C_{NO_x}) \qquad (9-11)$$

式（9-11）中，V_{5b} 为研究区空气净化服务价值（元）；S_i 为研究区能够吸收粉尘、二氧化硫和氮氧化物等有害物质的地类的面积（hm^2）；A_d、A_{SO_2} 和 A_{NO_x} 分别代表不同地类每年单位面积吸收粉尘、二氧化硫和氮氧化物的能力（t/hm^2）；C_d、C_{SO_2} 和 A_{NO_x} 分别代表人工处理粉尘、二氧化硫和氮氧化物的成本（元/t）。

综上可得出研究区生态系统净化环境价值的计算公式如下：

$$V_5 = V_{5a} + V_{5b} \qquad (9-12)$$

式（9-12）中，V_5 为研究区净化环境价值（元）；V_{5a} 为研究区水质净化服务价值（元）；V_{5b} 为研究区空气净化服务价值（元）。

数据来源：式（9-9）和式（9-10）中的各项数据均来自于相关参考文献。

（4）水文调节。

研究区生态系统的水文调节服务功能主要体现在森林涵养水源以及水田、草滩湿地、滩涂和水体调蓄洪水方面，可采用影子工程法计算生态系统涵养水源和调蓄洪水的价值，水文调节的价值即为两者之和。影子工程法是指人工建造一个与生态系统提供的功能相似的工程所需要的费用，因此生态系统水分调节服务的价值可用建造一个同样蓄水量的水库的花费来确定。建设 1 扩水库库容需年投入成本可用每年新增投资量除以每年新增库容量计算得到[①]。

研究区林地涵养水源体积可用研究区年降水量与林地减少径流的效益系数之积表示，林地涵养水源的价值计算公式如下：

$$V_{6a} = \sum_{i=1}^{n} S_f \times C_r \times R \times P_i \qquad (9-13)$$

---

① 薛达元. 生物多样性经济价值评估［M］. 北京：中国环境科学出版社，1997：13-215.

式（9-13）中，V_{6a} 为研究区林地涵养水源的价值（元）；S_f 为研究区林地面积（hm^2）；C_r 表示建设 1 扩水库库容需年投入成本（元/m^3）；R 为研究区林地生态系统减少径流的效益系数；P_i 代表研究区的年降水量（mm）。

研究区生态系统调蓄洪水的价值主要体现为水田、湿地、滩涂和水体的蓄水价值，计算公式如下：

$$V_{6b} = \sum_{i=1}^{n} C_r \times (S_i \times D + W) \tag{9-14}$$

式（9-14）中，V_{6b} 为研究区生态系统调蓄洪水的价值（元）；S_i 为研究区水田、湿地和滩涂的面积（hm^2）；C_r 表示建设 1 扩水库库容需年投入成本（元/m^3）；D 为水田、湿地和滩涂的最大蓄水差额（m）；W 为研究区水体正常水位水面蓄水量（m^3）。

综上，研究区生态系统水文调节价值的计算公式如下：

$$V_6 = V_{6a} + V_{6b} \tag{9-15}$$

式（9-15）中，V_6 为研究区水文调节价值（元）；V_{6a} 为研究区林地涵养水源的价值（元）；V_{6b} 为研究区生态系统调蓄洪水的价值（元）。

数据来源：式（9-13）中，建设 1 扩水库库容需年投入成本和林地生态系统减少径流的效益系数来源于相关文献，研究区的年降水量来源于宁波市水资源公报；式（9-14）中，水田、湿地和滩涂的最大蓄水差额来源于相关文献，研究区水体的总蓄水量来源于《慈溪市志》。

9.6.3.3　支持服务

（1）土壤保持。

生态系统土壤保持服务功能的价值主要表现为减少土地废弃以及减轻对江河湖泊和水库的泥沙淤积的价值。

生态系统主要是通过地表植被提供减少土地废弃提供服务的，可用机会成本法计算其价值，即将生态系统减少土地废弃的总量（土壤保持总量）乘以土地的单位面积经济价值。考虑到不同植被减少土地废弃的功效存在差异，计算时需获取研究区内不同地类的土壤保持量和单位面积经济价值。各地类的土壤保持量可通过将各地类单位面积土壤保持量乘以土壤的平均厚度再除以土壤容重得到。各地类单位面积经济价值即为各地类总产值与总面积之商。生态系统土壤保持价值的计算如式（9-16）所示：

$$V_7 = \sum_{i=1}^{n} \frac{P_i \times S_i \times d_i}{\rho \times \alpha \times 10000} \tag{9-16}$$

式（9-16）中，V_7 为研究区生态系统土壤保持价值（元）；i 为土壤类型，P_i 为第 i 类土壤单位面积经济价值（元/hm^2）；S_i 为第 i 类土壤类型的面积（hm^2）；d_i 为第 i 类土壤的土壤保持量（t/hm^2）；ρ 为土壤容重（t/m^3），α 为我国耕作土壤平均厚度（m）。

数据来源：式（9-16）中，各地类单位面积经济价值一项，水田、旱地和林地来源于《慈溪统计年鉴 2015》，其他来源于相关参考文献；各地类单位面积土壤保持量、土壤容重来源于研究区土壤普查资料和通过野外调查采样获取样品的实验测定；我国耕作土壤平均厚度来源于《中国生物多样性国情研究报告》。

（2）养分循环。

要计算生态系统作为各种营养盐的汇的价值首先可计算出土壤中持留的养分总量，再利用影子价值法计算这些养分的总价值。土壤中持留的养分主要是氮、磷、钾为主的各种营养盐，因此可用土壤中全氮、全磷、全钾的含量与其各自的市场价格的乘积获得养分循环的价值。为了简便运算，实际应用时一般用我国化肥（折纯量）的平均价格来代替氮磷钾各自的市场价格。具体计算公式见式（9-17）。

$$V_8 = \sum_{i=1}^{n} S_i \times P_i \times P_i \times (d_i + W_{dw} \cdot R) \qquad (9-17)$$

式（9-17）中，V_8 为研究区生态系统养分循环价值（元）；i 为土壤类型，S_i 为第 i 类土壤面积（hm^2）；P_i 为第 i 类土壤中的氮、磷、钾含量；P_i 为各类化肥售价（元/t）；d_i 为第 i 类土壤保持量（t/hm^2）；W_{dw} 为研究区草滩湿地互花米草干重（t/hm^2）；R 为研究区互花米草的覆盖率（%）。

数据来源：式（9-17）中，研究区土壤保持量和土壤中全氮、全磷、全钾的含量来源于研究区土壤普查资料和通过野外调查采样获取样品的实验测定，研究时段内我国化肥的平均价格由我国发展和改革委员会价格监测中心提供或通过《中国统计年鉴》中提供的化学肥料的产量和产值计算获得。

（3）生物多样性。

生态系统维持生物多样性的价值属于非使用价值，而条件价值法被认为是评估环境非使用价值的唯一方法[①]，因此宜采用条件价值法进行评估。虽然

---

① Loomis J B, Walsh R G. Recreation Economic Decisions: Comparing Benefits and Costs (2nd) [M]. Venture Publishing Inc, 1997.

条件价值法理论上可以用支付意愿或接受赔偿意愿进行调查，且两者应相差不大，但经验研究显示，接受赔偿意愿的价格总是高于支付意愿的价格，主要是因为相比付出，人们希望获得更多补偿的心理。因此，一般认为支付意愿更能反映人们对于生态系统服务价值的需求，实践中研究者更多应用支付意愿来估算生态系统生物多样性的价值。操作时，宜采用评估海域毗邻行政区（省、市、县）的城镇人口对研究区内的保护物种以及当地有重要价值的物种的支付意愿来评估物种多样性维持的价值。WTP 的计算见式（9-18），研究区生物多样性的价值计算见式（9-19）：

$$WTP = \sum_{i=1}^{n} A_i \times P_i \qquad (9\text{-}18)$$

式（9-18）中，WTP 是被调查者物种多样性维持的平均支付意愿（元）；n 是投标个数；A_i 为调查时的投标数额（元）；P_i 为被调查者选择该投标金额的频率。

$$V_9 = \sum_{i=1}^{n} WTP_i \times P_i \times R \qquad (9\text{-}19)$$

式（9-19）中，V_9 为研究区生物多样性维持价值（元）；WTP_i 是物种多样性维持支付意愿，即研究区周边行政区居民物种保护支付意愿的平均值（元）；P_i 为研究区及周边行政区的城镇人口总数（人）；R 为被调查群体的支付率（%）。

数据来源：式（9-18）中，投标个数和投标数额以及问卷设计基于对研究区珍惜物种的了解；被调查者选择某投标金额的频率来源于实际调查；式（9-19）中，WTP_i 源于问卷调查的结果；研究区及周边行政区的城镇人口数来源于各行政区的统计年鉴；被调查群体的支付率参考相关文献。

9.6.3.4　文化服务

生态系统文化服务价值即为文化科研和休闲娱乐价值之和。

文化科研的价值可采用直接成本法核算，即将以研究区为对象的影视、文学和艺术创作以及科学研究投入的成本作为文化科研的价值。由于以研究区为对象的影视、文学和艺术创作数量很少且很难统计，因此仅计算科研服务的价值量，计算公式如下：

$$V_{10a} = Q \times P \qquad (9\text{-}20)$$

式（9-20）中，V_{10a} 为研究区文化科研服务价值（元）；Q 表示以研究区为对象的科研论文、著作或研究报告的数量（篇）；P 为每篇科研论文、研究报告或每部科研著作的经费投入（元/篇）。

休闲娱乐价值的评估方法主要有旅行费用法和收入替代法，前者主要应用于研究区旅游景区较少（小于等于8个）的情况，后者用于景区较多（多于8个）的情况。由于研究区的旅游景区较少，因此可采用个人旅行费用法进行评估，其休闲娱乐的价值等于旅行总体费用与消费者剩余之和。计算公式如下：

$$V_{10b} = (C_a + C_b) \times P \tag{9-21}$$

式（9-21）中，V_{10b} 为研究区休闲娱乐服务价值（元）；C_a 表示单个游客旅行总费用的平均值；C_b 表示单个游客的消费者剩余（元/人）；P 为旅游景区在研究时段内接待的游客总人数（人）。

综上，研究区生态系统文化服务的价值计算公式如下：

$$V_{10} = V_{10a} + V_{10b} \tag{9-22}$$

式（9-22）中，V_{10} 为生态系统文化服务功能的价值（元）；V_{10a} 为研究区文化科研服务价值（元）；V_{10b} 为研究区休闲娱乐服务价值（元）。

数据来源：科研服务价值量评估中，科研论文和报告数量的获取以科技文献检索引擎为支持，需要对主题和关键词进行检索再逐一筛选。国内的主要的科技文献检索引擎有"CNKI 中国知网"、"维普《中文科技期刊数据库》（全文版）"和"万方数据知识服务平台"。由于研究区属于沿海地区，因此科技论文的单位成本可根据国家海洋局发布的海洋科技统计公报提供的海洋科技经费与海洋类科技论文总数计算获得（见表9-6）。

休闲娱乐评估中，单个游客旅行总费用的平均值的获取需要游客的性别、年龄、受教育程度、年收入及其所支付的交通、食宿、门票、纪念品费用和旅行时间等数据，可通过收集统计资料、实地调访和问卷调查等方式获得。研究时段内景区接待的游客总数可由宁波杭州湾新区经济发展局（统计局）提供。消费者剩余通过对游客旅行次数和旅行费用等参数回归分析后得到。

9.6.3.5 生态系统服务功能总价值

对研究区生态系统年内提供的各项生态系统服务价值进行累加，可得各年份新区生态系统服务价值总量，计算公式如下：

$$V = \sum_{i=1}^{n} S_i \times V_i \tag{9-23}$$

式中：V 为研究区生态系统服务总价值（元）；i 表示研究区第 i 种土地利用类型；S_i 表示研究区第 i 种地类的面积（hm^2）；V_i 表示研究区 i 地类单位

面积的生态系统服务价值（元/hm²）。

表 9-6　滨海湿地生态系统服务价值评估代表文献指标选取

江苏		海门		盐城		洞头县		长三角		杭州湾	厦门
供给功能	食品生产	供给服务	食品提供	供给服务	促淤造陆	供给服务	海水养殖	供给服务	食物供给	物质产品	气体调节
	基因资源		原料生产		食物生产		资源性海洋生物生产		原材料供给	固碳释氧	干扰调节
调节功能	气体调节	调节服务	气体调节	调节服务	原材料	调节服务	基因资源供给	支持服务	初级生产	水土保持	营养调节
	干扰调节		水质净化		大气组分调节		气体调节		养分循环	干扰调节	废物处理
	生物控制		干扰调节		水分调节		废弃物处理		调节水源	水分调节和供给	繁殖与栖息地
	废弃物处理	支持服务	营养物质循环		污染物降解	支持服务	营养物质循环	调节服务	土壤保持	土壤形成与养分循环	海水养殖
支持功能	初级生产		生物多样性维持	文化服务	科考旅游		物种多样性维持		调节气候	废物处理	原材料提供
	养分循环	文化服务	休闲娱乐	支持服务	生物多样性保护	科研文化服务	科研文化服务		调节空气质量	生物多样性维持	生物多样性
文化功能	科研文化		文化科研					文化服务	精神文化服务	休闲文化	旅游娱乐
									旅游娱乐服务		

续表

江苏	海门		盐城		洞头县		长三角		杭州湾		厦门
天津	条子泥		套子湾		浙南红树林		盘锦		舟山		珠海
供给服务 产品生产	食品提供	供给服务	食品供给	供给服务	活立木	供给服务	水产品	供给服务	食品生产	供给服务	食品供给
文化教育	气体调节		原材料生产		凋落物生产		植物资源		气候调节		原材料供给
景观美学	水质净化	调节功能	气候调节	文化服务	休闲旅游	调节服务	大气组分调节	调节服务	气体调节	调节功能	气候调节
支持服务 生物多样性	干扰调节		干扰调节		科研教育		供水蓄水		生物控制		水质净化调节
水源涵养	栖息地服务		废弃物处理		固碳释氧		生物栖息地	文化服务	科研论文	文化功能	空气质量调节
土壤保持	文化科研服务	支持功能	营养物质循环	调节服务	污染物处理		降解污染		海洋教育		有害生物和疾病的生物调节与控制
调节服务 气候调节			生物多样性维持		防风消浪	文化服务	科研文化	支持服务	营养元素 N		科学研究
环境净化		文化功能	科研教育		维护生物多样性				营养元素 P		旅游娱乐
灾害防御			旅游娱乐		土壤养分调节	支持服务			物种多样性		
				支持服务	促淤造陆						

案例参考文献来源：

[1]　肖建红，陈东景，徐敏，等．围填海工程的生态环境价值损失评估——以江苏省两个典型工程为例［J］．长江流域资源与环境，2011，10：1248-1254．

［2］　王静，徐敏，张益民，等．围填海的滨海湿地生态服务功能价值损失的评估——以海门市滨海新区围填海为例［J］．南京师大学报（自然科学版），2009，04：134－138.

［3］　邢伟，王进欣，王今殊，等．土地覆盖变化对盐城海岸带湿地生态系统服务价值的影响［J］．水土保持研究，2011，01：71-76+81.

［4］　隋玉正，李淑娟，张绪良，等．围填海造陆引起的海岛周围海域海洋生态系统服务价值损失——以浙江省洞头县为例［J］．海洋科学，2013，09：90-96.

［5］　徐冉，过仲阳，叶属峰，等．基于遥感技术的长江三角洲海岸带生态系统服务价值评估［J］．长江流域资源与环境，2011，S1：87-93.

［6］　李加林，童亿勤，许继琴，等．杭州湾南岸生态系统服务功能及其经济价值研究［J］．地理与地理信息科学，2004，06：104-108.

［7］　彭本荣，洪华生，陈伟琪，等．填海造地生态损害评估：理论、方法及应用研究［J］．自然资源学报，2005，05：714-726.

［8］　吴璇，李洪远，张良，等．天津滨海新区生态系统服务评估及空间分级［J］．中国环境科学，2011，12：2091-2096.

［9］　王静，徐敏，张益民．滩涂围垦养殖的生态损益分析——以江苏条子泥滩涂围垦养殖为例［J］．南京师大学报（自然科学版），2012，02：113-119.

［10］　李睿倩，孟范平．填海造地导致海湾生态系统服务损失的能值评估——以套子湾为例［J］．生态学报，2012，18：5825-5835.

［11］　曹明兰，宋豫秦，李亚东．浙南红树林的生态服务价值研究［J］．中国人口．资源与环境，2012，S2：157-160.

［12］　李丽锋，惠淑荣，宋红丽，等．盘锦双台河口湿地生态系统服务功能能值价值评价［J］．中国环境科学，2013，08：1454-1458.

［13］　赵晟，李娜，吴常文．舟山海域生态系统服务能值价值评估［J］．生态学报，2015，03：678-685.

［14］　秦传新，陈丕茂，张安凯，等．珠海万山海域生态系统服务价值与能值评估［J］．应用生态学报，2015，06：1847-1853.

10 杭州湾南岸围填海工程生态影响后评价

　　围填海是指人工将天然海域空间转变为陆地，主要用于农用耕地和城镇建设的人类活动，能够有效缓解土地供求矛盾，是当前我国海岸开发利用的主要形式，具有显著的社会经济效益。但围填海作为一种不可逆的、彻底改变海域自然属性的一种用海方式，对围填海域的生态系统的负面影响同样不可忽视，若不合理进行海域开发利用，可能造成诸多环境问题，引发围填海区域生态系统服务功能退化，得不偿失。因此，有必要对围填海可能造成的生态损害进行货币化价值评估，并将其纳入围填海区域的发展规划中，提高海域资源利用率，以便合理开发和管理海域，兼顾围填海区域的生态效益和社会经济效益。

　　宁波杭州湾新区目前所在陆域为 18 世纪后历代围涂而成，根据新区围垦规划，未来十几年内区内仍有大面积滩涂将被围垦用于新区开发建设。下文将应用前文构建的宁波杭州湾新区生态系统服务功能评价指标体系及其具体算法核算新区围填海工程实施前后，生态系统服务功能的货币价值变化，以期为新区围填海发展规划的制定和合理开发利用滩涂资源提供基础数据和决策参考。

10.1　研究区概况

　　宁波杭州湾新区坐落于浙江省宁波市域北部，世界第一跨海长桥——杭州湾跨海大桥南岸，居于上海、宁波、杭州、苏州等大都市的几何中心，是宁波接轨大上海、融入长三角的门户地区（见图 10-1）。2009 年，宁波市委、市政府作出《关于加快开发建设宁波杭州湾新区的决定》，明确宁波杭州湾新区的规划范围为：东至水云浦江（四灶浦水库北侧已围滩涂及未围海域除外），南至七塘公路，西至湿地保护区西侧边界，北至杭州湾海域分界线，陆域面积约 235

平方千米, 海域面积约 350 平方千米, 现辖 1 个镇, 拥有常住人口 17.7 万余人 (规划面积按照 2005 年土地利用现状变更调查数据确定, 包含庵东镇七塘公路以南由杭州湾新区托管的三个行政村, 土地总面积为 353 平方千米)。

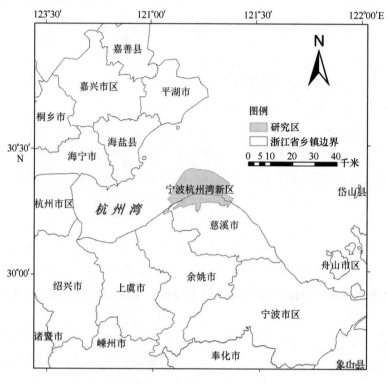

图 10-1　宁波杭州湾新区区位图

　　宁波杭州湾新区面临杭州湾开敞式海域, 均为历史上围涂而成, 所处地层为第四纪地层全新统滨海组, 软土地基广泛分布, 以沙质粉土为主, 精细相间, 土地平均承载力为 7.5 吨/平方米, 承载力较差。境内自南向北由平原向滩涂演变, 南部滨海平原系 900 年以来淤涨而成, 地势西高东低, 受人类活动影响显著, 从南往北横亘数条东西向海塘, 与南北入海河道相交, 形成纵横贯通的格网状水系; 北部淤泥质滩涂面积广大, 平坦连片, 滩面西宽东狭, 环绕三北平原呈扇形向北凸向杭州湾。区内土壤以滨海盐土为主, 为长江、钱塘江等江河输入海洋的泥沙在海水动力的作用下堆积而成, 南部土壤经雨水冲刷及种植耐盐作物逐步脱盐, 并施用有机肥料种植其他作物改善耕性后成为肥沃的农业土壤。新区地处北亚热带南缘, 濒临杭州湾, 属亚热带季风气候, 四季分明, 雨热充足, 冬夏稍长, 春秋略短。新区在季风影响下,

降水充沛，年平均降水量为 1 300 至 1 400 毫米，五至九月，占全年降水量的
60%。同时，境内受杭州湾海水调节，气温变化幅度相较同纬度的内陆地区
要小，年平均气温 16.1℃，平均气温以七月份最高，为 28.2℃，一月份最
低，为 3.8℃。

　　宁波杭州湾新区内设有国家级出口加工区、省级经济开发区、杭州湾国
际商务健身高端服务区等功能性平台，与上海浦东、上海虹桥、杭州萧山和
宁波栎社四大国际空港间的车程均在一个半小时左右，两小时交通圈内可覆
盖中国人口最密集、经济发展速度最快、生活水平最高的地区，是中国沿海
地区十分难得的战略要地。其周边同时拥有四大国际空港和两大东方大港，
依托杭州湾跨海大桥通道和即将建设的杭甬铁路客运专线、杭州湾跨海铁路、
沿海北线高速公路、城市轻轨、余慈快速通道等大型基础设施配套工程，可
直接与余慈地区、宁波、杭州及以上海为中心的城市群实现"同城化"发展。

10.2　研究区土地利用数据获取及分类

　　利用遥感和地理信息系统技术，以 2005 年 8 月和 2010 年 8 月 Landsat5 卫
星 TM4、TM3、TM2 波段以及 2015 年 Landsat8 卫星 TM5、TM4、TM3 波段的
原始数据为主要量化信息源，运用 ENVI5.2 软件合成最小分辨率为 30 m 的宁
波杭州湾新区假彩色图像，并将之作为宁波杭州湾新区土地利用数据信息提
取的基本数据源，提取方法与技术要求参考《海岛海岸带卫星遥感调查技术
规程》①。宁波杭州湾新区土地利用分类体系以新区围填海工程实施前后土地
利用实际情况为基础，主要参考中国科学院土地资源分类系统，根据研究需
要对新区土地利用类型进行合并和重分类，以统一数据、提高分析精度。本
研究利用人机交互式遥感影像解译获得的三个时期研究区土地利用类型矢量
数据精度均达 0.9 以上，符合研究所需。依据重分类的结果将新区划分为 8
种土地利用类型，分别是草地、旱地、建设用地、林地、水体、水田、滩涂
和草滩湿地，上述不同土地利用类型的定义见表 10-1。

---

　　① 《海岛海岸带卫星遥感调查技术规程》

表 10-1　研究区土地利用类型及定义

土地利用类型	定义
草地	以生长草本植物为主，覆盖度在 5% 以上的各类草地
旱地	种植旱生作物的土地
建设用地	指城乡居民点及其以外的工矿和交通等用地
林地	指生长乔木和灌木等的林业用地
水体	指地表长期有一定积水的区域以及经常或间歇有水流动形成的线性水道
水田	可以经常蓄水，用于种植水稻等水生作物的土地
滩涂	指地表长期湿润，但植被覆盖率在 5% 以下的区域
草滩湿地	指地表长期湿润，植被以水生植被为主，且植被覆盖率在 5% 以上的区域

10.3　研究区土地覆盖变化

通过对研究区一定时间范围内某种土地利用类型的数量变化情况，即单一土地利用类型动态度的计算①，可以较好地描述研究区生态系统土地覆盖类型的变化，其计算公式为：

$$I = \frac{S_a - S_b}{S_a \times Y} \times 100\% \qquad (10-1)$$

式中：I 为研究时段内研究区生态系统某种土地类型覆盖的动态度；Y 为研究时段长，本研究 Y 的时段设定为年，则 I 表示为研究时段内研究区生态系统某种土地类型覆盖的年变化率；S_a、S_b 分别为研究区某一研究时期某种生态系统覆盖初期和末期的面积。

根据式（10-1），利用 ArcGIS10.2 技术，对研究区不同土地利用类型覆盖变化进行空间统计分析，获得研究区不同时期的土地利用结构（表 10-2）和土地利用转移概率矩阵（表 10-3），以描述其空间分布及转移情况。

---

① 王秀兰，包玉海. 土地利用动态变化研究方法探讨 [J]. 地理科学进展，1999，18（1）：83-89.

表 10-2　杭州湾新区土地利用类型面积变化

土地利用类型类型	2005 面积 (km²)	2005 百分比 (%)	2010 面积 (km²)	2010 百分比 (%)	2005—2010 变化量 (km²)	2005—2010 动态度 (%)	2015 面积 (km²)	2015 百分比 (%)	2010—2015 变化量 (km²)	2010—2015 动态度 (%)	2005—2015 变化量 (km²)	2005—2015 动态度 (%)
草地	0.000	0.000	8.948	2.531	8.948		3.762	1.064	−5.186	−11.592	3.762	
草滩湿地	45.006	12.728	58.882	16.653	13.875	6.166	21.540	6.092	−37.342	−12.684	−23.467	−5.214
旱地	70.328	19.890	66.915	18.925	−3.413	−0.971	65.463	18.514	−1.451	−0.434	−4.865	−0.692
建设用地	25.634	7.250	42.884	12.129	17.250	13.459	68.150	19.274	25.265	11.783	42.516	16.586
林地	0.543	0.154	0.543	0.154	0.000	0.000	0.519	0.147	−0.024	−0.882	−0.024	−0.441
水田	0.000	0.000	0.000	0.000	0.000		1.492	0.422	1.492		1.492	
水体	27.137	7.675	39.755	11.243	12.618	9.299	110.077	31.131	70.322	35.378	82.940	30.563
滩涂	184.940	52.304	135.657	38.366	−49.283	−5.330	82.586	23.357	−53.071	−7.824	−102.354	−5.534

表 10-3　新区土地利用类型转移矩阵（单位：%）

时期		草地	草滩湿地	旱地	建设用地	林地	水田	水域	滩涂
2005—2010 年	草滩湿地	19.195	40.876	0.000	33.379			6.541	0.008
	旱地	0.034	2.987	93.658	2.708			0.612	
	建设用地	1.114		0.890	97.807			0.188	
	林地					100			
	水体		0.001	0.013				99.986	
	滩涂		20.754	0.441	0.481			4.974	73.349
2010—2015 年	草地	42.042			57.958				
	草滩湿地		19.099	1.206	20.329		0.192	53.082	6.092
	旱地			95.549	4.451				
	建设用地				100				
	林地				4.408	95.592			
	水域		0.643		7.616			90.121	1.620
	滩涂		7.400	0.598	1.529		1.017	31.695	57.760
2005—2015 年	草滩湿地	7.831	15.644		67.678			6.124	2.724
	旱地	0.034	2.979	89.497	6.883			0.606	
	建设用地	0.833		0.706	98.278			0.183	
	林地				4.408	95.592			
	水域			0.013	4.614			95.373	
	滩涂		7.022	1.264	3.136		0.807	43.779	43.993

注：表中空白表示无该项服务功能或不明显。

　　不同时期土地覆盖类型的数量变化和空间转移可以反映围填海区域的开发强度和利用方向。2005—2015 年，新区土地利用变化呈现出两种显而易见的趋势（表 10-2），一是建设用地与水体面积不断扩张，二是滩涂和草滩湿地的面积不断萎缩，其他地类的变化相对缓和。表 10-2 显示，新区地类构成从以滩涂为主导、草滩湿地与旱地并重向以水体为主导，滩涂、建设用地和旱地并重的方向转变。2005 年，滩涂占新区总面积的一半以上，旱地（19.890%）和草滩湿地（12.728%）位居其后，其他地类占地面积均不到十分之一。2010 年，滩涂在全区的比例下降为 38.366%，旱地面积轻微下降（18.925%），草滩湿地面积小幅增长后与旱地差距缩小至 3% 以内，建设用地和水体与 2005 年相比均有约 5% 的涨幅。2015 年，水体面积在全区占比最高，约 31.131%，滩涂占比锐减至 23.357%，草滩湿地占比缩小到 6.092%，旱地面积变化不大，建设用地面积略大于旱地，居全区第三。2005—2015 年，滩涂、旱地、林地和草滩湿地的动态度均为负数，其中滩涂和草滩湿地面积剧烈减少，年减少率均超过 5%，相反建设用地和水体面积急剧扩张，年增长率高达 16.358% 和 30.563%。

　　新区土地利用类型转移矩阵显示（表 10-3），2005—2010 年，草滩湿地约有 19.195% 转变为草地，33.379% 转变为建设用地，约 20.754% 的滩涂转为草滩湿地，林地几乎没有变化，其他地类均有小比例转入转出现象。2010—2015 年，草滩湿地和滩涂大量转出，建设用地和水体有明显转入。其中，草地共转出 57.958%，全部转变为建设用地，转变幅度最大，其次有 20.329% 的草滩湿地转为建设用地，其他地类均有一定比例转为建设用地；此外有超过 1/2 的草滩湿地和超过 1/3 的滩涂转为水域，使建设用地和水域面积大幅增加。2005—2015 年，滩涂和草滩湿地频繁且大量地向以建设用地和水体为主的其他地类转变，但极少转入，显现出明显的衰减趋势，与之相反，水体和建设用地不仅极少转出，同时有大幅转入，几乎所有其他地类都有一定比例转为水体和建设用地。

　　总体而言，新区围填海对滩涂和草滩湿地的负面影响最大，使其在研究期间不断向以建设用地和水体为主的其他地类转变，自身面积大幅萎缩；而水体和建设用地极少转出为其他地类，面积扩张显著。这反映了新区建设对土地资源的旺盛需求，也表明了新区围填海开发力度不断增强。显然，围填海工程是新区土地利用类型转变的重要影响因素，可以改变自然生态系统的演变方向和速度，使自然生态系统快速向半人工生态系统转变。

10.4　研究区生态系统服务功能价值计算

10.4.1　供给服务

10.4.1.1　食品生产

　　由于研究区各类农作物主要由庵东镇提供，因此各类农作物产量取庵东镇的年产量，限于数据可获得性，2005 年各类食品的市场平均价格取慈溪市相应食品的市场平均价格，根据慈溪市各农作物的商品产值、商品率和年产量可以得到各农作物的市场平均价格（元/kg）；再根据庵东镇相应农作物产量（kg）即可得到研究区农作物生产的价值。根据慈溪市海水产品和淡水产品的年产量和面积可以得到两者的单位面积产量（kg/hm²），再根据计算得出的海水和淡水产品的市场平均价格（元/kg）可得两者的单位面积价值（元/hm²）。为了真实的比较围垦前后研究区食品生产价值的变化，2015 年各类食品的市场平均价格取 2005 年不变价。根据《慈溪统计年鉴》，统计的研究区 2005 年、2010 年以及 2015 年海水产品和淡水产品的单位面积产量与单位面积价值如表 10-4 所示。2005 年慈溪市海水产品和淡水产品的市场均价为：16.321 元/kg（海产品）和 12.020 元/kg（水产品）。

表 10-4　新区海水与淡水产品的单位面积产量与单位面积价值

	2005	2010	2015
海水产品单位面积产量（kg/hm²）	3221.313	2613.115	3106.792
淡水产品单位面积产量（kg/hm²）	3972.281	3629.048	3593.680
海水产品单位面积价值（元/hm²）	52574.362	42648.092	50705.283
淡水产品单位面积价值（元/hm²）	47747.962	43622.210	43197.074

10.4.1.2　原材料生产

研究区能够供给的原材料主要是棉花和木材，由于部分数据难以获取，故不采用上文用于原材料生产价值计算的方法。棉花生产的价值计算方法与食品生产一致，即为产量与市场平均价格之积。根据《慈溪统计年鉴》，研究区 2005 年棉花的单价为 9.019 元/kg，2005 年、2010 年以及 2015 年研究区棉花产量分别为 725 t、1 539.9 t 和 1 368.1 t。木材生产的价值，用研究区林地面积与单位面积林业产值之积代替（研究区林地面积较小，采用此法影响不大）。2005 年浙江省单位面积的林业产值为 1 275.371 元/hm²。

10.4.2　调节服务

10.4.2.1　气体调节

根据《慈溪统计年鉴》、国志兴（2009）的研究成果以及式（9-3），计算得出研究区 2005 年、2010 年和 2015 年旱地的植物净初级生产力分别为 6.810 t/（hm²·a）、5.006 t/（hm²·a）和 4.722 t/（hm²·a），2015 年水田的植物净初级生产力为 5.847 t/（hm^2·a）。根据孙成明等（2013）的研究成果，草地的净初级生产力为 9.402 t/（hm^2·a）。根据肖笃宁（2003）的研究成果，滩涂的净初级生产力为 5.8 t/（hm^2·a）。湿地的净初级生产力取王淑琼等（2014）和宗玮等（2011）研究成果的平均值，为 22.575 t/（hm^2·a）。林地的净初级生产力取方精云（1996）的研究成果，为 11.64 t/（hm^2·a）。固定二氧化碳的成本采用国际碳税率标准与我国造林成本的平均值，根据中国生物多样性国情研究报告，国际碳税标准为 150 \$/t，根据薛达元（1997）等人的研究，我国的造林成本为 251.4 元/tC，因此固定二氧化碳的成本为 771.2 元/tC。固定氧气的成本取我国工业制氧的成本为 400 元/t。应用式（9-4）可得 2005 年、2010 年和 2015 年研究区生态系统固碳释氧服务的价值。

研究区主要旱生作物是棉花、豆类、小麦和玉米，N$_2$O 的排放主要集中在作物的生长季，棉花年排放通量为 260.16 mg/m^2（徐华等 2000），豆类的年排放通量为 2.64 kg/hm^2（黄国宏等，1995），小麦的年排放通量为 0.4 kg/hm^2（于克伟等，1995），玉米的年排放通量为 7.10 kg/hm^2（黄国宏等，1995）。单位质量 N$_2$O 的排放造成的经济损失参考 Costanza 提出的 2.94 \$/kg，2005 年美元兑人民币的汇率 8.19，即 24.079 元/kg。应用式（9-5）可得 2005 年、2010 年和 2015 年研究区生态系统排放 N$_2$O 造成的经济损失。

根据式（9-6）即可得出研究区 2005 年、2010 年和 2015 年生态系统气体调节服务价值。

10.4.2.2 干扰调节

生态系统提供的干扰调节服务可分为保滩促淤服务和消浪护岸服务。宁波杭州湾新区生态系统具有干扰调节作用的主要有滩涂和草滩湿地生态系统，其中草滩湿地同时具有保滩促淤和消浪护岸服务，滩涂的消浪护岸服务不明显，可忽略不计。

根据《慈溪统计年鉴》提供的粮食总产值、播种面积以及无人工干扰下粮食自然产出的系数（取 1/7）可得研究区 2005 年粮食自然产出的平均收益为 798.906 元/hm^2。研究区滩涂和草滩湿地的促淤速度分别取 3 cm/a（李加林，2004）和 1.5 cm/a（陈才俊，1994），我国耕作土壤的平均厚度取 0.5 m（《中国生物多样性国情研究报告》1998）。结合研究区遥感解译获得的滩涂和草滩湿地的面积，根据式（9-7）即可得到滩涂和草滩湿地保滩促淤服务的价值。研究区 2005、2010 和 2015 年海堤长度来源于遥感解译数据，海堤的宽度取 15 m，草滩湿地消浪护岸效果使海堤（20 年一遇）安全高度可降低值取 2 m，据此可计算出研究区草滩湿地节省的石方量，石方的价格取 15 元/m^3，根据式（9-8）即可得到草滩湿地消浪护岸服务的价值。运用式（9-9）即可得到研究区生态系统 2005 年、2010 年和 2015 年干扰调节服务的价值。

10.4.2.3　净化环境

研究区生态系统净化环境服务的价值包括水质净化价值和空气净化价值。研究区生态系统能够提供水质净化服务的主要是草滩湿地、旱地、林地、滩涂、水田和水体。滩涂和草滩湿地的污水人工处理成本为 1.38 元/t（谭雪等，2015），水田为 0.0467 元/t（刘利花等，2015）。欧维新等（2006）研究得出滩涂单位面积截留 N、P 的能力分别为 0.385 kg/hm^2 和 0.042 kg/hm^2，芦苇湿地单位面积截留 N、P 的能力分别为 30 kg/hm^2 和 1 kg/hm^2，互花米草湿地单位面积截留 N、P 的能力分别为 220.66 kg/hm^2 和 36.754 kg/hm^2，研究区湿地互花米草与芦苇的比例大致为 3∶1，因此取湿地单位面积截留 N、P 的能力分别为 189.245 kg/hm^2 和 34.066 kg/hm^2。水体单位面积截留 N、P 的能力分别为 39.8 kg/hm^2 和 18.6 kg/hm^2（赵同谦等，2003）。污水厂单位体积去除 N、P 的浓度分别为 32 mg/L 和 4 mg/L（王静等，2009）。水田单位面积消纳 BOD 和 COD 的能力分别为 17.07 kg/hm^2 和 26.34 kg/hm^2（刘利花等，2015）。根据式（9-10）可得出研究区生态系统水质净化服务的价值。

研究区空气净化服务价值主要体现在研究区林地、水田和旱地生态系统吸收粉尘、二氧化硫和氮氧化物方面。根据《中国生物多样性国情研究报告》，我国林地每年单位面积吸收粉尘和二氧化硫的能力分别为 33.2 t/hm^2 和 0.1176 t/hm^2；水田每年单位面积吸收粉尘和二氧化硫的能力分别为 33.2 t/hm^2 和 0.045 t/hm^2；根据马新辉等（2004）的研究，水田每年单位面积吸收和二氧化硫的能力为 0.033 t/hm^2，旱地每年单位面积吸收粉尘、二氧化硫和氮氧化物的能力分别为 30 t/hm^2，0.040 t/hm^2 和 0.030 t/hm^2。根据《中国生物多样性国情研究报告》，人工处理粉尘的成本分别为 170 元/t，人工处理二氧化硫和氮氧化物的成本均为 600 元/t。根据式（9-11）得出研究区生态系统净化空气服务的价值。

根据式（9-12）可得研究区生态系统 2005 年、2010 年和 2015 年净化环境服务的价值。

10.4.2.4　水文调节

研究区林地面积来源于遥感影像解译数据，建设 1 扩水库库容需年投入成本取 0.67 元/m³（欧阳志云等，1999）；R 为研究区林地生态系统减少径流的效益系数取 0.35（夏栋，2012）。研究区年降水量用慈溪市的年降水量代替，根据宁波市水资源公报，慈溪市 2005 年、2010 年和 2015 年的年降水量分别为 1 275.4 mm，1 425.9 mm 和 1 882.2 mm。根据式（9-13）可得研究区林地生态系统涵养水源的价值。

　　水田、湿地和滩涂的蓄水价值根据三者的最大蓄水差额计算，取 2m（肖笃宁等，2001），建设 1 扩水库库容需年投入成本取 0.67 元/m³（欧阳志云等 1999）；水体的蓄水价值即为研究区水体的总蓄水量的价值，由于缺少直接数据，研究区水体的总蓄水量（m³）按照研究区水体面积占慈溪市水体的面积比例计算，慈溪市水体的总蓄水量来源于《慈溪市志》，2011 年慈溪正常水位水面面积为 78.95 km²，总蓄水量为 19 620.68 万立方米。研究区水体面积来源于遥感解译数据。根据式（9-13）可得研究区水田、湿地、滩涂和水体的蓄水价值（元）。最后通过式（9-15）得出研究区生态系统 2005 年、2010 年和 2015 年水文调节服务的价值。

10.4.3　支持服务

10.4.3.1　土壤保持

　　单位面积某种土壤的经济价值取自统计年鉴和相关研究的论文资料。根据《中国环境统计年鉴》和《浙江统计年鉴》，林地单位面积的土壤的经济价值为 1 275.371 元/hm²；刘敏超（2005）等人的研究表明，湿地单位面积的土壤经济价值为 99.829 元/hm²，草地为 99.837 元/hm²；中国生物多样性国情研究报告表明旱地单位面积的土壤经济价值为 5 722.996 元/hm²，水田为 8 398.531 元/hm²。各类土壤的土壤保持量参考王敏等（2014）的研究成果，林地为 793.96 t/hm²，草滩湿地为 224.03 t/hm²，旱地为 645.37 t/hm²，水田为 521.27 t/hm²，草地为 757.86 t/hm²。林地的土壤容重为 1.25 t/m³（李加林，2004），草地、水田和旱地的土壤容重取 1.20 t/m³（李加林，2004），湿地的土壤容重取 1.34 t/m³（卜晓燕，2015）。α 取我国耕作土壤平均厚度 0.5 m。根据式（9-16）即可获得研究区生态系统 2005 年、2010 年和 2015 年土壤保持服务的价值。

10.4.3.2　养分循环

　　各类土壤的土壤保持量参考王敏等（2014）的研究成果，林地为 793.96

t/hm², 旱地为 645.37 t/hm², 水田为 521.27 t/hm², 草地为 757.86 t/hm², 草滩湿地互花米草干重为 2 968.6 t/hm², 研究区互花米草的覆盖率取 0.6 (李加林, 2004)。不同类型的土壤对各种营养元素和营养物质的截留能力不同, 各类土壤中的氮、磷、钾的含量也不同。林地土壤中的氮、磷、钾含量为 0.16%、0.03%、3.46%, 旱地土壤中的氮、磷、钾含量为 0.12%、0.02%、2.25%, 水田土壤中的氮、磷、钾含量为 0.17%、0.07%、1.98%, 草滩湿地土壤中的氮、磷、钾含量为 1.36%、0.14%、0.54% (李加林, 2004), 根据陈龙等 (2012) 的研究成果, 草地土壤中的氮、磷、钾含量为 0.49%、0.46%、0.57%。2010 年, 中国化肥平均市场价格为 2 740 元/t (夏栋, 2012)。根据《中国统计年鉴 2011》提供的 2006—2010 年的化肥价格指数, 可计算得出 2005 年中国化肥平均市场价格为 2 175.673 元/t。根据式 (9-18) 即可获得研究区生态系统 2005 年、2010 年和 2015 年提供养分循环服务的价值。

10.4.3.3 生物多样性维持

生态系统维持生物多样性的价值属于非使用价值, 条件价值法的实施需要耗费大量的时间和精力, 在有限的时间内难以实施。因此, 本文采用单位面积价值当量法作为条件价值法的替补评价法用于研究区生物多样性维持价值的核算。根据谢高地等 (2015) 的研究成果, 研究区不同类型的生态系统提供生物多样性维持服务的单位面积价值当量因子为: 0.13 (旱地), 0.21 (水田), 1.88 (林地), 1.27 (草地), 7.87 (湿地、滩涂), 2.55 (水体)。考虑在没有人力投入时的自然生态系统提供的经济价值是现有单位面积农田提供的食物生产服务经济价值的 1/7, 故取 1/7 作为生态服务价值当量系数。根据《慈溪统计年鉴 2005》提供的慈溪市粮食产量和产值计算得出 2005 年庵东镇粮食的市场均价为 1.373 元/kg, 研究区自然粮食产量的单位面积经济价值取庵东镇 2003—2013 年的平均粮食单产, 为 4 074.111 kg/hm²。计算得研究区生态系统 2005 年、2010 年和 2015 年提供生物多样性维持服务的价值。

10.4.4 文化服务

宁波杭州湾新区地理位置得天独厚, 濒临海洋, 连接内陆, 区内拥有杭州湾国家湿地公园, 生态系统独特, 为海洋教育科研和科普以及人们的休闲娱乐提供了极好的实验和活动基地。限于数据的可获得性, 本文采用单位面积价值当量法用于研究区文化服务价值的核算，并根据谢高地等（2015）的研究成果，将文化服务中的科研服务和休闲娱乐服务合并为提供美学景观服务。研究区不同类型的生态系统提供美学景观服务的单位面积价值当量因子取 0.06（旱地），0.09（水田），0.82（林地），0.56（草地），4.73（湿地、滩涂），1.89（水体）。取生 1/7 作为生态服务价值当量系数，研究区粮食的市场均价为 1.373 元/kg，自然粮食产量的单位面积经济价值取 4 074.111 kg/hm²。计算得研究区生态系统 2005 年、2010 年和 2015 年提供美学景观服务的价值。

10.5　研究区生态服务价值变化

根据式（9-23），结合新区生态系统的自然与社会经济条件定量分析，计算得出 2005、2010 和 2015 年新区各生态系统不同生态服务的单位面积价值及其总价值（表 10-5），进而得出 2005—2015 年新区各生态系统服务的价值变化（表 10-6）以及 2005—2015 年新区各土地利用类型的价值变化（表 10-7）。

10.5.1　ESV 时间变化

由表 10-6 可知，2005—2015 年，新区 ESV 总量逐年下降，由 2005 年的 1 604.047×10⁶ 元减至 2015 年的 1 183.981×10⁶ 元，年均减少率 2.619%，且其在 2005—2010 年和 2010—2015 年的年均减少率呈上升趋势，说明新区生态系统恶化程度不断加深。在研究区各生态系统子服务中，食物生产、气体调节和养分循环服务的价值量远大于其他服务，主要原因是旱地、水体、滩涂和草滩湿地在新区的覆盖面积广。原材料生产、净化环境、干扰调节和水文调节四项服务在整个研究期间的价值总量增加，在 2005—2010 年和 2010—2015 年两个时期内，前两项服务的价值量先升后降，后两者则均处于上升趋势。其余六项服务在 2005—2015 年价值总量均有不同程度的减少，其中食物生产、气体调节、维持生物多样性和提供美学景观四项服务的价值呈逐年减少趋势且总体下降幅度较大，土壤保持和养分循环服务价值的年减少率不到 0.5%，且在 2005—2010 年和 2010—2015 年两个时期内呈波动变化。

表 10-5　研究区 2005—2015 年生态系统服务功能经济价值（单位：10^6 元）

生态系统	年份	供给服务		调节服务				支持服务			文化服务	单价	总价值
		食品生产	原材料生产	气体调节	干扰调节	净化环境	水文调节	土壤保持	养分循环	维持生物多样性	提供美学景观	（元/m²）	（10^6元）
草地	2010			14.580				0.011	22.426	1.558	0.686	4.388	39.261
草地	2015			6.130				0.005	9.428	0.655	0.289	4.388	16.507
草滩湿地	2005			176.085	14.414	76.766	7.539	0.015	3.565	28.297	17.007	7.192	323.688
草滩湿地	2010			230.372	16.411	100.433	9.863	0.020	4.664	37.021	22.250	7.150	421.034
草滩湿地	2015			84.272	22.502	36.739	3.608	0.007	1.706	13.543	8.139	7.708	170.516
旱地	2005	9.111	1.635	82.869		0.330		4.329	236.207	0.730	0.337	4.771	335.548
旱地	2010	24.427	3.472	57.795		0.314		4.119	224.743	0.695	0.321	4.721	315.886
旱地	2015	18.748	3.085	53.308		0.307		4.030	219.868	0.680	0.314	4.588	300.340
建设用地	2005	1.341										0.052	1.341
建设用地	2010	3.918										0.091	3.918
建设用地	2015	2.185										0.032	2.185
林地	2005		0.069	1.096		0.004	0.162	0.009	3.425	0.082	0.036	8.990	4.883
林地	2010		0.069	1.096		0.004	0.182	0.009	3.425	0.082	0.036	9.027	4.903
林地	2015		0.066	1.047		0.004	0.229	0.008	3.274	0.078	0.034	9.129	4.740
水田	2015	0.371		1.512		0.310	0.200	0.109	3.747	0.025	0.011	4.212	6.285
水体	2005	220.763				22.072	45.186			5.528	4.098	10.968	297.647
水体	2010	147.941				32.334	66.195			8.099	6.003	6.554	260.572
水体	2015	89.187				89.530	183.288			22.425	16.621	3.643	401.051
滩涂	2005	243.078		185.897	0.443	0.575	24.782			116.279	69.886	3.466	640.940
滩涂	2010	144.637		136.358	0.325	0.422	18.178			85.293	51.262	3.217	436.475
滩涂	2015	104.689		83.013	0.198	0.257	11.067			51.925	31.208	3.419	282.357

注：建设用地的食品生产服务仅包括禽畜等产品；表中空白表示无该项服务功能或不明显。

表 10-6　2005—2015 年新区 ESV 结构变化

生态系统服务功能		生态系统服务功能价值（10⁶ 元）			2005—2010 年		2010—2015 年		2005—2015 年	
		2005 年	2010 年	2015 年	价值变化（10⁶ 元）	变化率（%）	价值变化（10⁶ 元）	变化率（%）	价值变化（10⁶ 元）	变化率（%）
供给服务	食物生产	474.293	320.923	215.18	-153.37	-6.467	-105.743	-6.590	-259.113	-5.463
	原材料生产	1.704	3.541	3.151	1.837	21.561	-0.39	-2.203	1.447	8.492
调节服务	气体调节	445.947	440.201	229.282	-5.746	-0.258	-210.919	-9.583	-216.665	-4.859
	干扰调节	14.857	16.736	22.700	1.879	2.529	5.964	7.127	7.843	5.279
	净化环境	99.747	133.507	127.147	33.76	6.769	-6.36	-0.953	27.4	2.747
	水文调节	77.669	94.418	198.392	16.749	4.313	103.974	22.024	120.723	15.543
支持服务	土壤保持	4.353	4.158	4.159	-0.194	-0.896	0.001	0.005	-0.194	-0.446
	养分循环	243.197	255.258	238.023	12.061	0.992	-17.235	-1.350	-5.174	-0.213
	维持生物多样性	150.916	132.748	89.331	-18.168	-2.408	-43.417	-6.541	-61.585	-4.081
文化服务	提供美学景观	91.364	80.558	56.616	-10.806	-2.365	-23.942	-5.944	-34.748	-3.803
合计		1604.047	1482.049	1183.981	-121.998	-1.521	-298.067	-4.022	-420.066	-2.619

表 10-7　新区 2005—2015 年土地利用类型价值变化

土地利用类型	总价值（10⁶元/年）			总价值年均变化率（%）			单位面积价值（元/m²）			单位面积价值年均变化率（%）		
	2005	2010	2015	05-10	10-15	05-15	2005	2010	2015	05-10	10-15	05-15
草地		39.261	16.507		-11.591			4.388	4.388		0.001	
草滩湿地	323.688	421.034	174.522	6.015	-11.900	-4.732	7.192	7.150	7.708	-0.116	1.559	0.717
旱地	335.548	315.886	300.340	-1.172	-0.984	-1.049	4.771	4.721	4.588	-0.211	-0.563	-0.384
建设用地	1.341	3.918	2.185	38.434	-8.846	6.294	0.052	0.091	0.032	14.929	-12.921	-3.818
林地	4.883	4.903	4.740	0.082	-0.665	-0.293	8.990	9.027	9.129	0.082	0.227	0.155
水田			6.285						4.212			
水体	297.647	260.572	401.051	-2.491	10.782	3.474	10.968	6.554	3.643	-8.048	-8.883	-6.678
滩涂	640.940	436.475	282.357	-6.380	-7.062	-5.595	3.466	3.217	3.419	-1.432	1.252	-0.135
合计	1604.047	1482.049	1183.981	-1.521	-4.022	-2.619						

研究期内，新区土地覆盖类型变动显著，对其生态系统总价值变化有深刻影响。2005—2015 年，除草地和水田两种新增地类外，仅有建设用地和水体的总价值年均变化率为正，其中建设用地在 2005—2010 年间的年均增长率大于 2010—2015 年间的年均减少率，而水体在 2005—2010 年间的年均减少率则小于 2010—2015 年间的年均增长率。草滩湿地、滩涂、旱地和林地四种地类在整个研究期间对新区 ESV 的贡献总体减少，其中草滩湿地和滩涂的价值总量急剧减少，前者由 323.688×10^6 元降至 174.522×10^6 元，后者由 640.940×10^6 元锐减至 282.357×10^6 元，且两者在 2010—2015 年期间的年减少率均大于 2005—2010 年；林地和旱地总价值的变化幅度相对较小，2005—2015 年旱地和林地的年减少率分别为 1.049% 和 0.293%。从新区各地类单位面积价值变化来看，2005—2015 年，林地单位面积价值几乎不变；草滩湿地、建设用地、旱地、水体和滩涂单位面积价值呈波动变化，其中，旱地、水体和滩涂单位面积价值逐年下降；草滩湿地在 2005—2010 年单位面积价值轻微下降，在 2010—2015 年小幅上升，总体增加；建设用地的单位面积价值在 2005—2010 年和 2010—2015 年期间先升后降，总体下降（表 10-7）。

10.5.2　ESV 空间变化

在 ArcGIS10.2 环境下构建 800 m×800 m 的渔网，并计算每个网格的单位面积 ESV，运用克里金插值法对 2005 年、2010 年和 2015 年新区 ESV 变化进行空间统计分析。同时对新区 ESV 进行分级，认为单位面积 ESV 低于 25 000 元/hm² 为 ESV 低值区，区域能够提供的生态系统服务数量少且质量差，生态系统缺乏完整性且内部不协调；单位面积 ESV 处于 25 000～40 000 元/hm² 区间内的区域为 ESV 较低值区，区域生态系统提供的服务数量相对较少且质量不高，但优于低值区；单位面积 ESV 位于 40 000～55 000 元/hm² 区间内的区域为 ESV 中值区，此区域内生态系统健康程度中等，能够提供一般生态系统具有的基本服务；单位面积 ESV 位于 55 000～70 000 元/hm² 区间内的区域为 ESV 较高值区，能够提供数量较多且质量较高的生态系统服务；单位面积 ESV 高于 70 000 元/hm² 为 ESV 高值区，能够提供大量多种类型的高质量生态系统服务，区域生态系统内部平衡稳定，有利于系统长期发展。

根据研究区克里金差值结果可知，2005—2015 年间，新区 ESV 在空间分布上逐渐由南北两侧低、中部高向西高东低演变，ESV 较低值区与低值区对 ESV 较高值区与高值区形成包围态势，前者随时间推移面积不断扩大，接连成片，而后者逐渐被前者切断，面积不断萎缩、从集中走向分散。这意味着在整个研究期间研究区生态系统能够提供的各项服务数量不断减少且质量不断下降，生态系统的协调性和完整性下降。研究之初，新区中部分布着大面积的草滩湿地，而新区围填海工程的实施大量侵占了草滩湿地并转为 ESV 极低的建设用地，是以研究区中部 ESV 衰减最为剧烈。2005—2015 年，研究区中部 ESV 高于 55 000 元/hm² 尤其是高于 70 000 元/hm² 的面积急剧减少，与此同时低值区和较低值区迅速扩张，造成新区生态系统总体价值的衰减。虽然新区北侧出现了小范围的高生态服务值区域，但由于其面积狭小，因而对新区 ESV 总量的衰减仅起微弱的缓冲作用。

10.5.3　围填海引起的海域生态服务价值变化

运用 ArcGIS10.2 的空间分析功能，可得新区在研究时段内滩涂和草滩湿地生态系统利用转移矩阵及其空间转移分布图，用于刻画围填海工程对新区土地利用构成与分布及其 ESV 的实际影响。

表 10-8 显示，2005—2010 年，滩涂大部分保留，其转出以草滩湿地为主，其次是水体，草滩湿地转出量大，主要转为建设用地和草地；2010—2015 年，有大量滩涂转为水体，草滩湿地大幅转出，以水体为主，其次为建设用地；总体来看，滩涂和草滩湿地主要向水体和建设用地集中转变，并在变化过程中产生草地和水田两种新地类。表 10-9 进一步显示，2005—2010 年间，新区滩涂合计转出 4 928.816 hm²，转出幅度不大，其中 3 838.302 hm² 转为草滩湿地，占滩涂转出总量的 77.875%，919.954 hm² 转为水体，其余转为旱地和建设用地；共 59.124% 的草滩湿地转出为其他地类，其中 1 502.184 hm² 转为建设用地，863.838 hm² 转为草滩湿地，294.383hm² 转为水体，还有少量转为滩涂。2010—2015 年，新区原有滩涂 13 565.660 hm²，其中 57.760% 保留为滩涂，31.695% 转为水体，7.400% 转为草滩湿地，其余转为旱地、建设用地和水田；新区原有草滩湿地共计 5 678.650 hm²，其中 55.036% 转为水体，21.084% 转为建设用地，6.316% 转为滩涂，其余转为旱地和水田，草滩湿地仅保留 914.933 hm²。

表10-8 新区滩涂与草滩湿地转移面积及其价值变化表（单位：hm²）

时期		草地	草滩湿地	旱地	建设用地	林地	水田	水域	滩涂	总计
2005—2010	草滩湿地	863.84	1 839.57		1 502.18			294.38	0.36	4 500.33
	旱地	2.42	210.10	6 586.78	190.47			43.05		7 032.83
	建设用地	28.55	0.19	22.82	2 506.75			4.82		2 563.12
	林地					54.32				54.32
	水域		0.03	0.36				2 713.29		2 713.68
	滩涂		3 838.30	81.52	89.04			919.95	13 565.30	18 494.12
	总计	894.81	5 888.19	6 691.48	4 288.44	54.32		3 975.50	13 565.66	35 358.39
2010—2015	草地	376.20			518.62					894.81
	草滩湿地		1 124.47	70.98	1 196.92		11.32	3 125.27	358.66	5 887.62
	旱地			6 394.16	297.88					6 692.04
	建设用地		58.26		4 230.19					4 288.44
	林地				2.39	51.92				54.32
	水域		25.58		302.78			3 582.75	64.39	3 975.50
	滩涂		1 003.89	81.19	207.45		137.91	4 299.70	7 835.53	13 565.66
	总计	376.20	2 212.18	6 546.33	6 756.23	51.92	149.23	11 007.73	8 258.57	35 358.39
2005—2015	草滩湿地	352.43	704.07		3 045.92			275.62	122.59	4 500.64
	旱地	2.42	209.54	6 294.18	484.04			42.65		7 032.83
	建设用地	21.34		18.10	2 519.23			4.69		2 563.37
	林地				2.39	51.92				54.32
	水域			0.36	125.20			2 588.15		2 713.71
	滩涂		1 298.60	233.69	579.95		149.23	8 096.59	8 136.02	18 494.07
	总计	376.20	2 212.21	6 546.33	6 756.74	51.92	149.23	11 007.69	8 258.61	35 358.93

表10-9　新区滩涂与草滩湿地转移面积及其价值变化表（单位：%）

时期			草地	草滩湿地	旱地	建设用地	水田	水体	滩涂	合计
2005—2010年	滩涂	面积变化（hm²）		3 838.302	81.520	89.041		919.954	13 565.303	18 494.119
		转化率（%）		20.754	0.441	0.481		4.974	73.349	100
		转化后的价值（百万元）		274.457	3.848	0.000		60.298	436.464	775.067
		转化前的价值（百万元）								640.944
	草滩湿地	面积变化（hm²）	863.838	1 839.566		1 502.184		294.383	0.357	4 500.328
		转化率（%）	19.195	40.876		33.379		6.541	0.008	100
		转化后的价值（百万元）	37.902	131.538		0.000		19.295	0.011	188.747
		转化前的价值（百万元）								323.666
2010—2015年	滩涂	面积变化（hm²）		1 003.885	81.188	207.453	137.905	4 299.698	7 835.530	13 565.660
		转化率（%）		7.400	0.598	1.529	1.017	31.695	57.760	100
		转化后的价值（百万元）		79.197	3.725	0.000	5.808	156.654	267.892	513.276
		转化前的价值（百万元）								436.475
	草滩湿地	面积变化（hm²）	914.933		71.150	1197.313	11.324	3 125.274	358.657	5678.650
		转化率（%）	16.112		1.253	21.084	0.199	55.036	6.316	100
		转化后的价值（百万元）	72.179		3.264	0.000	0.477	113.865	12.262	202.048
		转化前的价值（百万元）								406.051

注：此处仅计算 2005 年的滩涂面积以及草滩湿地面积向其他年份的其他类型转移的面积及其价值；滩涂和草滩湿地转移而来的建设用地不提供食品生产服务，故其价值为 0。

2005—2010 年期间，滩涂发生转移后，其所覆盖区域的 ESV 总量增加 134.123×10^{6}元；而草滩湿地则降低 134.919×10^{6}元，共计减少 7.96×10^{5}元，占 2005—2010 年新区 ESV 减少总量的 0.652%。2010—2015 年，原有滩涂和草滩湿地的 ESV 分别为 436.475 和 406.051×10^{6}元，发生转移后，两者覆盖区域的 ESV 各为 513.276×10^{6}元和 202.048×10^{6}元，合计减少 127.202×10^{6}元，占 2010—2015 年新区 ESV 减少总量的 42.675%。滩涂在转移后区域 ESV 增加，而草滩湿地转移后 ESV 则明显减少，主要原因在于作为滩涂主要转出对象的水体和草滩湿地的单位面积价值量大，而草滩湿地则大量转为单位面积价值低于其本身的其他地类，尤其是价值量为 0 的建设用地。2005—2010 年间，新区围填海强度不大，滩涂和草滩湿地转移主要发生在两者相互之间，因此在此期间由两者引起的价值减少仍不明显。2009 年，宁波市委、市政府作出《关于加快开发建设宁波杭州湾新区的决定》后，新区建设活动明显增多，围填海强度明显加强，由此引发的价值量减少已接近 2010—2015 年期间新区 ESV 减少的一半，可见围填海工程的实施对新区生态系统的负面影响之深。

10.6 结论与建议

在深入研究国内外已有文献的基础上构建了围填海区域 ESV 的计算模型，并借助 GIS 技术，对围填海工程影响下新区在 2005—2015 年的土地利用变化及其 ESV 进行定量分析。结果表明：

（1）随着围填海工程的推进，研究区多数生态系统以及单项生态系统服务的价值量大幅缩小，研究区 ESV 总量持续下降，且年减损率明显升高。围填海强度与生态系统服务价值变化存在显著的负相关关系，当研究区围填海强度增强时，生态系统服务价值降低。2009 年，宁波市委、市政府作出《关于加快开发建设宁波杭州湾新区的决定》后，新区建设活动明显增多，围填海强度显著增强，因此 2010—2015 年间研究区 ESV 减量显著高于 2005—2010 年间。

（2）围填海工程实施直接引起的研究区 ESV 减少占研究期间研究区生态系统价值减量的 90% 以上，可见研究区实施围填海工程导致的滩涂和草滩湿地面积急剧萎缩而造成的 ESV 下降是新区 ESV 总量衰减的主要原因，对耕地和水体等其他地类的占用，也加深了新区生态系统衰退的程度。

（3）研究期间，ESV 低值区和较低值区的范围不断扩大，其蔓延方向与围填海工程的实施方向基本吻合；而中值区及其以上的高 ESV 区域范围不断缩萎缩，从 2005 年的条带状演变为 2010 年的块状，再转变为 2015 年的散点状。草滩湿地位于滩涂南侧，地理位置决定草滩湿地是围填海项目实施的优先选择，围填海使得大面积高单位面积 ESV 的草滩湿地转为单位面积 ESV 极低的建设用地，造成十年间研究区中部由 ESV 高值区不断向 ESV 低值区转变，是研究区内生态系统服务价值衰减最为剧烈、生态系统服务功能退化程度最严重的区域。

（4）根据宁波杭州湾新区生态系统服务价值损失赋分表以及 2005 年、2010 年和 2015 年新区 ESV 价值可得三个年份新区 ESV 损失的相应得分（表 10-10）。由于 ESV 损失计算以 2005 年为基准，故 2005 年新区 ESV 得分为 100 分，2010 年和 2015 年得分分别为 75 分和 50 分。说明十年间，新区生态系统服务价值急剧缩减，且随着时间的演变价值衰减程度加剧。

表 10-10　宁波杭州湾新区 2005、2010、2015 年 ESV 损失得分表

年份	ESV 损失（元）	分值
2005	0	100
2010	$-1.22×10^8$	75
2015	$-4.20×10^8$	50

滩涂开发是杭州湾沿岸地区实现耕地保护和开发建设协调发展、以及扩大开放程度的重要手段。滩涂围垦活动直接作用于近岸生态系统，势必会对研究区生态系统及其服务的数量、构成和质量产生影响，尤其是不合理的围垦活动更将导致围垦区域生态系统功能的严重退化甚至是丧失。由于多数生态系统服务不具备常规市场经济价值，容易被忽视，因此滩涂开发过程中难免出现与生态环境建设不相符的举措，应该科学合理开发利用滩涂资源，谋求最大的经济、社会和生态综合效益。

（1）强化环境监管，在保护中匡围

在施工过程中，应尽量减少对海域滩涂的污染，并加强对污染的治理力度。为此，应合理制订工程建设方案，在实施过程中加强对施工人员的环保宣传教育，并严格监管批准施工区域的施工过程。施工时应充分注意到渔业资源和珍稀鸟类的保护，海堤堤身填料尽量就地取材，堤身表面防护尽量栽种植物或使用天然石材，以减少施工活动对生态的影响。建设单位应通过编制环境保护手册对施工人员进行法律、法规培训以及生物多样性的保护知识的培训，增强施工人员的环保意识。在批准的施工区域，加强对施工营地、拌和场、物料堆场等管理，各类固、液废弃物应在处理后确保达到污染物排放标准后再统一排放。

（2）重视湿地保护，建设生态屏障

滩涂围垦活动的实施造成沿海大规模滩涂湿地的减少，而滩涂湿地的破坏将导致许多生物栖息地的丧失，造成生态系统的生物多样性明显减退。宁波杭州湾新区西侧的庵东湿地是中国八大盐碱湿地之一，是杭州湾南岸湿地的重要组成部分，不仅是世界级观鸟胜地，也是我国14个全球迁徙候鸟栖息湿地区域之一。加强该区域的湿地保护力度，在湿地范围内禁止大规模开发建设活动，允许少量基础设施建设，并对遭受破坏的湿地进行生态修复，有助于宁波杭州湾新区生态系统提供的生物多样性服务和休闲娱乐服务功能的维持和提升。在围垦区外围可种植互花米草、芦苇和海三棱等植物，不仅可以吸引众多食虫鸟类栖息于此，形成立体生态屏障，还可以使沿海春季干热风、夏季台风和水土流失明显减少，稳定滩涂生态系统，增强其干扰调节服务功能，提高人工防海潮标准。

（3）构建生态补偿机制

杭州湾新区生态系统提供的各项服务价值极大，但是受政策和资源自身特点的限制，很大程度上是一种不能变现的资产，这种财富难以直接反映在GDP上，却是绿色GDP的重要内容。因此，对于经济发展而导致的生态系统服务价值量减少，国家和政府应给予补偿。应加强滩涂围垦区域周边省市县的联系、协作和研究工作，实行大区域性保护利用滩涂工程，建立滩涂湿地环境补偿制度。可从征收湿地资源税、征收湿地资源使用费、建立财产权机制和实施财政补贴等措施来完善滩涂湿地环境补偿制度。当使用需要付出成本和代价时，被使用的物品才更有可能被认真对待，而补贴可鼓励资源开发者对资源的可持续利用，从而使资源和环境被适度、持续地开发、利用和建设，从而达到经济发展与保护生态平衡协调，促进可持续发展的最终目标。

11 结 语

以国际化视野，结合国内外先进经验教训和最新理念进行了指标化、数值化的梳理，构建了经济、社会、生态价值三个维度，确立了生态优先、经济质量、社会公平为基本思想的以人为本的围填海工程影响综合评价与衡量体系，既充分借鉴与发展了现行的各类围填海工程影响评价指标体系中最为先进、完备和科学的指标及其计量工具，又为中国海岸海洋生态环境治理的补偿可衡量提供先导认知的途径和规制指引。

围绕宁波杭州湾案例除了给出指标体系之外，还利用可获得的具有实际价值统计数据、调查数据与地理空间数据，尝试对中国杭州湾南岸围填海工程影响科学分析，发现围填海成陆土地的利用类型及其集约度是围填海工程经济正向影响发挥的关键要素，同时也受到企业群集与城镇发展水平影响；相比经济影响，围填海工程社会影响集中表征在居民生活质量、企业发展环境和工程社会适应度三个维度，社会风险与可持续性主要受控于工程社会适应度，围填海工程社会影响在居民生活质量与企业发展环境方面产生了巨大的正面影响；生态价值的负面影响非常高，但是随着近岸海域环境与成陆土地生态系统的发育，生态价值负面影响会逐渐减弱。同时，围填海工程的社会、经济与生态价值影响都存在空间性，这既明晰了围填海工程生态补偿的基线差异，又启迪围填海工程可行性研究中必须重视相关利益群体的空间分布及其与施工地点、施工周期之间的关系。显然，这对于我国实施海洋生态文明建设与推动科学围垦具有综合、可参与的决策是非常有裨益的。

11.1 围填海工程的社会经济与生态影响

11.1.1 社会影响演变

围填海工程对区域发展具有深远意义，在社会、经济、生态等多方面均有体现。初步探索杭州湾区域内新浦镇、崇寿镇、庵东镇和周巷镇四个镇的社会效益情况，客观评价围填海工程对于社会效益的影响程度，可以发现镇内 2005 年、2010 年及 2014 年之间的发展变化，进而可对各区域内单位面积下社会效益产出状况做出评价，并结合同时期宁波市区的发展，对各镇发展速度和质量做出客观分析，研究结论如下所示。

（1）通过建立评价指标体系，运用熵值法计算得出 2005 年、2010 年和 2014 年各镇区单位面积下区域的社会效益的产出状况，发现镇的社会效益得分呈良好上升趋势，而镇之间，周巷镇的效益体现最为良好，效益等级由最初的"中等"升为"良好"，其余三镇的效益得分也获得了不同程度的增加，等级也由最初的"较差"提升为"中等"。

（2）在单维度效益得分比较中发现，居民生活质量得分在效益总值中占比最高，发展虽有小幅波动，但总体趋势仍为上升；企业发展环境得分波动特征最为明显，需采取相关措施例如制定适合企业发展的规划政策、加强企业产业园的管理，以提升该项指标的稳定性；社会适应程度得分虽然占比最低，但上升趋势最为良好。

（3）在与宁波市区的比较分析中发现，前期镇的发展速度较快，但到中期之后由于围填海环境不稳定等多种因素困扰，速度较宁波市区而言发展较慢，到 2014 年又再次呈现超越宁波市区发展速度的良好状况，表明围填海工程对于镇的发展而言具有较好的促进作用，但效益需要在一段时间后才能得到较好的表现。

11.1.2 经济影响变化

1999—2010 年杭州湾区域围填区（13.8 万亩）已逐步形成经济产出区并在此基础上形成杭州湾产业集聚区，2005 年前围填区土地对经济拉动效应尚不明显。2005—2010 年，部分大型的土地开发企业（宁波杭州湾世纪城置业有限公司、宁波合生锦城房地产有限公司等）进驻杭州湾区域，土地开发产生的拉动效应开始显现。杭州湾区域经济发展大规模利用围填区，构成经济发展基础。2011 年后，随着产业集聚区产业主导方向的确定以及一批"世界五百强"企业的入驻，杭州湾区域经济增速明显。2012、2013、2014 年工业总产值年均增长 200 亿左右，在国内经济下行的情况下经济增长较为可观。杭州湾区域产业核心区建成发展以来，国家税收 2011—2016 年年均增幅 38.8%，远大于宁波市域税收增幅。随着杭州湾区域现阶段围填工程的推进以及产业集聚区内产业园区块的完善，可继续推动杭州湾区域经济产值的持续增长。研究表明：

（1）周巷镇将围填海新增土地资源融入城镇建设与产业发展中，其经济效益增幅呈现持续增长态势。新浦镇、崇寿镇受围填海项目新增土地资源的拉动效应影响后，尚未形成合理经济效益基础，其经济发展效益易受外界经济波动的影响。庵东镇正处于围填海项目新增土地资源的拉动效应中，其后续经济增幅取决于自身产业体系的构建。

（2）在宏观层面，围填海项目对于乡镇经济效益的推动性明显，项目开发形成的土地资源是早期乡镇经济效益发展的主导因素，其主导效应随时间逐渐减弱，最终乡镇经济效益发展的主导因素取决于项目新增土地被利用于产业发展以及城镇建设的程度。围填海项目开发对于乡镇经济效益的拉动是客观存在的，但其持续性增幅的拉动性由乡镇土地利用开发能力的主观性决定的。

（3）内部微观层面，围填海项目所产生的经济效益在区域企业发展、产业结构、城镇建设层面均有所表现。企业发展层面受行政政策、企业发展战略、外部市场环境的影响，利用围填海形成的土地生产要素集聚发展工业园、技术开发区等产业集聚形式。围填海工程在企业发展层面最先体现出经济效益的提升，随着区域企业的集聚与发展，围填海工程的经济效益在产业层面开始得到体现。围填形成的土地资源主要用于满足产业集聚区的土地要素需求，在产业层面经济效益的表现更为直观。围填海项目在企业-产业层面的表现形式为联动发展模式。城镇建设层面有别于企业-产业层面的发展模式，其经济效益表现形式呈现出稳步推进的发展模式。城镇建设依赖企业-产业集聚区的发展形成城镇建设的有机主体，稳步提升区域城镇建设水平。不同于围填海工程在企业-产业层面经济效益表现的波动变化态势，城镇建设方面基本上依托城镇中心以及产业集聚区的发展载体，提升区域城镇化水平。

11.1.3　生态系统服务功能影响波动

构建了围填海区域 ESV 计算模型，并借助 GIS 技术对围填海工程影响下新区在 2005—2015 年的土地利用变化及其 ESV 进行定量分析。结果表明：（1）随着围填海工程的推进，研究区多数生态系统以及单项生态系统服务的价值量大幅缩小，研究区 ESV 总量持续下降，且年减损率明显升高。围填海强度与生态系统服务价值变化存在显著的负相关关系，当研究区围填海强度增强时，生态系统服务价值降低。2009 年宁波市委、市政府作出《关于加快开发建设宁波杭州湾新区的决定》后，新区建设活动明显增多，围填海强度明显加强，因此 2010—2015 年间研究区 ESV 减量显著高于 2005—2010 年间。（2）围填海工程实施直接引起的研究区 ESV 减少占研究期间研究区生态系统价值减量的 90% 以上，可见研究区实施围填海工程导致的滩涂和草滩湿地面积急剧萎缩而造成的 ESV 下降是新区 ESV 总量衰减的主要原因，对耕地和水体等其他地类的占用，也加深了新区生态系统衰退的程度。（3）研究期间，ESV 低值区和较低值区的范围不断扩大，其蔓延方向与围填海工程的实施方向基本吻合；而中值区及其以上的高 ESV 区域范围不断缩萎缩，从 2005 年的条带状演变为 2010 年的块状，再转变为 2015 年的散点状。草滩湿地位于滩涂南侧，地理位置决定草滩湿地是围填海项目实施的优先选择，围填海使得大面积高单位面积 ESV 的草滩湿地转为单位面积 ESV 极低的建设用地，造成十年间研究区中部由 ESV 高值区不断向 ESV 低值区转变，是研究区内生态系统服务价值衰减最为剧烈、生态系统服功能退化程度最严重的区域。

11.2　提升围填海社会经济与生态效益的对策

11.2.1　全面控制围填海指标，提高土地利用率

滩涂开发是杭州湾沿岸地区实现耕地保护和开发建设协调发展、以及扩大开放程度的重要手段。滩涂围垦活动直接作用于近岸生态系统，势必会对研究区生态系统及其服务的数量、构成和质量产生影响，尤其是不合理的围垦活动更将导致围垦区域生态系统功能的严重退化甚至是丧失。由于多数生态系统服务不具备常规市场经济价值，容易被忽视，因此滩涂开发过程中难免出现于生态环境建设不相符的举措，应该科学合理开发利用滩涂资源，谋求最大的经济、社会和生态综合效益，减少围填海对生态环境带来不可逆的破坏。

11.2.2　提升围填海后土地利用的社会经济效益

围垦活动对于缓解浙江省用地紧张，开拓人类生存空间，增加新的就业机会，加快经济社会的发展都有着重要意义。杭州湾地区需要进一步加强围填海工程与区域内居民生活的紧密联系，拓宽公众参与到围填海活动中的途

径，促进居民之间生活上的融合，让公众对围填海工程的实施效益和填海区域内的规划充分了解，并相应提高社会服务水平和医疗、教育等服务，创造良好的社会气氛，从而使公众对围填海工程的社会效益产生积极的评估。

杭州湾围填海区域尚属于刚刚开发的生地，因周围配套较差，入驻的单位和企业较少，即使有部分企业入驻，但大多处于投入期，因而社会效益不甚明显。作为地方政府，应采取积极措施，吸引企业入驻，从而提升区域内的经济社会效益，提升区域社会影响能力。在具体措施上，政府应当明确填海区域的土地利用方向，合理开发土地，减少农业用地与商业用地之间的矛盾，从而强化招商引资，吸引企业入驻，缩短土地的闲置时间，实现新进企业与区域之间的融合发展。

围填海工程不能仅仅关注短期社会效益，还需进行长期的动态监测评估。建立围海造地工程跟踪监测和后期评估制度，跟踪评估围海造地项目实施所产生社会效益，在项目的实施过程中及时的发现问题，快速解决问题，防止问题的进一步扩大，减少项目造成的损失，从根本上重视短期效益与长远效益的结合，实现围填海区域内社会效益的可持续发展。

11.2.3　转变围填海成陆土地利用发展地方经济

围填海项目开发对于乡镇经济效益的拉动是客观存在的，但其持续性经济效益增幅的拉动性由乡镇土地利用开发能力的主观性决定的。乡镇既需要依靠围填海项目开发初期的经济效益的拉动效应，又必须加快乡镇产业布局与体系建设。加快将开发新增土地融入城镇建设与产业发展，持续推动乡镇经济效益增幅。

杭州湾新区发展规划以及新区建立吸引了周边县域产业、企业的集聚，形成了新产业集聚区。现阶段削弱了周边乡镇的经济发展，但随着新区进一步开发，将大力带动周边乡镇的产业经济以及城镇建设发展。在围填项目开发过程中，可采用行政规划形式，整合围填海项目开发的新增土地，形成产业集聚区，从而进一步向城镇体系演化，深化土地利用方式。

11.2.4　构建生态补偿机制

杭州湾新区生态系统提供的各项服务价值极大，但是受政策和资源自身特点的限制，很大程度上是一种不能变现的资产，这种财富难以直接反映在GDP上，却是绿色GDP的重要内容。因此，对于经济发展而导致的生态系统服务价值量减少，国家和政府应给予补偿。应加强滩涂围垦区域周边省市县的联系、协作和研究工作，实行大区域性保护利用滩涂工程，建立滩涂湿地环境补偿制度。可从征收湿地资源税、征收湿地资源使用费、建立财产权机制和实施财政补贴等措施来完善滩涂湿地环境补偿制度。当使用需要付出成本和代价时，被使用的物品才更有可能被认真对待，而补贴可鼓励资源开发者对资源的可持续利用，从而使资源和环境被适度、持续的开发、利用和建设，从而达到经济发展与保护生态平衡协调，促进可持续发展的最终目标。

尽管我国政府已经认识到海岸海洋生态环境保护与修复的重要性，对沿海围垦进行了严格管控，并且非常努力地探索有效平衡滩涂保护和生态经济发展模式，然而许多关键问题依然存在于立法、规划、政策、科学研究和公众参与等方面。为了改善沿海地区发展管理，未来应重点推进海岸海洋资源与生态环境管理顶层设计；重新审议批准的填海计划，重新评估其可行性和对生态系统的影响；加强立法与执法力度，明确界定海岸带的管理和行为准则；加强公众参与，促进公共环境意识并加强利益相关方参与决策的能力。

参考文献

Boyd J, Banzhaf S. What are ecosystem services? The need for standardized environmental accounting units. Ecological Economics, 2007, 63 (2-3): 616-626.

Brown M T, Cohen M J, Bardi E, et al. Species diversity in the Florida Everglades, USA: A systems approach to calculating biodiversity [J]. Aquatic Sciences, 2006, 68 (3): 254-277.

Chee Y E. An ecological perspective on the valuation of ecosystem services [J]. Biological Conservation, 2004, 120 (4): 549-565.

Costanza R. The value of the world's ecosystem services and nature capital. Nature, 1997, 387, 253-260.

Costanza R. Ecosystem services: Multiple classification systems are needed. Biological Conservation, 2008, 141 (2): 350-352.

Helliwell DR. Valuation of wildlife resources [J]. Regional Studies, 2007, 3 (1): 41-47.

Daily G C. Developing a Scientific Basis for Managing Earth's Life Support Systems [J]. Conservation Ecology, 2001, 3 (11): 45-49.

Daily G C. Nature's services: societal dependence on natural ecosystems [M]. Washington DC: Island Press, 1997: 392.

De Groot R S. A typology for the classification and valuation of ecosystem functions, goods and services [J]. Ecological Economics, 2002 (41): 393-408.

Ehrlich P R, Ehrlich A H, Ehrlich P R, et al. The causes of consequences of the disappearance of species [J]. Bulletin of the Atomic Scientists, 1981 (1): 82.

Fisher B, Turner R K, Morling P. Defining and classifying ecosystem services for decision making. Ecological Economics, 2009, 68 (3): 643-653.

Fisher B, Turner R K. Ecosystem services: Classification for valuation. Biological Conservation, 2008, 141 (5): 1167-1169.

Gollin D, Evenson R. Valuing animal genetic resources: lessons from plant genetic resources [J]. Ecological Economics, 2003, 45 (3): 353-363.

Jansson A M, Hammer M, Falke C, et al. Investing in natural capital [M]. Covelo: Island Press, 1994: 200-213.

Kellert S R, Kellert S R. Assessing wildlife and environmental values in cost-benefit analysis [J]

. Journal of Environmental Management, 1984, 18 (4): 355-363.

King R T. Wildlife and Man [J]. New York Conservationist, 1996, 20 (6): 8-11.

Lee Chang-Hee, Lee Bum-Yeon, Chang Won Keun. Environmental and ecological effects of Lake Shihwa reclamation project in South Korea: A review [J]. Ocean & Coastal Management, 2014, 102 (B): 545-558

Liu J, Zhou H X, Pei Q, et al. Comparisons of ecosystem services among three conversion systems in Yancheng National Nature Reserve. [J]. Ecological Engineering, 2009, 35 (5): 609 -629.

Loomis J B. Assessing wildlife and environmental values in cost benefit analysis: state of art [J] . Journal of Environmental Management, 1987, 22: 125-131.

Mcneely J A, Miller K R, Reid W V, et al. Conserving the world's biological diversity [M]. International Union for Conservation of Nature and Natural Resources, 1990.

Nadzhirah Mohd Nadzir, Mansor Ibrahim, Mazlina Mansor. The Impacts of Seri Tanjung Pinang Coastal Reclamation on the Quality of Life of the Tanjung Tokong Community Penang, Malaysia [J]. Global Science and Technology Journal, 2015, 3 (1): 107-117

Odum H T. Environmental Accounting--EMERGY and Environmental Decision Making [J]. Child Development, 1996, 42 (4): 1187-201.

Pearce D W, Markanaya A, Barbier B. Blueprint for a green economy [M]. London: Earthscan, 1989.

Pearce D W, Moran D. The economic value of biodiversity [M]. IUCN: Cambridge Press, 1994.

Pearce D W. Blueprint 3: Measuring sustainable development [M]. London: Earthscan, 1993.

Pearce D W. Blueprint 4: Capturing global environmental value [M]. London: Earthscan, 1995.

Qin P, Wong Y S, Tam N F Y. Emergy evaluation of Mai Po mangrove marshes. [J]. Ecological Engineering, 2000, 16 (16): 271-280.

Tietenberg T. Environmental and Natural Resource Economics [M]. Harpers Collins Publishers, New York, 1992.

Turner K. Economics and wetland management [J]. AMBIO, 1991, 20 (2): 59-63.

Wallace K J. Classification of ecosystem services: Problems and solutions. Biological Conservation, 2007, 139 (3-4): 235-246.

Zuo P, Wan S W, Qin P, et al. A comparison of the sustainability of original and constructed wetlands in Yancheng Biosphere Reserve, China: implications from emergy evaluation [J]. Environmental Science & Policy, 2004, 7 (4): 329-343.

蔡克伦, 管佳伟, 马仁锋, 叶旭东. 中国沿海省市海洋科技水平差异演化研究 [J]. 港口经济, 2015 (05): 47-52.

蔡悦荫．填海造地经济损益分析研究［J］．海洋环境科学，2011，30（2）：272-274.

蔡中华，王晴，刘广青．中国生态系统服务价值的再计算［J］．生态经济，2014，30
　　（2）：16~18.

曹明兰，宋豫秦，李亚东．浙南红树林的生态服务价值研究［J］．中国人口．资源与环
　　境，2012，（S2）：157-160.

曾杰，李江风，姚小薇．武汉城市圈生态系统服务价值时空变化特征［J］．应用生态学
　　报，2014，（3）：883-891.

曾贤刚．环境影响经济评价［M］．北京：化学工业出版社，2003：1-291.

陈凤桂，吴耀建，陈斯婷．福建省围填海发展趋势及驱动机制研究［J］．中国土地科学，
　　2012，26（05）：23-29.

陈佳源，吴幼恭，俞宏业，等．我省围垦的现状、垦区地域分异与合理利用［J］．福建师
　　范大学学报（自然科学版），1985（3）79-88.

陈琳，欧阳志云，王效科，等．条件价值评估法在非市场价值评估中的应用［J］．生态学
　　报，2006，26（2）：610-619.

陈孟东．香港填海造地对城市发展的影响［J］．世界建筑，2007（12）：137-139.

陈睿山，蔡运龙．土地变化科学中的尺度问题与解决途径［J］．地理研究，2010，29（7）：
　　1244-1256.

陈希，王克林，祁向坤，等．湘江流域景观格局变化及生态服务价值响应［J］．经济地
　　理，2016，36（5）：175-181.

陈衍泰，陈国宏，李美娟．综合评价方法分类及研究进展［J］．管理科学学报，2004，7
　　（02）：69-79.

陈莹，刘康，郑伟元，等．城市土地集约利用潜力评价的应用研究［J］．中国土地科学，
　　2002，16（4）：26-29.

程庆山．外走马埭围垦工程社会经济效益评介［J］．中国土地，2000（5）．

初超．围海造地工程的综合效益评价研究［D］．大连：东北财经大学，2012.

慈溪市地方志编纂委员会编．慈溪市志［M］．杭州：浙江人民出版，2015. 227.

崔丽娟．扎龙湿地价值货币化评价［J］．自然资源学报，2002，17（4）：451-456.

戴尔阜，王晓莉，朱建佳，等．生态系统服务权衡：方法、模型与研究框架［J］．地理研
　　究，2016，06：1005-1016.

狄乾斌，韩增林．大连市围填海活动的影响及对策研究［J］．海洋开发与管理，2008，25
　　（10）：122-126.

丁涛，郑君，韩曾萃．钱塘江河口滩涂开发经济损益评估［J］．水利经济，2009，27
　　（3）：25-29.

董全．生态功益：自然生态过程对人类的贡献［J］．应用生态学报，1999，10（2）：233
　　-240.

段锦，康慕谊，江源．东江流域生态系统服务价值变化研究［J］．自然资源学报，2012

（1）：90-103.

傅积平，王子勤．洞庭湖地区垸田的类型及其改良措施［J］．土壤，1958（1）：27-28.

傅娇艳，丁振华．湿地生态系统服务、功能和价值评价研究进展［J］．应用生态学报，2007，18（3）：681-686.

傅雅玲，伍欣叶，张浩敏．我国大陆地区医疗服务水平的综合评价研究［J］．中国卫生产业，2012（29）：132-133.

龚小虹，李加林，袁红辉．杭州城市生态环境质量变化及可持续发展对策［J］．宁波大学学报（理工版），2008（01）：135-140.

郭意新，李加林，徐谅慧，郑忠明，钱瑛瑛，任丽燕，关健．象山港海岸带景观生态风险演变研究［J］．海洋学研究，2015，33（01）：62-68.

郭元裕，董德化．珠江口伶仃洋滩涂围垦最优规划方法及其数学模型系统研究［J］．人民珠江，1991（1）：28-34.

国常宁，杨建州，冯祥锦．基于边际机会成本的森林环境资源价值评估研究［J］．生态经济，2013（5）：61-65.

国家林业局．中国湿地保护行动计划［M］．北京：中国林业出版社，2000：1~5.

韩雪双．海湾围填海规划评价体系研究［D］．青岛：中国海洋大学，2009.

何改丽，史小丽，李加林，冯佰香，黄日鹏．快速城市化背景下宁波北仑绿地系统演化及生态服务响应［J］．宁波大学学报（理工版），2017，30（05）：89-96.

侯鹏，王桥，申文明，等．生态系统综合评估研究进展：内涵、框架与挑战［J］．地理研究，2015，34（10）：1809-1823.

胡聪．围填海开发活动对海洋资源影响评价方法研究［D］．青岛：中国海洋大学，2014.

胡和兵，刘红玉，郝敬锋，等．城市化流域生态系统服务价值时空分异特征及其对土地利用程度的响应［J］．生态学报，2013，33（8）：2565-2576.

胡瑞法，冷燕．中国主要粮食作物的投入与产出研究［J］．农业技术经济，2006（3）：2-8.

胡斯亮．围填海造地及其管理制度研究［D］．中国海洋大学，2011.

胡王玉，马仁锋，汪玉君．2000年以来浙江省海洋产业结构演化特征与态势［J］．云南地理环境研究，2012，24（04）：7-13+24.

花拥军．项目社会评价指标体系及其方法研究［D］．重庆大学，2004.

黄国宏，陈冠雄，吴杰，等．东北典型旱作农田 N_2O 和 CH_4 排放通量研究［J］．应用生态学报，1995，（04）：383-386.

黄金川，黄武强，张煜．中国地级以上城市基础设施评价研究［J］．经济地理，2011，31（01）：47-54.

黄兰芳．围海工程后评价与潮滩资源再生能力研究［D］．杭州：浙江大学，2011.

黄日鹏，李加林，叶梦姚，姜忆湄，史作琦，冯佰香，何改丽．东南沿海景观格局及其生态风险演化研究——以宁波北仑区为例［J］．浙江大学学报（理学版），2017，44

（06）：682-691.

简梓红，杨木壮，唐玲，等．围填海效益评价研究现状及其展望［A］．//热带海洋科学学
　　术研讨会暨第八届广东海洋湖沼学会、第七届广东海洋学会会员代表大会论文及摘要汇
　　编［C］．2013.

姜文来，龚良发．我国资源核算演变历程问题及展望［J］．国土与自然资源研究，1999
　　（4）：43-46.

姜忆湄，李加林，龚虹波，叶梦姚，冯佰香，何改丽，黄日鹏．围填海影响下海岸带生态
　　服务价值损益评估——以宁波杭州湾新区为例［J］．经济地理，2017，37（11）：181
　　-190.

焦立新．评价指标标准化处理方法的探讨［J］．安徽科技学院学报，1999（3）：7-10.

孔东升，张灏．张掖黑河湿地国家级自然保护区固碳价值评估［J］．湿地科学，2014
　　（1）：29-34.

蓝盛芳，钦佩，路宏芳．生态经济系统能值分析［M］．北京：化学工业出版社，2002.

李加林，龚小虹．盐城湿地生态旅游资源特征及其开发策划［J］．宁波大学学报（理工
　　版），2007（2）：215-220.

李加林，刘闯．基于MODIS的杭州湾南岸农业生态系统NDVI季节变化特征研究［J］．地
　　理与地理信息科学，2005（3）：30-34.

李加林，刘永超，马仁锋．海洋生态经济学：内容、属性及学科构架［J］．应用海洋学学
　　报，2017，36（3）：446-454.

李加林，童亿勤，许继琴，杨晓平．杭州湾南岸生态系统服务功能及其经济价值研究
　　［J］．地理与地理信息科学，2004（6）：104-108.

李加林，童亿勤，杨晓平，许继琴，张殿发．杭州湾南岸农业生态系统土壤保持功能及其
　　生态经济价值评估［J］．水土保持研究，2005（4）：202-205.

李加林，徐谅慧，杨磊，刘永超，郭意新，姜忆湄，叶梦姚，史作琦．浙江省海岸带景观
　　生态风险格局演变研究［J］．水土保持学报，2016，30（1）：293-299.

李加林，许继琴，童亿勤，杨晓平，张殿发．杭州湾南岸滨海平原生态系统服务价值变化
　　研究［J］．经济地理，2005（6）：804-809.

李加林，许继琴，张殿发，杨晓平，童亿勤，沈永明．杭州湾南岸互花米草盐沼生态系统
　　服务价值评估［J］．地域研究与开发，2005（5）：58-62.

李加林，许继琴，张正龙．基于能值分析的江苏生态经济系统发展态势及持续发展对策
　　［J］．经济地理，2003（5）：615-620.

李加林，杨晓平，童亿勤，王益澄．江苏海岸带景观及其生态旅游的开发［J］．海洋学研
　　究，2010，28（1）：80-87.

李加林，杨晓平，童亿勤，张殿发，沈永明，张忍顺．互花米草入侵对潮滩生态系统服务
　　功能的影响及其管理［J］．海洋通报，2005（5）：33-38.

李加林，张忍顺，王艳红，曾昭鹏．江苏淤泥质海岸湿地景观格局与景观生态建设［J］.

地理与地理信息科学，2003（5）：86-90.

李加林，张忍顺．互花米草海滩生态系统服务功能及其生态经济价值的评估——以江苏为例［J］．海洋科学，2003（10）：68-72.

李加林，张忍顺．宁波市生态经济系统的能值分析研究［J］．地理与地理信息科学，2003（2）：73-76.

李加林，赵寒冰，刘闯，曹云刚．辽河三角洲湿地生态环境需水量变化研究［J］．水土保持学报，2006（2）：129-134.

李加林．杭州湾南岸滨海平原土地利用/覆被变化研究［D］．南京师范大学，2004.

李加林．互花米草海滩生态系统及其综合效益——以江浙沿海为例［J］．宁波大学学报（理工版），2004（1）：38-42.

李加林．沿海城市生态环境质量动态评价系统研究——以宁波市为例［J］．宁波大学学报（理工版），2008（2）：263-268.

李静．河北省围填海演进过程分析与综合效益评价［D］．河北师范大学，2008.

李明哲，王筱春，马仁锋，等．风景名胜项目评价方法［M］．北京：中国计划出版社，2010.

李丽锋，惠淑荣，宋红丽，等．盘锦双台河口湿地生态系统服务功能能值价值评价［J］．中国环境科学，2013，08：1454-1458.

李琳，林慧龙，高雅．三江源草原生态系统生态服务价值的能值评价［J］．草业学报，2016，25（6）：34-41.

李美娟，陈国宏，陈衍泰．综合评价中指标标准化方法研究［J］．中国管理科学，2004，12（s1）：45-48.

李青，王娇，李博，等．荒漠生态系统服务功能货币化评估［J］．干旱区资源与环境，2016，30（7）：111-118.

李睿倩，孟范平．填海造地导致海湾生态系统服务损失的能值评估——以套子湾为例［J］．生态学报，2012，32（18）：5825-5835.

李婷，刘康，胡胜，等．基于InVEST模型的秦岭山地土壤流失及土壤保持生态效益评价［J］．长江流域资源与环境，2014，23（9）：1242-1250.

李霞．我国能源综合利用效率评价指标体系及应用研究［D］．中国地质大学，2013.

李秀霞，张希．基于熵权法的城市化进程中土地生态安全研究［J］．干旱区资源与环境，2011，25（9）：13-17.

李亚丽．江苏海洋资源开发的综合效益研究［D］．南京：南京师范大学，2015.

李琰，李双成，高阳，等．连接多层次人类福祉的生态系统服务分类框架［J］．地理学报，2013，68（8）：1038-1047.

李占玲，陈飞星，李占杰，等．滩涂湿地围垦前后服务功能的效益分析［J］．海洋科学，2004，28（08）：76-80.

林明珠，谢世友．晋江沿海滩涂围垦效应分析及可持续利用研究［J］．安徽农业科学，

2008, 36 (2)：766-767.

林志兰, 黄宁, 陈秋明, 等. 无居民海岛开发适宜性评价指标体系的构建和在厦门海域的
　　应用 [J]. 台湾海峡, 2012, 31 (1)：136-141.

刘佰琼, 徐敏, 刘晴. 港口及临港工业围填海规模综合评价研究 [J]. 海洋科学, 2015,
　　39 (06)：81-87.

刘大海, 丰爱平, 刘洋, 等. 围海造地综合损益评价体系探讨 [J]. 海岸工程, 2006, 25
　　(2)：93-99.

刘飞. 淮北市南湖湿地生态系统服务及价值评估 [J]. 自然资源学报, 2009 (10)：1818
　　-1828.

刘利花, 尹昌斌, 钱小平. 稻田生态系统服务价值测算方法与应用 [J]. 地理科学进展,
　　2015, 34 (1)：92-99.

刘晴, 徐敏. 江苏省围填海综合效益评估 [J]. 南京师大学报 (自然科学版), 2013, 36
　　(3)：125-130.

刘彧, 张亦飞, 祁琪, 等. 基于相互作用矩阵的象山港围填海适宜性评价 [J]. 海洋开发
　　与管理, 2015, 3：58-62.

刘永超, 李加林, 史小丽, 袁麒翔, 浦瑞良, 杨磊. 1985-2015 年美国 Tampa Bay 流域景观
　　生态风险态势研判 [J]. 水土保持通报, 2016, 36 (03)：125-130.

刘永超, 李加林, 袁麒翔, 钱瑛瑛, 陈鹏, 姜文达. 人类活动对象山港潮汐汊道及沿岸生
　　态系统演化的影响 [J]. 宁波大学学报 (理工版), 2015, 28 (04)：120-123.

刘永超, 李加林, 袁麒翔, 史小丽, 杨磊, 陈鹏. 象山港流域景观生态风险格局分析 [J]
　　. 海洋通报, 2016, 35 (01)：21-29.

刘玉龙, 马俊杰, 金学林, 等. 生态系统服务功能价值评估方法综述 [J]. 中国人口：资
　　源与环境, 2005, 15 (1)：88-92.

罗希茜. 琅岐岛围填海活动综合效益评价分析 [J]. 海峡科学, 2012, (6)：68-70.

吕一河, 张立伟, 王江磊. 生态系统及其服务保护评估：指标与方法 [J]. 应用生态学
　　报, 2013, 05：1237-1243.

马凤娇, 刘金铜, A. EgrinyaEneji, 等. 生态系统服务研究文献现状及不同研究方向评述
　　[J]. 生态学报, 2013, 33 (19)：5963-5972.

马凤娇, 刘金铜. 基于能值分析的农田生态系统服务评估 [J]. 资源科学, 2014, 36
　　(9)：1949-1957.

马仁锋, 候勃, 窦思敏, 王腾飞. 海洋生态文化的认知与实践体系 [J]. 宁波大学学报
　　(人文科学版), 2018, 31 (1)：113-119.

马仁锋, 候勃, 张文忠, 袁海红, 窦思敏. 海洋产业影响省域经济增长估计及其分异动因
　　判识 [J]. 地理科学, 2018, 38 (2)：177-185.

马仁锋, 李加林, 杨晓平. 浙江沿海市域海洋资源环境评价及对海洋产业优化启示 [J].
　　浙江海洋学院学报 (自然科学版), 2012, 31 (6)：536-541.

马仁锋,李加林,赵建吉,庄佩君.中国海洋产业的结构与布局研究展望 [J].地理研究,2013,32(5):902-914.

马仁锋,李加林,庄佩君,杨晓平,李伟芳.长江三角洲地区海洋产业竞争力评价 [J].长江流域资源与环境,2012,21(8):918-926.

马仁锋,李加林.支撑海洋经济转型的宁波海岸带多规合一困境与突破对策 [J].港口经济,2017(8):29-33.

马仁锋,李伟芳,李加林,乔观民.浙江省海洋产业结构差异与优化研究——与沿海10省份及省内市域双尺度分析视角 [J].资源开发与市场,2013,29(2):187-191.

马仁锋,梁贤军,任丽燕.中国区域海洋经济发展的"理性"与"异化"[J].华东经济管理,2012,26(11):27-31.

马仁锋,倪欣欣,周国强.中国海洋高等教育:区域格局与研究动态 [J].宁波大学学报(教育科学版),2015,37(4):48-52.

马仁锋,倪欣欣,周国强.中国海洋科技研究动态与前瞻 [J].世界科技研究与发展,2015,37(4):461-467.

马仁锋,王腾飞,吴丹丹.长江三角洲地区海洋科技-海洋经济协调度测量与优化路径 [J].浙江社会科学,2017(3):11-17.

马仁锋,吴杨,张旭亮,倪欣欣.浙、台海洋旅游研究动态及两岸旅游合作新思维 [J].资源开发与市场,2015,31(2):239-244.

马仁锋,许继琴,庄佩君.浙江海洋科技能力省际比较及提升路径 [J].宁波大学学报(理工版),2014,27(3):108-112.

马仁锋."十三五"时期浙江省海洋经济转型发展的路径与突破重点 [J].港口经济,2017(2):28-32.

马仁锋.滩涂围垦土地利用方式演进的文化阐释及其对海洋型城市设计启示——以浙江省为例 [J].创新,2012,6(6):99-102.

马仁锋.浙江海洋经济示范区建设经验及"一带一路"新机遇 [J].港口经济,2017(6):18-20.

毛德华,胡光伟,刘慧杰,等.基于能值分析的洞庭湖区退田还湖生态补偿标准 [J].应用生态学报,2014,25(2):106-107.

孟范平,李睿倩.基于能值分析的滨海湿地生态系统服务价值定量化研究进展 [J].长江流域资源与环境,2011(S1):74-80.

孟海涛,陈伟琪,赵晟,等.生态足迹方法在围填海评价中的应用初探 [J].厦门大学学报(自然科版),2007,46(1):203-208.

农业大词典编辑委员会编.农业大词典 [M].北京:中国农业出版社.1998:213.

欧阳志云,王如松,赵景柱,等.生态系统服务功能及其生态经济价值评价 [J].应用生态学报,1999,10(5):635-640.

欧阳志云,王效科,苗鸿.中国陆地生态系统服务功能及其生态经济价值的初步研究 [J]

． 生态学报，1999（5）：607~613.

潘桂娥． 滩涂围垦社会影响评价探索［J］． 海洋开发与管理，2011，28（11）：107-111.

彭本荣，洪华生，陈伟琪，等． 填海造地生态损害评估：理论、方法及应用研究［J］． 自
　然资源学报，2005，05：714-726.

彭文甫，周介铭，杨存建，等． 基于土地利用变化的四川省生态系统服务价值研究［J］.
　长江流域资源与环境，2014，23（7）：1011-1020.

彭文静，姚顺波，冯颖． 基于 TCIA 与 CVM 的游憩资源价值评估［J］． 经济地理，2014，
　34（9）：186-192.

齐德利，李加林，葛云健，于蓉，张忍顺． 沿海生态旅游资源评价的核心问题探讨——以
　江苏沿海为例［J］． 人文地理，2005（03）：88-93.

齐德利，李加林，葛云健，于蓉，张忍顺． 沿海生态旅游资源评价指标及尺度研究——以
　江苏沿海为例［J］． 自然资源学报，2004（04）：508-518.

齐心，梅松． 大城市和谐社会评价指标体系的构建与应用［J］． 统计研究，2007，24
　（07）：17-21.

秦传新，陈丕茂，张安凯，等． 珠海万山海域生态系统服务价值与能值评估［J］． 应用生
　态学报，2015，26（6）：1847-1853.

秦嘉励，杨万勤，张健． 岷江上游典型生态系统水源涵养量及价值评估［J］． 应用与环
　境生物学报，2009，15（4）：453-458.

邱菀华． 管理决策与应用熵学［M］． 机械工业出版社，2002：23.

曲丽英． 福建省围垦工程效益后评估方法研究［J］． 中国水利，2013（8）：60-62.

任萍． 投资项目社会评价研究与方法实现［D］． 四川大学，2005.

史恒通，赵敏娟． 基于选择试验模型的生态系统服务支付意愿差异及全价值评估［J］． 资
　源科学，2015，37（2）：351-359.

宋红丽，刘兴土． 围填海活动对我国河口三角洲湿地的影响［J］． 湿地科学，2013，11
　（2）：297-304.

隋玉正，李淑娟，张绪良，等． 围填海造陆引起的海岛周围海域海洋生态系统服务价值损
　失——以浙江省洞头县为例［J］． 海洋科学，2013，（09）：90-96.

孙昌龙，马雯雯，周强． 温州市滩涂围垦开发利用研究［J］． 经济师，2014（11）：181
　-182.

孙东波，王先鹏，王益澄，马仁锋． 宁波-舟山海洋经济整合发展研究［J］． 宁波大学学
　报（理工版），2014，27（01）：91-97.

孙玮玮，李雷． 基于线性加权和法的大坝风险后果综合评价模型［J］． 中国农村水利水
　电，2011（7）：88-90.

孙志林，干钢，黄兰芳，等． 滩涂围垦项目后评价的初步研［J］． 海洋开发与管理，
　2011，28（9）：34-38.

汤萃文，杨莎莎，刘丽娟，等． 基于能值理论的东祁连山森林生态系统服务功能价值评价

[J]．生态学杂志，2012，31（2）：433-439.

田甜，韩春兰，王英杰，等．沈阳市土地生态系统服务价值变化研究［J］．土壤通报，2016，（3）：1-7.

王仓忍．公益项目技术评价与社会评价研究［D］．天津大学，2005.

王初升，黄发明，于东升，等．红树林海岸围填海适宜性的评估［J］．亚热带资源与环境学报，2010，5（01）：62-67.

王初生，黄发明，于东升．珊瑚礁海岸围填海适宜性的评估方法研究［J］．海洋通报，2012，31（6）：695-699.

王浩，陈敏建，唐克旺．水生态环境价值和保护对策［M］．清华大学出版社：北京交通大学出版社，2004：8.

王静，徐敏，张益民，等．围填海的滨海湿地生态服务功能价值损失的评估——以海门市滨海新区围填海为例［J］．南京师大学报（自然科学版），2009（4）：134-138.

王静，徐敏，张益民．滩涂围垦养殖的生态损益分析——以江苏条子泥滩涂围垦养殖为例［J］．南京师大学报（自然科学版），2012，（02）：113-119.

王烈荪．珠江三角洲围垦工程最佳经济效益的探讨［J］．人民珠江，1988（2）：11-14.

王玲，何青．基于能值理论的生态系统价值研究综述［J］．生态经济，2015，31（4）：133-136.

王明月，李加林，郑忠明，姜文达，徐谅慧，杨磊，袁麒翔，卢雪珠，肖望．基于生态功能强度分析的滩涂围垦区景观格局优化［J］．生态学杂志，2015，34（7）：1943-1949.

王倩，窦思敏，马仁锋，马小苏，袁雯．中国沿海省份海洋资源差异综合评价［J］．浙江农业科学，2015，56（08）：1148-1151.

王万茂．土地资源管理学［M］．北京：高等教育出版社，2003：8.

王伟伟，付元宾，李方．浅谈海域空间资源填海造地开发适宜性分区［J］．海洋开发与管理，2010，27（9）：5-7.

王晓惠．海洋经济规划评估方法与实践［M］．海洋出版社，2009：33.

王秀兰，包玉海．土地利用动态变化研究方法探讨［J］．地理科学进展，1999，18（1）：83-89.

王义勇．江苏岸外沙洲围填规模适宜性研究［D］．南京师范大学，2011.

魏长发．江苏省海滩的围垦和利用问题［J］．南京师大学报（自然科学版），1979（01）：12-17.

吴璇，李洪远，张良，等．天津滨海新区生态系统服务评估及空间分级［J］．中国环境科学，2011，（12）：2091-2096.

肖建红，陈东景，徐敏，等．围填海工程的生态环境价值损失评估——以江苏省两个典型工程为例［J］．长江流域资源与环境，2011，（10）：1248-1254.

肖强，肖洋，欧阳志云，等．重庆市森林生态系统服务功能价值评估［J］．生态学报，

2014, 34 (1)：216-223.

谢高地, 鲁春霞, 冷允法, 等. 青藏高原生态资产的价值评估 [J]. 自然资源学报, 2003, 18 (2)：189-196.

谢高地, 张彩霞, 张雷明, 等. 基于单位面积价值当量因子的生态系统服务价值化方法改进 [J]. 自然资源学报, 2015 (8)：1243-1254.

谢高地, 甄霖, 鲁春霞, 等. 一个基于专家知识的生态系统服务价值化方法 [J]. 自然资源学报, 2008, 23 (5)：911-919.

谢丽, 王芳, 刘惠. 广东省围填海历程及其环境影响研究 [J]. 江苏科技信息, 2015 (24)：67-70.

辛琨, 肖笃宁. 盘锦地区湿地生态系统服务功能价值估算 [J]. 生态学报, 2002, 22 (8)：1345-1349.

邢伟, 王进欣, 王今殊, 等. 土地覆盖变化对盐城海岸带湿地生态系统服务价值的影响 [J]. 水土保持研究, 2011, 01：71-76.

熊鹏, 陈伟琪, 王萱, 等. 福清湾围填海规划方案的费用效益分析 [J]. 厦门大学学报 (自然科学版), 2007, 46 (S1)：214-217.

徐谅慧, 杨磊, 李加林, 等. 1990-2010 年浙江省围填海空间格局分析 [J]. 海洋通报, 2015, 34 (6)：688-694.

徐谅慧, 李加林, 马仁锋, 王明月. 浙江省海洋主导产业选择研究——基于国家海洋经济示范区建设视角 [J]. 华东经济管理, 2014, 28 (03)：12-15.

徐冉, 过仲阳, 叶属峰, 等. 基于遥感技术的长江三角洲海岸带生态系统服务价值评估 [J]. 长江流域资源与环境, 2011, (S1)：87-93.

徐文建. 潮滩围垦后评估研究——以江苏海门港新区围垦工程为例 [D]. 南京：南京师范大学, 2014.

徐向红. 江苏沿海滩涂开发、保护与可持续发展研究 [D]. 河海大学, 2004.

徐晓金. 福建省与浙江省居民经济福利水平比较研究 [D]. 福建师范大学, 2011.

薛达元. 生物多样性经济价值评估 [M]. 北京：中国环境科学出版社, 1997：13-215.

严伦琴. 我国铁路提速社会效益评价 [M]. 北京：北方工业大学出版社, 2004.

杨焱. 苏北典型区潮滩围垦适宜规模评价体系构建 [D]. 南京：南京师范大学, 2011.

杨文艳, 周忠学. 西安都市圈农业生态系统水土保持价值估算 [J]. 应用生态学报, 2014, 25 (12)：3637-3644.

姚成胜, 刘尚华. 中国社会稳定评估体系的构建论纲 [J]. 法学论坛, 2011, 26 (4)：86-92.

姚立. 填海造地管理中若干问题的研究 [D]. 天津大学, 2007.

叶梦姚, 史小丽, 李加林, 刘永超, 姜忆湄, 史作琦. 快速城镇化背景下的浙江省海岸带生态系统服务价值变化 [J]. 应用海洋学学报, 2017, 36 (3)：427-437.

尹小娟, 钟方雷. 生态系统服务分类的研究进展 [J]. 安徽农业科学, 2011, 39 (13)：

7994-7999.

于定勇，李云路，田艳．基于灰色关联理论的围填海工程影响评价［J］中国水运，2015，15（12）：95-98.

于定勇，王昌海，刘洪超．基于PSR模型的围填海对海洋资源影响评价方法研究［J］.中国海洋大学学报，2011，41（7）：170-175.

于洋，朱庆林，郭佩芳．基于生态系统服务的罗源湾围填海方案的经济效益评价［J］.海洋湖沼通报，2013（2）：140-145.

于永海，王延章，张永华，等．围填海适宜性评估方法研究［J］.海洋通报，2011，30（1）：81-87.

于永海．基于规模控制的围填海管理方法研究［D］.大连理工大学，2011.

于永海．围填海适宜性评估方法与实践［M］.海洋出版社，2013.

余际从，刘慧芳，雷蕾，等．矿产资源开发社会效益综合评价方法研究［J］.资源与产业，2013，15（3）：62-67.

余新晓，鲁绍伟，靳芳，等．中国森林生态系统服务功能价值评估［J］.生态学报，2005，25（8）：2096-2102.

虞依娜，彭少麟．生态系统服务价值评估的研究进展［J］.生态环境学报，2010，19（9）：2246-2252.

喻锋，李晓波，王宏，等．基于能值分析和生态用地分类的中国生态系统生产总值核算研究［J］.生态学报，2016，36（6）：1663-1675.

袁道伟，赵建华．于永，等．海区域建设用海后评估方法研究［J］.海洋环境科学，2014，33（6）：958-961.

张彪，谢高地，肖玉，等．基于人类需求的生态系统服务分类［J］.中国人口·资源与环境，2010，20（6）：64-67.

张桂莲．上海市森林生态服务价值评估与分析［J］.中国城市林业，2016，14（3）：33-38.

张家玉．湖泊围垦的生态经济损益分析［J］.自然资源学报，1988，3（1）：28-36.

张建新，初超．围海造地工程综合效益评价模型的构建与应用分析［J］.工程管理学报，2011，25（05）：526-529.

张明慧，陈昌平，索安宁，等．围填海的海洋环境影响国内外研究进展［J］.生态环境学报，2012，21（8）：1509-151.

张明哲．社会效益：理论、指标体系与方法探索［D］.兰州大学，2007.

张瑞明，伊爱金．环巢湖流域土地利用变化对生态服务价值的影响［J］.生态经济，2013（11）：173-176.

张晓祥，严长清，徐盼，等．近代以来江苏沿海滩涂围垦历史演变研究［J］.地理学报，2013，68（11）：1549-1558.

张翼然，周德民，刘苗，等．中国内陆湿地生态系统服务价值评估［J］.生态学报，

2015, 35 (13)：4279-4286.

张颖. 基于能值理论的福建省森林资源系统能值及价值评估 [D]. 福建师范大学, 2008.

张志强, 徐中民, 程国栋. 条件价值评估法的发展与应用 [J]. 地球科学进展, 2003, 18
　　(3)：454-463.

章穗, 张梅, 迟国泰. 基于熵权法的科学技术评价模型及其实证研究 [J]. 管理学报,
　　2010, 7 (1)：34-42.

赵博博. 围填海对海洋资源影响评估方法研究与应用 [D]. 中国海洋大学, 2013.

赵海兰. 生态系统服务分类与价值评估研究进展 [J]. 生态经济, 2015, 31 (8)：27-33.

赵景柱, 肖寒. 生态系统服务的物质量与价值量评价方法的比较分析 [J]. 应用生态学
　　报, 2000, 11 (2)：290-292.

赵梦. 旅游娱乐用海海域评估研究 [D]. 天津：天津大学, 2014.

赵晟, 洪华生, 张珞平, 等. 中国红树林生态系统服务的能值价值 [J]. 资源科学,
　　2007, 29 (1)：147~154.

赵晟, 李梦娜, 吴常文. 舟山海域生态系统服务能值价值评估 [J]. 生态学报, 2015, 35
　　(3)：678-685.

赵同谦, 欧阳志云, 郑华, 等. 中国森林生态系统服务功能及其价值评价 [J]. 自然资源
　　学报, 2004, 19 (4)：480-491.

赵晓丽, 范春阳, 王予希. 基于修正人力资本法的北京市空气污染物健康损失评价 [J].
　　中国人口·资源与环境, 2014, 24 (3)：169-176.

赵一平. 大连市沿海滩涂资源现状及其开发利用 [J]. 海洋开发与管理, 2005, 22 (3)：
　　102-106.

中国生物多样性国情研究报告编写组. 中国生物多样性国情研究报告 [M]. 北京：中国
　　环境科学出版社, 1998.

钟姗姗. 水利工程社会评价模型研究 [D]. 长沙理工大学, 2006.

周林飞, 武祎, 闫功双. 石佛寺人工湿地生态系统能值分析与发展评价 [J]. 生态经济,
　　2014, 30 (4)：149-152.

朱洪光, 钦佩, 万树文, 等. 江苏海涂两种水生利用值分析 [J]. 生态学杂志, 2001, 20
　　(1)：38~44.

朱康对, 罗振玲, 郭安托. 江南海涂围填海工程的社会经济效益分析 [J]. 温州职业技
　　术学院学报, 2016, 16 (2)：1-6.

朱利国, 吴凯昱, 谢曼露, 马仁锋. 中国沿海省份海洋产业集聚态势演进研究 [J]. 浙江
　　农业科学, 2015, 56 (02)：167-171.

朱凌, 刘百桥. 围海造地的综合效益评价方法研究 [J]. 海洋信息, 2009 (2)：113-116.

朱妙. 天津总规滨海新区填海规划实施评价研究 [D]. 天津：天津大学, 2013.